"十三五"国家重点出版物出版规划项目
高分辨率对地观测前沿技术丛书
主编 王礼恒

高分辨率星载 SAR 成像与图像质量提升技术

李春升 于泽 陈杰 等编著

国防工业出版社

·北京·

内容简介

本书构建了星载合成孔径雷达(SAR)全链路模型,定量化解析了卫星轨道、平台姿态、对流层传播环境、地面处理等关键要素对成像质量的影响,从天地一体化的角度探讨了星载高分辨率SAR成像质量与图像质量提升技术。全书共分13章,主要介绍精密定轨、高精度姿态测量、最优增益控制、天线方向图预估等数据获取技术,研究高分辨率星载SAR运动补偿、对流层传播效应补偿、多通道误差补偿等成像处理方法,总结和对比相干斑噪声抑制、方位模糊抑制和旁瓣抑制等图像处理技术。

本书可供信号处理等专业的本科生、研究生学习,也可供星载SAR工程领域的技术人员参考使用。

图书在版编目(CIP)数据

高分辨率星载SAR成像与图像质量提升技术/李春升等编著. —北京:国防工业出版社,2021.7
(高分辨率对地观测前沿技术丛书)
ISBN 978-7-118-12241-1

Ⅰ.①高… Ⅱ.①李… Ⅲ.①高分辨率—卫星图像—图像处理—研究 Ⅳ.①TP75

中国版本图书馆CIP数据核字(2020)第224282号

※

国防工业出版社出版发行
(北京市海淀区紫竹院南路23号 邮政编码100048)
雅迪云印(天津)科技有限公司印刷
新华书店经售

开本710×1000 1/16 插页8 印张20¾ 字数335千字
2021年7月第1版第1次印刷 印数1—2000册 定价128.00元

(本书如有印装错误,我社负责调换)

国防书店:(010)88540777 书店传真:(010)88540776
发行业务:(010)88540717 发行传真:(010)88540762

丛书学术委员会

主　　任	王礼恒
副 主 任	李德仁　艾长春　吴炜琦　樊士伟
执行主任	彭守诚　顾逸东　吴一戎　江碧涛　胡　莘
委　　员	（按姓氏拼音排序）

白鹤峰　曹喜滨　陈小前　崔卫平　丁赤飚　段宝岩
樊邦奎　房建成　付　琨　龚惠兴　龚健雅　姜景山
姜卫星　李春升　陆伟宁　罗　俊　宁　辉　宋君强
孙　聪　唐长红　王家骐　王家耀　王任享　王晓军
文江平　吴曼青　相里斌　徐福祥　尤　政　于登云
岳　涛　曾　澜　张　军　赵　斐　周　彬　周志鑫

丛书编审委员会

主　　编　王礼恒

副 主 编　冉承其　吴一戎　顾逸东　龚健雅　艾长春
　　　　　彭守诚　江碧涛　胡　莘

委　　员　（按姓氏拼音排序）
　　　　　白鹤峰　曹喜滨　邓　泳　丁赤飚　丁亚林　樊邦奎
　　　　　樊士伟　方　勇　房建成　付　琨　苟玉君　韩　喻
　　　　　贺仁杰　胡学成　贾　鹏　江碧涛　姜鲁华　李春升
　　　　　李道京　李劲东　李　林　林幼权　刘　高　刘　华
　　　　　龙　腾　鲁加国　陆伟宁　邵晓巍　宋笔锋　王光远
　　　　　王慧林　王跃明　文江平　巫震宇　许西安　颜　军
　　　　　杨洪涛　杨宇明　原民辉　曾　澜　张庆君　张　伟
　　　　　张寅生　赵　斐　赵海涛　赵　键　郑　浩

秘　　书　潘　洁　张　萌　王京涛　田秀岩

序 言

高分辨率对地观测系统工程是《国家中长期科学和技术发展规划纲要（2006—2020年）》部署的16个重大专项之一，它具有创新引领并形成工程能力的特征，2010年5月开始实施。高分辨率对地观测系统工程实施十年来，成绩斐然，我国已形成全天时、全天候、全球覆盖的对地观测能力，对于引领空间信息与应用技术发展，提升自主创新能力，强化行业应用效能，服务国民经济建设和社会发展，保障国家安全具有重要战略意义。

在高分辨率对地观测系统工程全面建成之际，高分辨率对地观测工程管理办公室、中国科学院高分重大专项管理办公室和国防工业出版社联合组织了《高分辨率对地观测前沿技术》丛书的编著出版工作。丛书见证了我国高分辨率对地观测系统建设发展的光辉历程，极大丰富并促进了我国该领域知识的积累与传承，必将有力推动高分辨率对地观测技术的创新发展。

丛书具有3个特点。一是系统性。丛书整体架构分为系统平台、数据获取、信息处理、运行管控及专项技术5大部分，各分册既体现整体性又各有侧重，有助于从各专业方向上准确理解高分辨率对地观测领域相关的理论方法和工程技术，同时又相互衔接，形成完整体系，有助于提高读者对高分辨率对地观测系统的认识，拓展读者的学术视野。二是创新性。丛书涉及国内外高分辨率对地观测领域基础研究、关键技术攻关和工程研制的全新成果及宝贵经验，吸纳了近年来该领域数百项国内外专利、上千篇学术论文成果，对后续理论研究、科研攻关和技术创新具有指导意义。三是实践性。丛书是在已有专项建设实践成果基础上的创新总结，分册作者均有主持或参与高分专项及其他相关国家重大科技项目的经历，科研功底深厚，实践经验丰富。

丛书5大部分具体内容如下：**系统平台部分**主要介绍了快响卫星、分布式卫星编队与组网、敏捷卫星、高轨微波成像系统、平流层飞艇等新型对地观测平台和系统的工作原理与设计方法，同时从系统总体角度阐述和归纳了我国卫星遥感的现状及其在 6 大典型领域的应用模式和方法。**数据获取部分**主要介绍了新型的星载/机载合成孔径雷达、面阵/线阵测绘相机、低照度可见光相机、成像光谱仪、合成孔径激光成像雷达等载荷的技术体系及发展方向。**信息处理部分**主要介绍了光学、微波等多源遥感数据处理、信息提取等方面的新技术以及地理空间大数据处理、分析与应用的体系架构和应用案例。**运行管控部分**主要介绍了系统需求统筹分析、星地任务协同、接收测控等运控技术及卫星智能化任务规划，并对异构多星多任务综合规划等前沿技术进行了深入探讨和展望。**专项技术部分**主要介绍了平流层飞艇所涉及的能源、囊体结构及材料、推进系统以及位置姿态测量系统等技术，高分辨率光学遥感卫星微振动抑制技术、高分辨率 SAR 有源阵列天线等技术。

丛书的出版作为建党 100 周年的一项献礼工程，凝聚了每一位科研和管理工作者的辛勤付出和劳动，见证了十年来专项建设的每一次进展、技术上的每一次突破、应用上的每一次创新。丛书涉及 30 余个单位，100 多位参编人员，自始至终得到了军委机关、国家部委的关怀和支持。在这里，谨向所有关心和支持丛书出版的领导、专家、作者及相关单位表示衷心的感谢！

高分十年，逐梦十载，在全球变化监测、自然资源调查、生态环境保护、智慧城市建设、灾害应急响应、国防安全建设等方面硕果累累。我相信，随着高分辨率对地观测技术的不断进步，以及与其他学科的交叉融合发展，必将涌现出更广阔的应用前景。高分辨率对地观测系统工程将极大地改变人们的生活，为我们创造更加美好的未来！

2021 年 3 月

前 言

高分辨率对地观测系统重大专项(以下简称高分专项)是《国家中长期科学和技术发展规划纲要(2006—2020年)》中确定的16个重大专项之一,是国家根据当前迫切需求和长远战略发展部署的重大科技专项。高分专项重点是发展基于卫星、飞机和平流层飞艇的高分辨率先进观测系统,并结合其他中低分辨率观测手段,初步形成"天地一体、时空协调、军民共享"的高分辨率数据获取及应用服务保障能力。通过高分专项的实施,我国将初步构建高分辨率对地观测系统,提升对地观测信息获取能力和应用效益,加快空间信息与应用技术发展,提升自主创新能力,促进国际交流与合作,为经济建设、社会发展和国家安全提供保障。

星载合成孔径雷达(Synthetic Aperture Radar,SAR)作用距离远,覆盖范围广,能够实现对全球海洋和陆地的全天候、全天时监视与监测,获取反映地物后向散射特性的高分辨率图像。历经半个多世纪的发展,在轨和在研的SAR卫星越来越多。作为一种重要的空间遥感信息获取工具,星载SAR系统逐步具备了高分辨率宽测绘、多方位信息获取、高时相对地观测、三维地形测绘等多种工作体制和模式。对于任何星载SAR系统,获取高质量的成像产品和图像数据始终都是提升星载SAR系统应用效能的前提。

本书基于"观测在天,成像在地"的理念,解析了卫星轨道、平台姿态、大气传输、地面处理等环节对星载SAR成像和图像质量的影响,秉承天地一体化的思想,系统、全面地阐述了高分辨率星载SAR成像与图像质量提升技术。全书共有13章,由李春升、于泽、陈杰策划和设计。第1章由李春升、于泽执笔,第2章由杨威执笔,第3章由孙兵执笔,第4章由王鹏波执笔,第5章由李洲执笔,第6章由李景文执笔,第7、8章由于泽执笔,第9章由陈杰执笔,第10章由李威、徐华平执笔,第11、12、13章由于泽、李春升执笔。全书由李春升统稿和定稿。具体内容安排如下:

第 1 章总结了星载 SAR 发展历程,对其发展趋势进行了展望,指出高质量的 SAR 图像是提升 SAR 应用效能的前提。构建了星载 SAR 成像质量和图像质量指标体系,为定量化评价星载 SAR 系统及其成像和图像处理算法的性能奠定了基础。

第 2 章介绍了星载 SAR 系统的基本组成,构建了涵盖条带、扫描、滑动聚束、循环扫描地形观测(Terrain Observation by Progressive Scans,TOPS)、逆 TOPS 等模式的星载 SAR 回波信号模型和成像处理模型,解析了卫星轨道、平台姿态、大气传输、地面处理等环节对成像质量的影响,明确了成像和图像质量提升的基本思路。

第 3 章至第 6 章分析了定轨误差、平台姿态、中央电子设备、天线对星载 SAR 几何和辐射成像性能的影响,介绍了实时和事后精密定轨、高精度姿态测量、最优增益控制、天线方向图预估等星载 SAR 高精度数据获取技术。

第 7 章至第 10 章介绍了高分辨率星载 SAR 地面预处理技术,包括高分辨率星载 SAR 运动补偿技术、对流层传播效应补偿技术、星载多通道 SAR 误差补偿技术和高效高精度几何校正技术。

第 11 章至第 13 章系统地总结和对比了星载 SAR 图像后处理技术,包括相干斑噪声抑制技术、方位模糊抑制技术和旁瓣抑制技术,可用于进一步提升 SAR 图像对观测场景的反演性能。

作者及其所在单位长期从事星载 SAR 成像和图像质量的提升工作,共计发表 SCI 论文 40 余篇、EI 论文 100 余篇。本书吸收了相关工作的系列性研究成果和工程实践经验,具有重要的理论意义和工程应用价值。我们的研究工作得到了高分辨率对地观测专项办公室、北京跟踪与通信技术研究所、北京遥感信息研究所、航天科技集团公司上海航天技术研究院、上海卫星工程研究所、中国科学院电子学研究所、中国电子科技集团第十四研究所、上海交通大学等单位的大力支持,周志鑫院士、吴一戎院士、艾长春研究员、邓云凯研究员、陈筠力研究员、范季夏研究员等提供了有益的帮助,在此谨表诚挚的谢意。全体作者也充满敬意地在此表达对魏钟铨总师的深切怀念之情。作为我国雷达遥感卫星的奠基者和开拓者,魏总生前一直关心和推动高分辨率星载 SAR 成像与图像质量提升技术的发展,以此书谨志纪念。

参加本书资料整理和修订的博士生孙利伟、郭宇鲲、吴有明、高贺利、王树森及硕士生原森、王雯琪、杨仕祺、王鹏博、魏怡琳等为本书出版做了大量工作,在此感谢他们付出的辛勤劳动。

本书可供信号处理等专业的本科生、研究生阅读,也可供星载 SAR 系统等工程领域的技术人员参考使用。在撰写过程中,由于作者的能力和知识面有限,疏漏、不当和错误难免,恳请读者批评指正。

作　者

2021 年 1 月

目　录

第1章　引言 1
1.1　星载 SAR 发展历程 1
1.2　星载 SAR 成像质量指标 6
1.2.1　几何成像质量指标 7
1.2.2　辐射成像质量指标 8
1.3　星载 SAR 图像质量指标 13
1.3.1　动态范围 13
1.3.2　图像均值和方差 13
1.3.3　等效视数和辐射分辨率 14
1.3.4　空间频率调制度比 14
1.4　小结 17

第2章　星载 SAR 成像基本原理 18
2.1　星载 SAR 系统基本组成 18
2.2　星载 SAR 回波信号模型 21
2.2.1　混合度因子 21
2.2.2　信号特性分析 23
2.2.3　回波信号数学模型 28
2.3　星载 SAR 成像处理模型 29
2.3.1　信号多普勒特性分析 30
2.3.2　混合度因子的距离向空变性 35
2.3.3　成像处理流程 36

2.4 成像质量影响因素溯源 ⋯⋯⋯⋯⋯⋯⋯⋯⋯⋯⋯⋯⋯⋯⋯⋯⋯⋯ 40

2.5 小结 ⋯⋯⋯⋯⋯⋯⋯⋯⋯⋯⋯⋯⋯⋯⋯⋯⋯⋯⋯⋯⋯⋯⋯⋯⋯⋯ 42

第 3 章　星载 SAR 定轨误差影响分析与高精度定轨方法 ⋯⋯⋯⋯⋯ 43

3.1 卫星轨道模型 ⋯⋯⋯⋯⋯⋯⋯⋯⋯⋯⋯⋯⋯⋯⋯⋯⋯⋯⋯⋯⋯ 43

3.2 定轨误差对星载 SAR 成像质量影响分析 ⋯⋯⋯⋯⋯⋯⋯⋯⋯ 46

  3.2.1 几何成像质量影响分析 ⋯⋯⋯⋯⋯⋯⋯⋯⋯⋯⋯⋯⋯ 46

  3.2.2 辐射成像质量影响分析 ⋯⋯⋯⋯⋯⋯⋯⋯⋯⋯⋯⋯⋯ 48

3.3 对地观测卫星精密定轨数据处理方法 ⋯⋯⋯⋯⋯⋯⋯⋯⋯⋯ 53

  3.3.1 实时精密定轨数据处理方法 ⋯⋯⋯⋯⋯⋯⋯⋯⋯⋯⋯ 53

  3.3.2 高精度事后定轨处理方法 ⋯⋯⋯⋯⋯⋯⋯⋯⋯⋯⋯⋯ 56

  3.3.3 定轨精度评定 ⋯⋯⋯⋯⋯⋯⋯⋯⋯⋯⋯⋯⋯⋯⋯⋯⋯ 58

3.4 小结 ⋯⋯⋯⋯⋯⋯⋯⋯⋯⋯⋯⋯⋯⋯⋯⋯⋯⋯⋯⋯⋯⋯⋯⋯⋯ 59

第 4 章　SAR 卫星平台姿态特性分析与高精度测量技术 ⋯⋯⋯⋯⋯ 60

4.1 卫星平台姿态导引规律与误差模型 ⋯⋯⋯⋯⋯⋯⋯⋯⋯⋯⋯ 60

  4.1.1 面向零多普勒中心频率的平台姿态

     导引规律 ⋯⋯⋯⋯⋯⋯⋯⋯⋯⋯⋯⋯⋯⋯⋯⋯⋯⋯⋯ 60

  4.1.2 卫星平台姿态模型 ⋯⋯⋯⋯⋯⋯⋯⋯⋯⋯⋯⋯⋯⋯⋯ 65

4.2 平台姿态特性对成像质量影响分析 ⋯⋯⋯⋯⋯⋯⋯⋯⋯⋯⋯ 66

  4.2.1 指向误差对成像质量的影响 ⋯⋯⋯⋯⋯⋯⋯⋯⋯⋯⋯ 66

  4.2.2 姿态抖动对成像质量的影响 ⋯⋯⋯⋯⋯⋯⋯⋯⋯⋯⋯ 70

  4.2.3 平台高频微振动对成像质量的影响 ⋯⋯⋯⋯⋯⋯⋯⋯ 71

4.3 高精度姿态测量技术 ⋯⋯⋯⋯⋯⋯⋯⋯⋯⋯⋯⋯⋯⋯⋯⋯⋯ 76

4.4 小结 ⋯⋯⋯⋯⋯⋯⋯⋯⋯⋯⋯⋯⋯⋯⋯⋯⋯⋯⋯⋯⋯⋯⋯⋯⋯ 78

第 5 章　中央电子设备收发通道幅相补偿与

动态调整技术 ⋯⋯⋯⋯⋯⋯⋯⋯⋯⋯⋯⋯⋯⋯⋯⋯⋯⋯⋯⋯ 79

5.1 基于通道幅相补偿的星载 SAR 精聚焦方法 ⋯⋯⋯⋯⋯⋯⋯ 79

5.2 饱和效应影响机理 ⋯⋯⋯⋯⋯⋯⋯⋯⋯⋯⋯⋯⋯⋯⋯⋯⋯⋯ 81

  5.2.1 动态范围与饱和失真效应 ⋯⋯⋯⋯⋯⋯⋯⋯⋯⋯⋯⋯ 82

  5.2.2 饱和失真对成像质量的影响 ⋯⋯⋯⋯⋯⋯⋯⋯⋯⋯⋯ 84

5.3　A/D 量化的最佳状态 ··· 93

5.4　接收机增益反演方法 ·· 95

　　5.4.1　量化不足信号的增益反演方法 ··· 96

　　5.4.2　过饱和信号的增益反演方法 ·· 97

　　5.4.3　仿真验证 ·· 98

5.5　小结 ·· 101

第 6 章　星载 SAR 天线方向图特性分析与预估方法 ······················· 102

6.1　相控阵天线方向图模型 ·· 102

　　6.1.1　一维天线方向图模型 ··· 102

　　6.1.2　二维天线方向图模型 ··· 103

6.2　天线方向图特性对成像质量影响分析 ··· 104

　　6.2.1　天线色散效应及其对成像质量的影响 ·································· 105

　　6.2.2　阵面平整度对成像质量的影响 ··· 110

6.3　高精度相控阵天线方向图预估方法 ·· 112

　　6.3.1　基础数据近场测量 ·· 112

　　6.3.2　基于实测数据的天线方向图计算 ··· 114

　　6.3.3　天线方向图地面验证 ··· 116

6.4　小结 ·· 118

第 7 章　基于连续切线运动模型的高分辨率星载 SAR 成像补偿方法 ·· 119

7.1　高精度连续切线运动模型 ··· 120

　　7.1.1　连续切线运动模型 ·· 120

　　7.1.2　双程距离 ·· 123

7.2　基于连续切线运动模型的星载 SAR 回波信号表达 ·························· 126

　　7.2.1　时间尺度因子 ··· 128

　　7.2.2　收发斜率因子 ··· 129

　　7.2.3　收发常数因子 ··· 130

7.3　高分辨率星载 SAR 成像补偿方法 ·· 131

7.4　仿真实验验证 ·· 134

　　7.4.1　仿真方法与参数 ·· 134

    7.4.2 仿真结果 ·· 136

  7.5 小结 ··· 144

第 8 章 对流层延迟效应补偿方法 ·· 145

  8.1 对流层电磁信号传播模型 ······································ 146

    8.1.1 天顶延迟模型 ·· 147

    8.1.2 映射函数 ·· 150

  8.2 对流层延迟效应对星载 SAR 成像质量的影响 ················· 152

    8.2.1 星载 SAR 与目标之间的实际传播路径延迟 ········· 153

    8.2.2 改进的回波信号模型 ································ 155

    8.2.3 对流层延迟对聚焦性能的影响 ······················ 156

  8.3 对流层延迟效应成像补偿方法 ································· 158

  8.4 仿真验证与分析 ·· 161

    8.4.1 仿真参数 ·· 161

    8.4.2 处理结果与分析 ······································ 162

  8.5 小结 ··· 164

第 9 章 星载多通道 SAR 误差补偿技术 ··································· 166

  9.1 多通道 SAR 误差产生机理 ···································· 166

  9.2 多通道阵列误差模型 ·· 168

    9.2.1 通道误差因素及其关系 ······························ 168

    9.2.2 通道误差模型 ·· 169

  9.3 多通道方位信号重构与相位不一致性

    误差校正方法 ·· 172

    9.3.1 通道方位信号重构 ··································· 172

    9.3.2 经典相位不一致性误差校正方法 ···················· 173

    9.3.3 相位不一致性误差校正新方法 ······················ 176

  9.4 小结 ··· 183

第 10 章 星载 SAR 高精度几何校正技术 ································ 184

  10.1 星载 SAR 几何定位基本原理 ································· 184

        10.1.1 基于 RD 的星载 SAR 几何定位数学模型 ·················· 185

        10.1.2 基于 RD 方程的星载 SAR 定位
              几何精度分析 ·· 187

        10.1.3 基于 RD 的星载 SAR 几何定位解算 ·················· 190

    10.2 星载 SAR 高效高精度几何定位模型 ······························ 191

        10.2.1 星载 SAR 图像两星立体定位模型 ····················· 192

        10.2.2 星载 SAR 图像三星立体定位模型 ····················· 196

        10.2.3 星载 SAR – 可见光图像联合定位方法 ················ 203

        10.2.4 星载 SAR 几何定位的快速实现方法 ·················· 210

    10.3 基于外部 DEM 数据的星载 SAR 几何校正方法 ············· 213

    10.4 小结 ·· 215

第 11 章 SAR 图像相干斑抑制方法 ·· 216

    11.1 相干斑噪声的产生机理 ·· 217

    11.2 自适应 PPB 方法 ··· 219

        11.2.1 预滤波和权重修正 ··· 223

        11.2.2 同质因子迭代计算 ··· 224

        11.2.3 强点扩散校正 ·· 224

    11.3 基于稀疏表示的 SAR-BM3D 方法 ······························· 229

        11.3.1 SAR-BM3D 算法简介 ···································· 229

        11.3.2 基于信号稀疏表示的图像去噪方法 ·················· 231

        11.3.3 基于稀疏表示的非局部去噪方法 ····················· 233

    11.4 基于深度学习的相干斑抑制方法 ··································· 235

        11.4.1 基于膨胀卷积网络的相干斑抑制方法 ··············· 235

        11.4.2 基于生成对抗网络的相干斑抑制方法 ··············· 238

        11.4.3 神经网络与小波变换相结合的
              相干斑抑制方法 ·· 240

        11.4.4 基于膨胀卷积和成对大小卷积核的
              相干斑抑制方法 ·· 241

        11.4.5 实验结果和对比 ·· 243

    11.5 小结 ·· 247

第 12 章 星载 SAR 方位模糊抑制方法 249

12.1 星载 SAR 方位模糊产生机理 250
12.2 星载 SAR 方位模糊谱模型 254
12.2.1 经典谱估计模型 255
12.2.2 广义谱估计模型 256
12.3 基于自适应谱选择与外推的方位模糊抑制方法 263
12.3.1 自适应谱选择方法 263
12.3.2 基于能量加权测度的谱外推方法 265
12.3.3 实验验证 266
12.4 小结 275

第 13 章 高分辨率 SAR 图像旁瓣抑制技术 276

13.1 SAR 图像旁瓣产生机理 276
13.2 基于谱加权的旁瓣抑制方法 279
13.3 基于空变切趾滤波的旁瓣抑制方法 283
13.3.1 经典 SVA 算法 283
13.3.2 GSVA 算法 285
13.3.3 RSVA 算法 288
13.3.4 实验验证与分析 289
13.4 基于卷积神经网络的旁瓣抑制方法 292
13.4.1 旁瓣抑制优化模型 292
13.4.2 网络结构与训练方法 294
13.4.3 实验验证与分析 297
13.5 小结 301

参考文献 302

第 1 章
引 言

1.1 星载 SAR 发展历程

星载合成孔径雷达(Synthetic Aperture Radar, SAR)作用距离远,覆盖范围广,能够全天时、全天候地获取反映地物后向散射特性的高分辨率图像,是一种重要的空间遥感信息获取工具[1-2]。

美国于 1978 年 6 月 28 日发射了世界上首颗 SAR 卫星-"SEASAT-1"卫星,又分别于 1981 年 11 月、1984 年 10 月和 1994 年 4 月将 Sir-A、Sir-B 和 Sir-C/X 送入太空,获得了大量的微波遥感数据[3]。随着星载 SAR 成像技术的广泛应用,欧盟、加拿大、日本、德国、中国、以色列等国家都相继发射了各自的 SAR 卫星。图 1-1 展示了国际上已成功发射的 SAR 卫星谱图,表 1-1 列出了国际星载 SAR 主要指标和应用方向[4]。

表 1-1 国际星载 SAR 主要指标与应用方向

卫星名称	所属国家或机构	发射日期	天线体制	分辨率/m	幅宽/km	应用方向
SEASAT	美国	1978-06	相控阵	25	100	海洋研究
SIR-A/B/C/X	美国	1981-11 1984-10 1994-04 1994-09	相控阵	40 20 30	50 20~40 15~90	陆地及海洋研究
Cosmos-1870	苏联	1987-07	相控阵	15	35~40	海洋及陆地探测

续表

卫星名称	所属国家或机构	发射日期	天线体制	分辨率/m	幅宽/km	应用方向
Lacrosse 1/2/3/4	美国	1988-12 1991-03 1997-01 2000-08	反射面	1	不详	情报侦察
Magellan	美国	1989-05	反射面	150	20	金星表面测绘
Almaz-1	苏联	1991-03	相控阵	10~15	30~45	海洋及陆地探测
ERS-1/2	欧洲航天局	1991-07 1995-04	相控阵	30	100	海洋观察
JERS-1	日本	1992-02	相控阵	18	75	陆地观测
Radarsat-1	加拿大	1995-11	相控阵	8~100	45~500	海洋陆地观测
Cassini	美国	1996	反射面	400~2100	68~311	土星系空间探测
ENVISAT	欧洲航天局	2002-03	相控阵	30~1000	5~400	海洋陆地遥感
Lacrosses 5	美国	2005-04	相控阵	0.3	不详	情报侦察
ALOS-PALSAR	日本	2006-01	相控阵	7~100	20~350	陆地与海岸成像
SAR-Lupe	德国	2006-2008	反射面	0.5	5	情报侦察
COSMO-SkyMed	意大利	2006-05 2006-11 2007-05 2007-11	相控阵	1~100	10~200	海洋陆地遥感/军事侦察
Radarsat-2	加拿大	2007-03	相控阵	3~100	20~500	海洋陆地观测
TerraSAR-X	德国	2007-06	相控阵	1~15	5~100	陆地观测
TecSAR	以色列	2008-01	反射面	1.0~8.0	25~100	情报侦察
RISAT-2	印度	2009-04	反射面	1.0~8.0	25~100	情报侦察
TanDEM-X	德国	2010-06	相控阵	1~15	5~100	三维测绘
FIA 1/2/3/4	美国	2010-09 2012-04 2013-12 2016-02	反射面	0.3/0.1	不详	情报侦察
HJ-1C	中国	2012-11	反射面	5.0~20.0	40~100	灾害监测
Kondor-E	俄罗斯	2013-03	反射面	1.0~20.0	不详	对地遥感/情报侦察
Sentinel-1	欧洲航天局	2015-07	相控阵	5~40	20~400	海洋陆地遥感
GF-3	中国	2016-08	相控阵	1~500	10~650	海洋陆地遥感
NovaSAR-S	英国	2018-01	相控阵	6~30	15~750	海洋陆地遥感

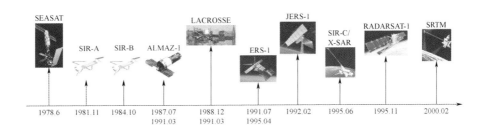
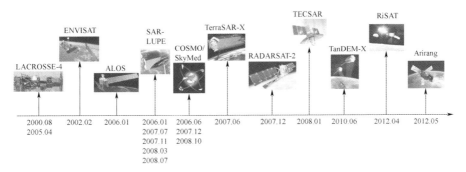
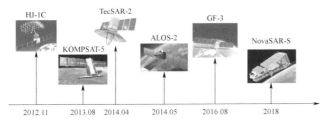

图 1-1 SAR 卫星谱图

自 1976 年起,我国启动了 SAR 成像理论和应用的研究工作。"七五"末期开展了星载 SAR 系统方案的论证工作;"八五"期间进行了关键技术攻关,开展了 SAR 卫星总体研究和研制工作。"九五"开始的三个五年计划期间,国内在高分辨率机载 SAR 方面取得了长足的进步。在解决了空间环境适应性问题以后,其中的多项技术在高分辨率星载 SAR 系统中得以应用。2016 年 8 月,我国成功发射了 GF-3 卫星。作为我国首颗高分辨率全极化 SAR 卫星,能够实现对全球海洋和陆地的全天候、全天时监视与监测,并通过双侧视姿态机动扩大对地观测范围和提升快速响应能力[5]。GF-3 卫星获取的 C 频段多极化微波遥感信息可服务于海洋、减灾、水利及气象等多个行业及业务部门,是我国实施海洋开发、陆地环境资源监测和防灾减灾的重要技术支撑。GF-3 卫星突破了星载 SAR 多模式、多极化和定量化等关键技术,是目前世界上成像模式最多的 SAR

卫星,包括条带、扫描、全极化、滑动聚束、方位向多通道等12种模式;进行了凝视聚束、SAR-GMTI、TOPS、重轨干涉SAR和逆合成孔径雷达成像(Inverse Synthetic Aperture Radar, ISAR)等实验;具备详查和普查功能,分辨率1~500m,幅宽10~650km,图像质量指标达到或超过国外同类SAR卫星水平。具体成像模式及其指标详见表1-2。

表1-2 GF-3卫星成像模式及其指标

成像模式		入射角/(°)	标称分辨率/m	成像幅宽/km	极化方式
聚束		20~50	1	10×10	可选单极化
超精细条带		20~50	3	30	可选单极化
精细条带1		19~50	5	50	可选双极化
精细条带2		19~50	10	100	可选双极化
标准条带		17~50	25	130	可选双极化
窄幅扫描		17~50	50	300	可选双极化
宽幅扫描		17~50	100	500	可选双极化
全球观测		17~53	500	650	可选双极化
全极化条带		20~41	8	30	全极化
全极化条带2		20~38	25	40	全极化
波成像		20~41	10	5×5	全极化
扩展入射角	低入射角	10~20	25	130	可选双极化
	高入射角	50~60	25	80	可选双极化

作为我国第一颗商业化运营的SAR卫星,2017年9月,中科遥感微小型SAR新型卫星星座计划中的第1颗卫星"深圳一号"正式启动会在深圳召开。"深圳一号"是一颗X波段微小型SAR卫星,突破了轻量化二维相控阵天线、在轨实时成像、软件在线可重构、载荷处理与数传一体化、精密轨道控制、高精度定标等一系列载荷、平台和地面关键技术,具备单星干涉测量能力,重点面向地表形变测量、多云地区的高分辨率数据采集和海洋应用,有望成为全球获取能力最强的微小型SAR卫星[6]。

随着科学技术的不断进步,星载SAR将能够为人们提供更为广阔、更为丰富、更为细致的目标信息。星载SAR的发展趋势主要包括以下几个方面[7]。

【高分辨率宽测绘带】高分辨率宽测绘带是星载SAR发展的重要方向之一。一方面,地震与灾害情况评估、目标检测识别、军事打击效果评估等遥感应用对SAR图像的空间分辨率指标提出了很高的要求;另一方面,海洋目标监视、灾区应急勘探等遥感应用要求雷达系统具备宽幅成像能力。因此,自应用于遥感成像以来,星载 SAR 技术始终朝着提高空间分辨率和测绘带宽度的方向发展。然而,传统的星载 SAR 体制受到信息获取量的制约,在空间分辨率与测绘带宽度之间存在相互制约的关系。为了实现高分辨率宽测绘带对地观测,目前主要有 4 条技术路线:①采用多通道模式,通过空间上的增采样来降低时间采样率,有效缓解空间分辨率与测绘带宽度之间的矛盾;②采用参数捷变技术,利用脉冲重复频率的变化来回避发射脉冲遮挡,同时应用数字波束形成技术抑制星下点回波,有效拓宽雷达系统的测绘带宽度;③通过大角度波束扫描处理来增加雷达系统对地面目标的观测时间,提升雷达系统的对地观测性能,同时实现高分辨宽测绘带对地观测;④将压缩感知理论与扫描模式相结合,采用时分复用的方式,将稀疏采样所节省的时间资源分配到不同的观测区域,在保持空间分辨率不变的情况下增加雷达系统的测绘带宽度。

【多方位信息获取】 从信息获取的角度看,提升 SAR 图像解译效果的关键在于增加对目标区域的信息获取量,从而降低目标检测、识别、确认与描述的难度。传统 SAR 图像反映了在较小方位角度范围内的目标散射信息,信息量的缺失造成了 SAR 图像解译的困难。为了进一步提升雷达系统的探测性能,可以合理设计卫星轨道和系统工作模式,采用大角度波束扫描和多轨重复观测方法,获取多方位角雷达图像,更加全面地反映目标的散射特性和几何特征。

【高时相对地观测】 时相成像技术将具有时变特征信息感知能力的信息获取技术与高速信息处理技术相融合,基于一定时间间隔采集的目标区域图像,生成同时涵盖空间和时间维度的动态变化数据。时间分辨率是指相邻图像获取的时间间隔,是时相成像技术的核心指标之一。根据时间间隔的不同,时相成像技术可以分为中低时间分辨率和高时间分辨率。中低时间分辨率主要通过对目标区域的重访观测来实现,时间间隔从几十分钟到几年,主要用于慢时间尺度的变化检测,如冰川/地壳运动、地表沉降、洪水、潮汐等;高时间分辨率主要通过对目标区域的连续观测来实现,时间间隔从几十毫秒到几分钟,主要用于快时间尺度的变化检测,如动目标检测、运动参数反演等。2010 年后,空间对地遥感开始关注目标的动态信息。发展基于微波的高时相成像技术,利用时间分集的处理方法,感知目标的动态变化,成为星载 SAR 的发展方向之一。

【三维地形测绘】 作为 SAR 技术发展中的一个重要分支,干涉合成孔径雷达(Interferometric Synthetic Aperture Radar,InSAR)利用天线之间的细微视角差来提取地形高程信息,获取目标区域的三维地形。目前,InSAR 广泛地应用于地表形变探测、测绘、森林制图、洪涝检测、交通监测和冰川研究等各个领域。然而,传统的 InSAR 系统受到地形突变、叠掩等不利因素的影响,难以实现高精度、高稳定度的三维测绘,无法满足日益增长的应用需求。多频多基线 InSAR 采用多个观测基线或多个信号频率对同一观测区域多航过干涉测量,通过对获取的多组干涉数据进行融合处理来提升高程信息的提取精度,目前已经成为 InSAR 技术领域中一个十分重要的研究热点。

无论星载 SAR 的发展趋势如何,获取高质量的 SAR 图像始终都是提升 SAR 应用效能的前提。受 SAR 成像机理的制约,在 SAR 图像中存在一些共性和机理性问题,如强点旁瓣、模糊干扰等。目前,主要有三种方式提升星载 SAR 成像和图像质量:①采用先进的平台和载荷技术,改善姿轨控制和测量精度、载荷特性、电磁传输特性等,减小信号在发射、传输和接收过程中所引入的系统误差[8];②采用先进的工作模式消除传统工作模式所存在的弊端,例如应用 TOPS 模式来替代传统的 ScanSAR 模式,从而减小雷达图像中所存在的"扇贝效应"[9];③采用地面后处理技术,通过成像处理和图像处理对方位模糊、斑点噪声、旁瓣等进行处理,在提高成像效果的同时减小各种干扰因素对图像质量的影响。本书将基于星载 SAR "观测在天,成像在地"的基本理念,解析卫星轨道、平台姿态、大气传输、地面处理等环节对成像和图像质量的影响,从天地一体化的角度系统、全面地阐述星载 SAR 成像与图像质量提升技术。

1.2 星载 SAR 成像质量指标

星载 SAR 地面处理系统主要由地面接收站和计算机集群组成。在地面处理系统的运行中,首先由成像处理算法进行精确的二维匹配滤波,生成单视复图像;然后,进一步进行辐射和几何校正,生成更为高级的产品。对单视复图像进行评估,可以获得反映星载 SAR 系统和成像处理算法性能的成像质量指标;对后续的高级产品图像进行评估,可以得到影响 SAR 应用效能的图像质量指标。

星载 SAR 成像质量指标主要分为几何成像质量指标与辐射成像质量指标两类。一般是利用专门的定标场或在地物环境完全已知(即星载 SAR 系统或分系统输入已知)的条件下,对相关指标进行测量。测量所得到的指标结果一般具有普遍性意义,其所代表的系统性能在其他环境和条件下也成立。

1.2.1 几何成像质量指标

几何成像质量指标主要反映成像结果中目标位置的精确程度,分为相对定位精度与绝对定位精度。

1.2.1.1 绝对定位精度

绝对定位精度是指测量得到的目标位置与目标真实位置的差值。绝对定位精度分为无控制点绝对定位精度和有控制点绝对定位精度。无控制点绝对定位是成像系统基于自身与目标的成像几何关系获得的,主要反映卫星平台及成像系统的整体可靠性和稳定性。有控制点绝对定位是基于若干已知地物地理位置来推算获得的,其精度取决于地面控制点精度、几何精纠正重采样策略等。

假设第 i 个检测点的实际三维坐标为 $\boldsymbol{p}_{t,i}$,SAR 图像中的定位结果为 $\hat{\boldsymbol{p}}_{t,i}$,则绝对几何精度为

$$\sigma_{\text{location}} = \sqrt{\frac{1}{N}\sum_{i=1}^{N} \| \boldsymbol{p}_{t,i} - \hat{\boldsymbol{p}}_{t,i} \|^2} \qquad (1-1)$$

式中:N 为 SAR 图像中用于评测定位精度的标识点数目。

1.2.1.2 相对定位精度

相对定位精度是指成像后两点之间的相对位置(或者位置矢量)与真实情况的差值。对于选定的两目标点 A 和 B,以点 A 作为该景图像坐标系的原点,点 B 的实际位置坐标为 (X_b, Y_b),通过卫星影像求得的坐标为 (X'_b, Y'_b),则矢量 $\overrightarrow{BB'}$ 表示目标点 A 和 B 间的相对定位精度,如图 1-2 所示。两点 A 和 B 的相对精度值为

$$|\overrightarrow{BB'}| = \sqrt{(X_{b'} - X_b)^2 + (Y_{b'} - Y_b)^2} \qquad (1-2)$$

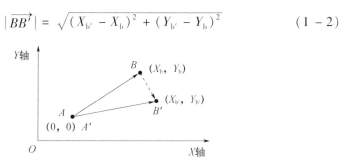

图 1-2 内部畸变示意图

1.2.2 辐射成像质量指标

SAR 系统辐射成像质量指标主要包括空间分辨率、峰值旁瓣比、积分旁瓣比、等效噪声系数与模糊度。

1.2.2.1 空间分辨率

空间分辨率表征了 SAR 系统可分辨的两个相邻目标的最小距离,可分为距离分辨率与方位分辨率。距离分辨率主要取决于线性调频脉冲带宽、波束入射角和成像处理加权系数等因素;方位分辨率主要取决于成像处理器方位向带宽、方位向天线方向图特性、成像处理加权系数和地速等因素。

1. 距离分辨率

通常,SAR 发射线性调频信号,接收时采用脉冲压缩技术,以提高距离分辨率。斜距向距离分辨率 ρ_r 以 SAR 系统冲击响应函数的距离向 3dB 宽度来衡量,即

$$\rho_r = 0.886 \cdot c/(2B_r) \tag{1-3}$$

式中:B_r 为发射信号的带宽;c 为光速。

地距向距离分辨率 ρ_g 与斜距向距离分辨率 ρ_r 的关系如图 1-3 所示,可以表示为

$$\rho_g = \rho_r/\sin\eta \tag{1-4}$$

式中:η 为入射角。地距向距离分辨率随着入射角变化而变化。当入射角过小,地距向距离分辨率可能恶化到不可接受的地步。因此,在系统设计中要对入射角加以限制。

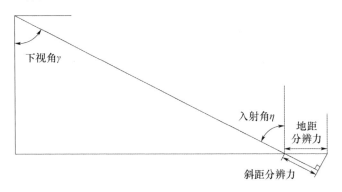

图 1-3 斜距向和地距向距离分辨率之间的关系

2. 方位分辨率

由于 SAR 平台的运动,方位向信号也具有线性调频形式。因此,与距离向类似,经过匹配滤波之后,方位向亦可以得到高分辨率结果。方位向分辨率为

$$\rho_a = \frac{0.886 V_g}{B_a} \gamma_{w,a} \quad (1-5)$$

式中:V_g 为 SAR 平台等效地速;B_a 为多普勒带宽;$\gamma_{w,a}$ 为天线方位向方向图和加权处理引入的展宽因子。

1.2.2.2 峰值旁瓣比与积分旁瓣比

1. 峰值旁瓣比

峰值旁瓣比可分为距离向和方位向两种,定义为点目标冲激响应的最高旁瓣峰值 P_S 与主瓣峰值 P_M 的比值(如图 1-4 所示),通常用分贝表示,即

$$\text{PLSR} = 10\lg \frac{P_S}{P_M} \quad (1-6)$$

峰值旁瓣比在物理概念上表征系统对弱目标的检测能力。峰值旁瓣比的大小,决定了强目标"掩盖"弱目标的程度。通常要求 SAR 图像的峰值旁瓣比优于 -20dB。为了改善峰值旁瓣比,通常会在成像处理中采用 Taylor 或 Hamming 等加权。

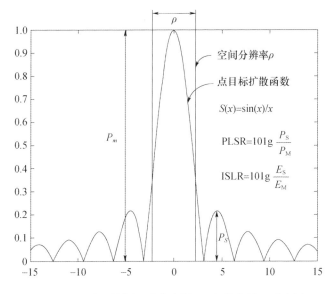

图 1-4 空间分辨率、峰值旁瓣比、积分旁瓣比示意图

2. 积分旁瓣比

积分旁瓣比可分为距离向和方位向两种,定义为旁瓣能量与主瓣能量的比值,一般用分贝表示,即

$$\text{ISLR} = 10\lg \frac{E_S}{E_M} \qquad (1-7)$$

式中:E_S 和 E_M 分别为冲激响应旁瓣能量和主瓣能量。积分旁瓣比定量地描述了局部较暗区域被来自周围明亮区域的能量所"淹没"的程度。通常要求距离向和方位向积分旁瓣比优于 $-12\text{dB} \sim -16\text{dB}$。

此外,二维联合积分旁瓣比 ISLR 也是一个衡量点目标特性的重要指标,定义为

$$\text{ISLR} = \frac{\iint_{(\tau,t) \notin D} |h(\tau,t)|^2 \mathrm{d}\tau \mathrm{d}t}{\iint_{(\tau,t) \in D} |h(\tau,t)|^2 \mathrm{d}\tau \mathrm{d}t} \qquad (1-8)$$

式中:D 为二维主瓣区域;$h(\tau,t)$ 为点目标二维冲激响应;τ 和 t 分别为距离向快时间和方位向慢时间。

峰值旁瓣比与积分旁瓣比的计算看似简单,但是在实际中几乎无法做到精确评测。其中的难点在于主瓣和旁瓣临界点的选择。在工程上,一般选用 3dB 宽度作为主瓣宽度。

1.2.2.3 等效噪声系数

等效噪声系数 $\text{NE}\sigma^0$ 是 SAR 图像的一项重要指标。根据雷达方程与 SAR 系统工作原理,其可以表示为

$$\text{NE}\sigma^0 = \frac{(4\pi)^3 R^4 k T_0 F L}{P_{av}(k_g G)^2 \lambda^2 k_r k_a T_s \delta_r \delta_a} \qquad (1-9)$$

式中:P_{av} 为雷达平均发射功率;k_g 为天线效率;G 为天线功率增益;λ 为雷达系统波长;k_r 和 k_a 分别为距离向和方位向压缩增益系数;T_s 为合成孔径时间;δ_r 和 δ_a 分别为距离向和方位向分辨率;R 为目标至雷达的距离;k 为波耳兹曼常数;T_0 为系统工作温度;F 为工作温度为 290K 时定义的系统噪声系数;L 为损耗因子。

等效噪声系数 $\text{NE}\sigma^0$ 是 SAR 图像信噪比为 0dB 时对应的后向散射系数,代表了 SAR 系统灵敏度,表征了系统对弱目标的成像和检测能力。$\text{NE}\sigma^0$ 受接收机噪声系数、系统损耗、接收机温度、天线增益和发射功率等因素的影响,也取决于目标斜距、入射角等星地几何关系参数。随着目标斜距的不同以及天线增益的变化,成像带内不同斜距处的 $\text{NE}\sigma^0$ 存在差异。

1.2.2.4 模糊度

模糊度表征了无用信号与有用信号在时域或者频域的混叠程度,可以用距离模糊度(Range Ambiguity to Signal Ratio,RASR)和方位模糊度(Azimuth Ambiguity to Signal Ratio,AASR)来衡量。具体表示为

$$\mathrm{RASR} = \frac{距离向模糊区内回波信号总功率}{测绘带内回波信号总功率}$$

$$\mathrm{AASR} = \frac{方位向模糊区内回波信号总功率}{测绘带内回波信号总功率}$$

1. 距离模糊度

延迟时间相差整数倍脉冲重复周期的回波信号在时域混迭,产生距离模糊。如图 1-5 所示,若测绘带的最大、最小斜距分别为 $R_{\max}$、$R_{\min}$,则第 i 距离模糊区的最大、最小斜距 $R_{i\max}$、$R_{i\min}$ 满足

$$R_{i\max} - R_{\max} = \frac{i \cdot c}{2 f_{\mathrm{PRF}}} \qquad (1-10)$$

$$R_{i\min} - R_{\min} = \frac{i \cdot c}{2 f_{\mathrm{PRF}}} \qquad (1-11)$$

式中:c 为光速,f_{PRF} 为脉冲重复频率。

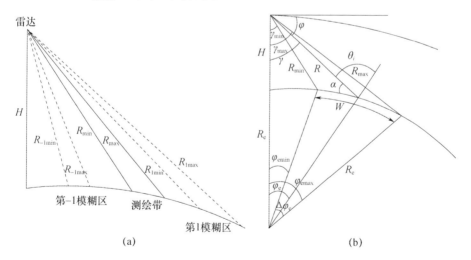

图 1-5 距离模糊示意图
(a)距离模糊区示意;(b)观测几何。

对星载 SAR 来说,要确定模糊区的位置,需要考虑地球曲率。卫星高度 H、视角 γ 和斜距 R 满足

$$\frac{H+R_e}{\sin\theta_i} = \frac{R_e}{\sin\gamma} = \frac{R}{\sin\varphi_e} \quad (1-12)$$

$$\theta_i = \gamma + \varphi_e \quad (1-13)$$

式中：R_e 为地球半径；φ_e 为地心角；θ_i 为入射角。

结合式(1-12)和式(1-13)，可以确定模糊区所对应的入射角。若测绘带和模糊区均为漫反射分布型目标，则距离模糊度可表示为

$$\mathrm{RASR} = \frac{\int_a \frac{G_r^2(\theta_i) \cdot \sigma_0(\theta_i)}{\sin\theta_i \cdot R^3(\theta_i)} \mathrm{d}\theta_i}{\int_s \frac{G_r^2(\theta_i) \cdot \sigma_0(\theta_i)}{\sin\theta_i \cdot R^3(\theta_i)} \mathrm{d}\theta_i} \quad (1-14)$$

式中：G_r 为距离向天线双程增益；σ_0 为分布目标后向散射系数；a 为模糊区集合；s 为测绘带。

2. 方位模糊度

对于一些角度上的目标，回波的多普勒频移与主波束的多普勒频率相差整数倍脉冲重复频率。这些回波信号将落在主波束的多普勒带宽内，与测绘区对应的多普勒频谱发生混叠，从而造成方位模糊，如图1-6所示。

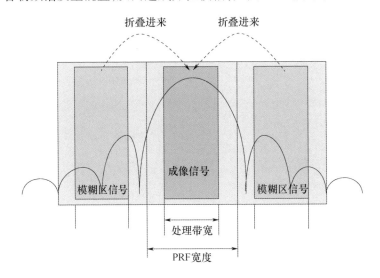

图1-6 方位模糊示意图

测绘区对应的多普勒中心 f_d 可以表示为

$$f_d = -\frac{2V}{\lambda}\cos\varphi \quad (1-15)$$

式中:φ 为雷达斜视角。第 j 个方位模糊区对应的多普勒中心频率满足

$$f_{ja} = -\frac{2V}{\lambda}\cos\varphi_{ja} = f_d + j \cdot f_{PRF} \qquad (1-16)$$

式中,φ_{ja} 为第 j 模糊区中心对应的斜视角。对于分布目标,方位模糊度可以表示为

$$\text{AASR} = \frac{\sum\limits_{\substack{j=-\infty \\ j\neq 0}}^{\infty} \int_{-\frac{B_p}{2}}^{\frac{B_p}{2}} G_a^2(f+f_d+jf_{PRF})\mathrm{d}f}{\int_{-\frac{B_p}{2}}^{\frac{B_p}{2}} G_a^2(f+f_d)\mathrm{d}f} \qquad (1-17)$$

式中:f 为多普勒频率;$G_a(f)$ 为多普勒能量谱,等效于天线方位向双程方向图;B_p 为方位向成像处理器带宽。

1.3 星载 SAR 图像质量指标

成像质量指标衡量的是 SAR 系统性能,而图像质量指标反映的是一幅 SAR 图像的质量好坏,不能代表星载 SAR 系统的综合性能。由于 SAR 图像内容的多样性,无法保证每幅 SAR 图像都能够得到完整且一致的图像质量指标。

1.3.1 动态范围

SAR 图像的动态范围定义为图像中最强目标与最弱目标的强度比。对于分布目标,图像的动态范围为雷达系统的动态范围;对于点目标,图像的动态范围为雷达系统的动态范围与脉冲压缩增益、方位聚焦增益之和。

随着空间分辨率的不断提高,SAR 可以获取越来越丰富的地物信息。为了尽量保留细节信息,SAR 图像一般采用 16bit 量化存储。然而,显示和输出设备的动态范围往往是有限的,一般是 0~255,远远小于 SAR 图像数据本身的动态范围。因此,直接使用原图显示会丢失很多细节信息。为此需要对 SAR 图像的动态范围进行压缩,使之匹配较低动态范围的显示和打印设备。通过对 SAR 图像进行可视化增强处理,优化可视化效果,合理地控制 SAR 图像的动态范围损失,能够使得 SAR 图像既忠实地反映场景的散射细节又满足后续的应用需求。

1.3.2 图像均值和方差

图像均值是指整个图像的平均幅度,反映了图像所包含目标的平均后向散

射系数。图像方差代表了图像中所有像素偏离均值的程度,反映了图像的不均匀性。若图像大小为 $N \times M$,则其均值和方差为

$$\mu_z = \frac{1}{N \cdot M} \sum_{i=1}^{N} \sum_{j=1}^{M} Z_{ij} \qquad (1-18)$$

$$\sigma_z^2 = \frac{1}{N \cdot M} \sum_{i=1}^{N} \sum_{j=1}^{M} (Z_{ij} - \mu_z)^2 \qquad (1-19)$$

式中:Z_{ij} 为 SAR 图像在 (i,j) 处像素的灰度值。

图像的均值和方差反映了图像的整体特征。一般情况下,不同的地物会使得 SAR 图像有不同的均值。地形差异越大,人工目标越多,图像的灰度变化就越大,方差也就越大。

1.3.3 等效视数和辐射分辨率

由均值和方差衍生出用于 SAR 图像斑点噪声评价的等效视数 f_{ENL} 和辐射分辨率 r,其定义分别为

$$f_{ENL} = \frac{\mu_z^2}{\sigma_z^2} \qquad (1-20)$$

$$r = 10\lg\left(1 + \frac{\sigma_z}{\mu_z}\right) \qquad (1-21)$$

等效视数是衡量图像中相干斑噪声强度的一种指标。等效视数越大,表明相干斑越弱,图像的可解译性越好。辐射分辨率是对 SAR 系统灰度级分辨能力的一种度量,定量地表示了 SAR 系统区分相邻目标散射系数的能力。

1.3.4 空间频率调制度比

空间频率是指在单位长度内明暗条纹(强/弱散射矩形条纹)重复出现的周期数[10],其单位是"线对/米(line pair per meter,lp/m)"。图1-7中,1m 的长度内共出现了4对黑白相间的矩形线对,此图像对应的空间频率即为4lp/m。随着单位长度内黑白矩形线对数量的不断增加,由于受到 SAR 系统自身成像能力的限制,黑白条纹最终将会混杂在一起,变成不可区分的灰色,如图1-8最右部分所示。

SAR 系统的空间频率调制度比 R_m 是指在某一特定的空间频率条件下,SAR 系统成像结果的图像调制度 M_I 与实际的场景调制度 M_s 的比值,即

$$R_m = M_I/M_s \qquad (1-22)$$

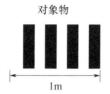

图 1-7 空间频率示意图

图 1-8 不同空间频率的场景及成像效果对比

若场景中最强散射单元的散射强度为 P_{max},最弱散射单元的散射强度为 P_{min},那么场景调制度 M_s 为

$$M_s = \frac{P_{max} - P_{min}}{P_{max} + P_{min}} \qquad (1-23)$$

若图像中最强散射单元的强度为 I_{max},最弱散射单元的散射强度为 I_{min},那么图像调制度 M_I 为

$$M_I = \frac{I_{max} - I_{min}}{I_{max} + I_{min}} \qquad (1-24)$$

空间频率调制比反映了 SAR 系统对场景中代表不同空间频率特征的结构的反演能力。该指标与辐射分辨率、空间分辨率、动态范围和系统灵敏度等多个指标有关,也受到观测距离、视角等因素的影响。因此,空间频率调制比是一个综合评价指标。

根据具体应用中对目标细节的分辨要求来设定空间频率的范围,进而布设如图 1-9 所示的场景,从而测定 SAR 系统的空间频率调制度比。通常,应选取较为平静的水面或者平坦且匀质性较好的陆地区域作为背景,采用有源或无源的定标器产生矩形强散射区域。在采用水面为背景的区域,可以认为水面的散射强度接近于零;对于采用非水面作为背景的区域,则需要对该场景的散射强度进行具体测定。

图 1-10 给出了三条空间频率调制度比曲线,表征不同的 SAR 图像特性。其中,实线与横轴交点大于虚线与横轴的交点,说明实线所代表的图像具有更高的空间频率分辨率。但是在大部分的空间频率条件下,虚线较为平直,而实线变化较大且不稳定。因此,虚线所代表的图像在大部分的空间频率下具有较

好的反演和重构能力；而实线代表的 SAR 系统虽然具有更高的分辨能力，但在不同空间频率下的反演能力差距较大，并且随着空间频率的提高呈现出非线性的变化，在图像质量上劣于虚线所代表的 SAR 系统。点画线代表了一个非常理想的 SAR 系统，具有稳定的场景反演和重建能力，以及较好的空间频率分辨性能。

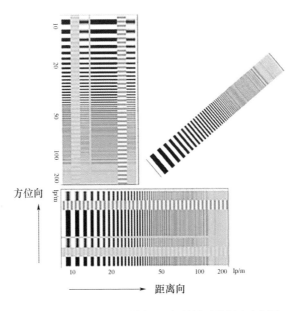

图 1-9　面向空间调制度比测量的场景设置示意图

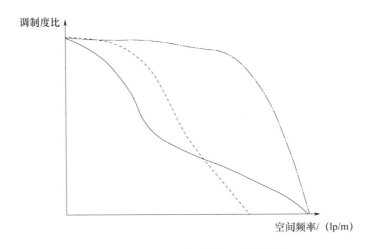

图 1-10　空间频率调制度比曲线示例

根据图 1-10 中三条曲线分别进行了目标仿真。图 1-11 中右侧的三幅图像由左至右分别对应虚线、实线和点画线所代表的 SAR 系统的成像结果,其图像质量与上述分析一致。

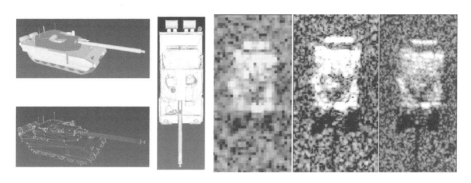

图 1-11　不同空间频率调制度比下的仿真结果

1.4　小结

本章在总结星载 SAR 发展历程的基础上,对其发展趋势进行了展望,指出高质量的 SAR 图像是提升 SAR 应用效能的前提。为了定量化评价星载 SAR 系统和成像处理算法的性能,从几何和辐射成像质量的角度,给出了定位精度、空间分辨率、峰值旁瓣比、积分旁瓣比、等效噪声系数、模糊度指标的定义和计算方法。对于经过辐射和几何校正处理得到的高级图像产品,本章还介绍了动态范围、均值、方差、等效视数、辐射分辨率与空间频率调制度比指标,以便进一步衡量 SAR 图像质量的优劣及其对观测场景的反演性能。本书的后续章节将围绕上述质量指标,探讨如何从卫星平台、有效载荷及地面处理环节入手,提升星载 SAR 成像和图像质量。

第 2 章
星载 SAR 成像基本原理

本章基于星载 SAR"观测在天,成像在地"的理念,首先阐述星载 SAR 数据获取机理,然后给出涵盖条带、扫描、聚束、滑动聚束、TOPS、逆 TOPS 等模式的星载 SAR 回波信号模型和成像处理模型,最后秉承天地一体化的思想,从卫星轨道、平台姿态、有效载荷、地面处理等环节追溯成像质量影响因素,并给出成像质量提升的基本思路。

2.1 星载 SAR 系统基本组成

如图 2-1 所示,星载 SAR 对地观测系统具备"观测在天,成像在地"的特点,其组成分为天、地两部分,即有效载荷和地面处理系统。其中,有效载荷发射相干信号,接收来自地面的回波信号,量化成数字信号,与卫星星历等辅助数

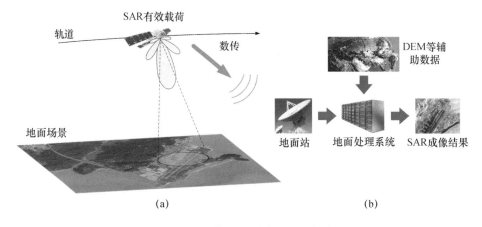

图 2-1 星载 SAR 对地观测示意图

据组成数据流,在星上存储,并适时下传至地面;地面处理系统对下传数据进行解码、成像处理、几何校正和辐射校正等操作,生成各级图像产品。

图2-2给出了星载SAR有效载荷的基本结构,主要包括中央电子设备子系统和天线子系统。下面分别介绍。

1. 中央电子设备子系统

中央电子设备子系统根据地面遥控指令,选择星载SAR的工作模式,控制各分机的工作,监察各分机的"健康"情况,并与卫星"数管"通信联系,向卫星监控报告星载SAR的工作状态。作为有效载荷的核心子系统,其组成包括射频单元、数字单元、数据形成器、内定标器、雷达配电器以及软件(含雷达控制监测软件、FPGA软件)等,具体功能如下:

(1) 射频单元中,基准频率源为各分系统和单机提供高度相干的基准信号,包括射频信号、中频信号、采样频率信号和定时频率信号。线性调频源根据控制指令产生符合指标要求的线性调频信号,经D/A转换后调制到射频上,放大至天线子系统所需的功率电平,作为发射信号输送给天线子系统。首先,接收通道对回波信号进行低噪声放大、下变频和滤波,得到中频信号;然后,由可控增益中频放大链路进行中频信号放大,以适应雷达接收动态输出要求;最后,通过滤波、正交解调和视频放大完成视频信号的输出。

(2) 数字单元中,定时器负责提供定时基准,保证有效载荷中各个部分同步工作。雷达计算机完成对SAR有效载荷各模块的控制和监测。它一方面通过总线接收星务计算机发出的遥控指令和卫星辅助数据;另一方面执行遥控指令,对各模块进行控制,同时把各模块的监测参数送给星务计算机。雷达计算机还与天线子系统的波控分机通过串行数据总线进行通信,对天线阵面进行波位设置,接收天线子系统的遥测参数。

(3) 数据形成器接收来自监控定时器的指令和外部辅助数据。根据指令要求,完成接收机正交视频回波信号的模数转换,对窄带视频信号进行数字滤波,并对采样数据进行数据压缩。将压缩后的回波数据与外部辅助数据及其他辅助数据打包形成格式化数据帧,传送给数传分系统。

(4) 内定标器形成内定标信号,分别通过天线定标网络、发射功放模块(T)和接收前置低噪声放大器模块(R)组件定向耦合器、微波组合定向耦合器馈入系统接收通道,经接收机变频、放大和正交解调后,由数据形成器生成定标数据。通过分析和处理定标数据,可以得到SAR系统(除天线波导子阵之外的发射通路和接收通路)总增益的相对变化量、收发通道幅相的变化。同时,定标数据还复制了 SAR 系统的线性调频发射信号，可以为成像处理提供参考，用于系统误差的校正。

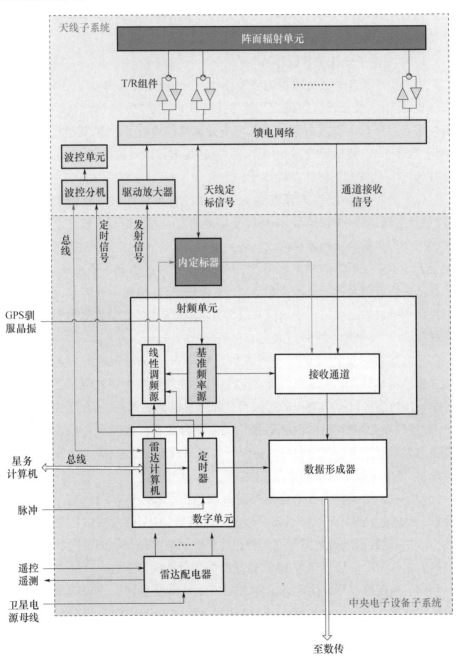

图 2-2　星载 SAR 有效载荷基本结构示意图

(5) 雷达配电器完成整个中央电子设备的配电工作。

2. 天线子系统

天线子系统应当具有二维波束扫描能力,方位和距离向波束宽度与副瓣电平可以按波位设计要求进行展宽和赋形,满足聚束、条带及扫描等成像模式的使用;能够放大发射信号并向指定空域辐射电磁能量,并对回波信号进行接收与低噪声放大。SAR 天线类型有抛物面和平面相控阵两种,两者区别主要在于辐射波束形成和角度扫描的方式。抛物面天线主要包括反射面和馈源系统。平面相控阵天线则是由阵面辐射单元、T/R 组件、馈电网络和波控器等组成(如图 2-2 所示)。各个部分的具体功能如下:

(1) 阵面辐射单元把馈送来的激励信号高效率地转化为微波信号,并辐射到自由空间,同时收集来自自由空间的微波信号,并将其转化为电信号。

(2) T/R 组件既可以工作在发射状态,也可以工作在接收状态。当 T/R 组件工作在发射状态时,经馈电网络送来的低功率信号,经过移相器移相后,送到功率放大器,放大后的大功率信号通过环流器后经辐射单元向外辐射。当 T/R 组件工作在接收状态时,辐射单元接收的回波信号,经环流器、隔离器、限幅器、低噪声放大器、数字衰减器、开关和移相器,送到接收馈电网络中。

(3) 馈电网络向辐射单元馈送需要的激励信号,同时接收辐射单元送来的信号,合成接收信号。

(4) 波控单元实现波束扫描以及对天线系统的监测和幅相校正。

2.2 星载 SAR 回波信号模型

不同于天基光学对地观测成像,星载 SAR 的回波数据类似于随机噪声,必须对其进行处理才能获得图像。早期的地面处理系统采用光学器件来实现 SAR 聚焦成像,但由于成像精度差、难以做到自动化处理,逐渐被淘汰。自 SEASAT 卫星之后,数字信号处理成为 SAR 成像的主流技术。

本节将对星载合成孔径雷达回波信号数学模型进行更为深入的研究和讨论,分析不同成像模式回波信号的差异性和内在的统一性,涵盖条带、扫描、聚束、滑动聚束、TOPS、逆 TOPS 等模式,为星载 SAR 成像处理奠定基础。

2.2.1 混合度因子

为方便后续描述,首先给出混合度因子的定义。图 2-3 给出了星载 SAR

不同成像模式空间成像几何关系简化示意图,根据虚拟的等效旋转点位置的不同,给出混合度因子的定义[11-12],即

$$Y = \frac{R_{rt}}{R_{rs}} \quad (2-1)$$

式中:R_{rt}为从旋转点到目标的最近斜距;R_{rs}为从旋转点到载荷的最近斜距,且以旋转点为原点,向上为正方向;下标 r 为旋转点(Rotation Center),s 为传感器(Sensor),t 表示目标(Target)。将混合度因子的值同实数轴进行映射,通过 Y 不同的取值范围对星载 SAR 成像模式进行划分,即

$$Y = \begin{cases} +\infty & \text{后视模式} \\ >1 & \text{TOPS 模式} \\ 1 & \text{条带模式} \\ 0 \sim 1 & \text{滑动聚束模式} \\ 0 & \text{聚束模式} \\ <0 & \text{逆 TOPS 模式} \\ -\infty & \text{前视模式} \end{cases} \quad (2-2)$$

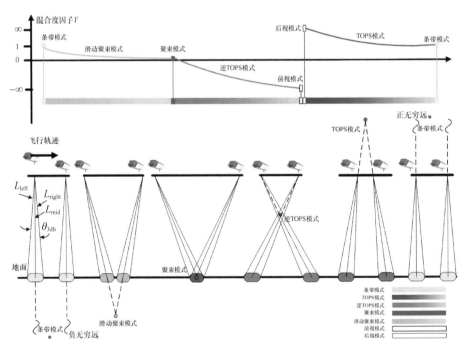

图 2-3 星载 SAR 不同成像模式空间成像几何关系简化示意图(见彩图)

2.2.2 信号特性分析

星载 SAR 系统多采用线性调频信号,目的是通过匹配滤波处理提升最终图像的信噪比[13]。因此,不同成像模式之间的差异性主要体现在方位向。本节将利用时频关系图分析方位向信号特性。

如图 2-4 所示,Y 的取值决定了方位向波束的扫描角速度及扫描方向,进而导致影响目标的多普勒历程。本节利用方位向时频关系图分析星载 SAR 常规成像模式下的目标多普勒历程以及其多普勒带宽,在此基础上利用混合度因子 Y 建立星载 SAR 成像模式方位向时频特性统一模型,为后续成像处理算法的研究奠定基础。为便于后续分析中的表述,对所涉及的参数进行说明:L_{right} 表示方位向 3dB 波束的前视线,L_{left} 表示方位向 3dB 波束的后视线;X_L 表示方位向左侧积累不完全区域,X_R 表示方位向右侧积累不完全区域;A_1、A_2、A_3 表示沿方位向设置的三个目标;T 表示对地遥感观测时间;v 表示卫星飞行速度;λ 表示载频波长;f_{prf} 表示脉冲重复频率,$B_{\Delta\theta}$ 表示方位向天线 3dB 波束宽度所对应的多普勒带宽;定义多普勒调频率 $k_r = \tan\theta_r$,波束旋造成的多普勒调频率变化调频率 $k_\omega = \tan\theta_\omega$($k_\omega$ 为波束扫描调频率,θ_ω 为波束扫描调频角)。定义波束顺时针旋转的角度为正值,逆时针旋转的角度为负值,则有

$$\theta_\omega = \begin{cases} -\pi/2 & \text{后视模式} \\ \pi/2 \sim \pi & \text{TOPS 模式} \\ 0 & \text{条带模式} \\ 0 \sim \theta_r & \text{滑动聚束} \\ \theta_r & \text{聚束模式} \\ \theta_r \sim \pi/2 & \text{逆 TOPS 模式} \\ \pi/2 & \text{前视模式} \end{cases} \quad (2-3)$$

需要说明的是,考虑正前视和正后视模式不属于常规星载 SAR 成像模式,其不具备方位向合成孔径分辨率能力,本书不予讨论。后续主要针对条带模式、滑动聚束模式、聚束模式、逆 TOPS 模式、TOPS 模式、扫描模式开展分析研究。

2.2.2.1 条带模式

如图 2-4 所示,条带模式下旋转点位于无穷远处,因此方位向波束指向在成像过程中始终保持不变,目标的多普勒历程具有时移不变性,故单点目标的

多普勒带宽 B_a 和方位向全场景的多普勒带宽 B_s 相等,即

$$B_a = \frac{B_{\Delta\theta}}{Y} \quad (2-4)$$

$$B_s = \frac{B_{\Delta\theta}}{Y} \quad (2-5)$$

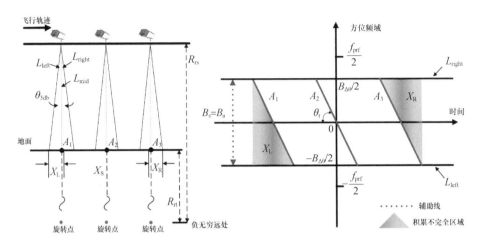

图 2-4　星载 SAR 条带模式工作示意图及方位向时频关系图

2.2.2.2　滑动聚束模式

如图 2-5 所示,滑动聚束模式下方位向波束中心始终指向地面下的某一点,因此成像观测时间内方位向波束按一定的角速度顺时针旋转。方位向波束旋转反映在方位向时频关系图上,即方位向 3dB 波束宽度的前、后视线顺时针旋转 θ_ω,从图 2-5 中可看出,这种旋转破坏了方位向目标多普勒历程线性不变的特性。由于波束脚印速度变慢,因此方位向每一点多普勒历程变长,带宽变大。

根据时频关系图可得

$$B_a = \frac{B_{\Delta\theta}\cos\theta_\omega}{\sin(\theta_r - \theta_\omega)}\sin\theta_r = B_{\Delta\theta}\frac{1}{1 - \tan\theta_\omega/\tan\theta_r} \quad (2-6)$$

将 $k_\omega = \tan\theta_\omega = 2v^2/(\lambda R_{rs})$ 和 $k_r = \tan\theta_r = 2v^2/[\lambda(R_{rs} - R_{rt})]$ 代入,单点目标的多普勒带宽为

$$B_a = \frac{B_{\Delta\theta}}{Y} \quad (2-7)$$

方位向全场景多普勒带宽为

$$B_s = B_{\Delta\theta} + k_\omega T \quad (2-8)$$

此时有 $R_{rs} > 0$、$R_{rt} > 0$。

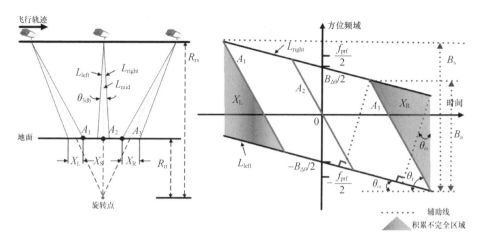

图 2-5　星载 SAR 滑动聚束工作模式示意图及方位向时频关系图

2.2.2.3　聚束模式

如图 2-6 所示,聚束模式下方位向波束中心始终指向地面场景中的某一点,在对地观测时间内方位向波束以一定的角速度顺时针旋转,反映在方位时频关系图中,即方位向 3dB 波束宽度的前、后视线顺时针旋转的角度 θ_ω 等于 θ_r,因此方位向目标的多普勒带宽由多普勒调频率和对地观测时间决定,理论上聚束模式的多普勒带宽可达到 $4v/\lambda$。在观测时间 T 内,单点目标多普勒带宽和方位向全场景内多普勒带宽可表示为

$$B_a = k_\omega T \quad (2-9)$$

$$B_s = B_{\Delta\theta} + k_\omega T \quad (2-10)$$

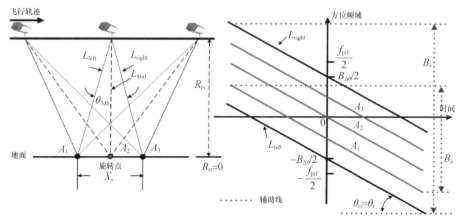

图 2-6　星载 SAR 聚束工作模式示意图及方位向时频关系图

聚束模式的特殊性会导致单点目标多普勒带宽的表达形式和其他工作形式不同,但实际上考虑聚束模式的极限工作时间,则有 $T = B_{\Delta\theta}/Yk_r$,带入式(2-9),考虑 $k_\omega = k_r$,则仍有 $B_a = B_{\Delta\theta}/Y$。此时有 $R_{rs} > 0$、$R_{rt} = 0$。

2.2.2.4 逆 TOPS 模式

如图 2-7 所示,逆 TOPS 模式下方位向波束中心始终指向地面和载荷中心的某一点,因此对地观测时间内方位向波束将按一定的角速度顺时针旋转,反映在方位时频关系图上,即方位向 3dB 波束宽度的前、后视线顺时针旋转 θ_ω。和滑动聚束模式不同,逆 TOPS 模式旋转角度 θ_ω 大于 θ_r。波束旋转导致方位向目标多普勒历程存在时变特性,且和其他模式的不同之处在于方位向 3dB 波束后视线先照射目标。根据图 2-7 所示的时频关系图,可得

$$B_a = \frac{B_{\Delta\theta}\cos\theta_\omega}{\sin(\theta_\omega - \theta_r)}\sin\theta_r = B_{\Delta\theta}\frac{1}{\tan\theta_\omega/\tan\theta_r - 1} \quad (2-11)$$

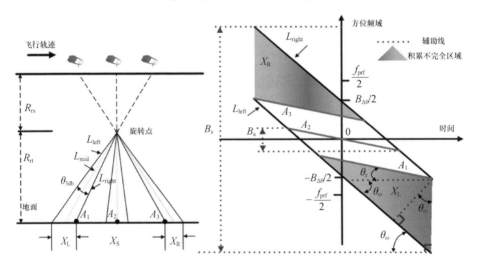

图 2-7 星载 SAR 逆 TOPS 模式示意图及方位向时频关系图

将 $k_\omega = \tan\theta_\omega = 2v^2/(\lambda R_{rs})$ 和 $k_r = \tan\theta_r = 2v^2/[\lambda(R_{rs} - R_{rt})]$ 代入,考虑到逆 TOPS 模式下混合度因子为负,因此目标的多普勒带宽为

$$B_a = \frac{B_{\Delta\theta}}{-Y} \quad (2-12)$$

方位向全场景多普勒带宽为

$$B_s = B_{\Delta\theta} + k_\omega T \quad (2-13)$$

此时有 $R_{rs} > 0$、$R_{rt} < 0$。

2.2.2.5 TOPS 模式

如图 2-8 所示，TOPS 模式下方位向波束中心反向延长线始终指向载荷上方某一点，因此对地观测时间内方位向波束将按一定的角速度逆时针旋转，反映在方位向时频关系图上，即方位向 3dB 波束宽度的前、后视线顺时针旋转 θ_ω，且角度大于 $\pi/2$。波束旋转同样造成目标多普勒历程的时变特性，根据图 2-8 所示的时频关系图，可得

$$B_a = \frac{B_{\Delta\theta}\cos(\pi - \theta_\omega)}{\sin(\theta_r + \pi - \theta_\omega)}\sin\theta_r = B_{\Delta\theta}\frac{1}{1 - \tan\theta_\omega/\tan\theta_r} \quad (2-14)$$

将 $k_\omega = \tan\theta_\omega = 2v^2/(\lambda R_{rs})$ 和 $k_r = \tan\theta_r = 2v^2/[\lambda(R_{rs} - R_{rt})]$ 带入，因此目标的多普勒带宽为

$$B_a = \frac{B_{\Delta\theta}}{Y} \quad (2-15)$$

方位向全场景多普勒带宽为

$$B_s = B_{\Delta\theta} - k_\omega T \quad (2-16)$$

此时有 $R_{rs} < 0$、$R_{rt} < 0$。

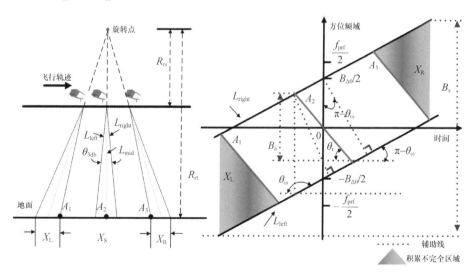

图 2-8 星载 SAR TOPS 模式示意图及方位向时频关系图

2.2.2.6 扫描模式

不同于上述 5 种全孔径成像模式，扫描模式是一种子孔径的工作模式，通过人为的干预改变目标的积累时间。但考虑到扫描模式也是一种成熟的星载 SAR 工作模式，且后续分析成像算法中也讨论了子孔径模式的处理，因此本书

对扫描模式下目标的多普勒带宽和方位向全场景带宽进行分析。如图2-9所示，N_s为子测绘带个数，单点目标的多普勒带宽为

$$B_a = \frac{B_{\Delta\theta}}{Y} \cdot \frac{1}{N_s + 1} \quad (2-17)$$

方位向全场景多普勒带宽为

$$B_s = B_{\Delta\theta} \quad (2-18)$$

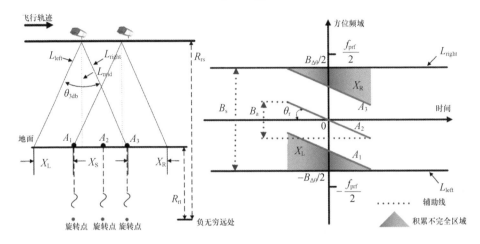

图2-9 星载SAR扫描模式示意图及方位向时频关系图

2.2.2.7 统一性分析

通过对上述星载SAR常规成像模式的分析可知，目标的多普勒历程和混合度因子密切相关，除扫描模式这种子孔径成像模式外，单目标的多普勒带宽和全场景的带宽可统一表示为

$$B_a = \frac{B_{\Delta\theta}}{|Y|} \quad (2-19)$$

$$B_s = B_{\Delta\theta} + |k_\omega|T \quad (2-20)$$

对于扫描模式，由于人为地改变了目标的观测时间，因此目标的多普勒带宽需按式(2-17)进行计算，而全场景带宽仍可按式(2-20)计算。

式(2-20)揭示了星载SAR常规成像模式数据的多普勒带宽由两部分组成，其中一部分为天线3dB波束宽度对应的多普勒带宽，另一部分为方位向波束旋转所引入的多普勒带宽。

2.2.3 回波信号数学模型

第2.2.2节结合空间几何关系和时频关系图对星载SAR常规成像模式方

位向信号特性进行了分析。本节进一步深入讨论星载 SAR 不同成像模式下回波信号特性,并建立回波信号的表达式。

星载 SAR 不同成像模式之间的区别主要体现在方位向波束控制规律的不同,控制规律的差异决定了目标所受方位向天线方向图调制不同,方位向归一化天线方向图可表示为

$$W_{\mathrm{a}}(t) = \mathrm{sinc}^2\left[\frac{L}{\lambda} \cdot \left(\frac{vt}{R_{\mathrm{rs}} - R_{\mathrm{rt}}} - \omega_\varphi t\right)\right] \quad (2-21)$$

$$\omega_\varphi = \frac{v}{R_{\mathrm{rs}}} \quad (2-22)$$

式中:L 为天线长度;ω_φ 为波速旋转角速度。需要说明的是,暂时忽略星速、地速及等效速度之间的差异,这种差异不影响后续分析所得结论的正确性。进而,方位向天线方向图可统一表示为

$$W_{\mathrm{a}}(t) = \mathrm{sinc}^2\left[\frac{L}{\lambda} \cdot \frac{vt}{R_{\mathrm{rs}} - R_{\mathrm{rt}}}\left(1 - \frac{R_{\mathrm{rs}} - R_{\mathrm{rt}}}{R_{\mathrm{rs}}}\right)\right] = \mathrm{sinc}^2\left(\frac{L}{\lambda} \cdot \frac{vt}{R_{\mathrm{rs}} - R_{\mathrm{rt}}}Y\right)$$
$$(2-23)$$

结合空间几何关系,星载 SAR 不同工作模式下点目标回波信号的数学表达式为

$$S(\tau, t - t_{\mathrm{A}}; r) = \sigma \mathrm{rect}\left(\frac{Yvt - vt_{\mathrm{A}}}{X_{\Delta\theta}}\right) \cdot \mathrm{rect}\left(\frac{t}{T}\right) \cdot \mathrm{rect}\left(\frac{vt_{\mathrm{A}}}{X_{\mathrm{s}}}\right) \cdot W_{\mathrm{a}}(t) \cdot W_{\mathrm{r}}(t) \cdot$$
$$p\left(\tau - \frac{2r(t;r)}{c}\right) \cdot \exp\left[-\mathrm{j}\pi b\left(\tau - \frac{2r(t;r)}{c}\right)^2\right]\exp\left[-\mathrm{j}\frac{4\pi r(t;r)}{\lambda}\right]$$
$$(2-24)$$

式中:σ 为目标后向散射截面积;rect($\cdot$) 为矩形窗;t_{A} 为目标所在方位向对应的时间;$X_{\Delta\theta}$ 为方位向 3dB 波束宽度在地面投影的波束脚印长度;X_{s} 为方位向测绘带宽度;$W_{\mathrm{a}}(t)$ 为方位向天线方向图;$W_{\mathrm{r}}(t)$ 为距离向天线方向图;$p(\cdot)$ 为线性调频脉冲的包络;b 为线性调频信号的调频斜率;$r(t;r)$ 为目标斜距的变化;τ 为距离向快时间;t 为方位向慢时间。

式(2-24)给出了星载 SAR 回波信号的数学表达式,适用于当前星载 SAR 系统所采用的条带模式、扫描模式、聚束模式、滑动聚束模式、TOPS 模式和逆 TOPS 模式。

2.3 星载 SAR 成像处理模型

和光学图像的"所见即所得"不同,星载 SAR 原始回波信号呈现出噪声特

性必须经过复杂成像处理才能得到可视化的图像。当前星载 SAR 成像处理算法发展较为成熟,经典的算法包括后向投影算法(Back Projection, BP)[14]、频谱分析算法(SPECAN)[15-16]、距离多普勒算法(Range Doppler, RD)[17-19]、线性变标算法(Chirp Scaling, CS)[20-21]、频率尺度变换算法(Frequency Scaling, FS)[22]、ωk 算法[23-25]和 Chirp-Z-Transform(CZT)算法[26],以及上述算法的改良算法等[27-30]。

本书针对不同成像模式,从处理思路上对成像处理模型进行分析和讨论,在详细分析不同成像模式信号多普勒特性的基础上,给出成像处理的具体流程。

2.3.1 信号多普勒特性分析

在分析信号多普勒特性时,为了方便本书采用简化的二次斜距模型,这种近似不影响后续推导的结论。对于合成孔径时间长、方位分辨率高、方位向多普勒历程复杂的情形,可在后续成像算法中予以特别的处理,完成近似误差的补偿。

采用二次斜距模型,则斜距 r 处目标的距离变化 $r(t;r)$ 可写为

$$r(t;r) = \sqrt{r^2 + v^2(t-t_A)^2} = r + \Delta r \approx r + \frac{\lambda}{4}k_r(t-t_A)^2 \quad (2-25)$$

式中:$k_r = 2v^2/\lambda r$ 为方位向调频率;Δr 为斜距变化。忽略距离徙动、幅度因子及复常数项,则方位向信号表示为

$$S_A(t-t_A;t_A,r) = \text{rect}\left(\frac{Yvt - vt_A}{X_{\Delta\theta}}\right)\text{rect}\left(\frac{t}{T}\right)\text{rect}\left(\frac{vt_A}{X_S}\right)\exp[-j\pi k_r(t-t_A)^2]$$

$$(2-26)$$

式中:第 1 项受方位向 3dB 波束宽度对目标照射时间的限制;第 2 项受卫星对地遥感观测时间限制;第 3 项受方位向测绘带宽度限制。对方位向信号做傅里叶变换,得

$$S_{f_a}(f_a;t_A,r) = \text{rect}\left(-\frac{f_a - k_r\frac{Y-1}{Y}t_A}{B_{\Delta\theta}\frac{1}{Y}}\right) \cdot \text{rect}\left(-\frac{f_a - k_r t_A}{k_r T}\right) \cdot$$

$$\text{rect}\left(\frac{vt_A}{X_S}\right) \cdot \exp\left[j\pi\frac{f_a^2}{k_r} - 2\pi f_a t_A\right] \quad (2-27)$$

式中:f_a 为方位向多普勒瞬时频率。下面结合式(2-27),针对不同成像模式开

展分析。

2.3.1.1 条带模式

条带模式下,混合度因子 Y 值取值范围为 1,且 $B_{\Delta\theta} = k_r T$。从空间几何关系理解,条带模式目标多普勒历程主要受方位向 3dB 波束宽度对目标照射时间的限制,式(2-27)第一项起决定作用,因此目标 t_A 的多普勒历程为 $(-B_{\Delta\theta}/2, B_{\Delta\theta}/2)$。结合图 2-4 所示方位的时频关系图,可得同样的结论。

2.3.1.2 滑动聚束模式

滑动聚束模式下,混合度因子 Y 值取值范围为 0~1 之间,根据图 2-5 所示的空间几何关系,可得

$$X_{\Delta\theta} = \frac{\lambda}{L} r < Y v T \quad (2-28)$$

进一步化简可得

$$B_{\Delta\theta} \frac{1}{Y} < k_r T \quad (2-29)$$

因此,考虑式(2-27)中的第 1 项和第 2 项,由第一项可得目标 t_A 多普勒历程为

$$\left(k_r t_A - \frac{2 k_r t_A + B_{\Delta\theta}}{2Y}, k_r t_A + \frac{-2 k_r t_A + B_{\Delta\theta}}{2Y} \right) \quad (2-30)$$

由第二项可得信号多普勒历程为

$$\left(k_r t_A - \frac{k_r T}{2}, k_r t_A + \frac{k_r T}{2} \right) \quad (2-31)$$

比较左端点可知,式(2-30)中 t_A 取极大值 $t_{\max}$ 时,有

$$t_{\max} = \frac{YT - X_{\Delta\theta}/v}{2} \quad (2-32)$$

式(2-30)左端点得到最小值 $k_r t_A - k_r T/2$,恰好等于式(2-31)中的左端点。同理,式(2-30) t_A 中取极小值 $t_{\min}$ 时,有

$$t_{\min} = \frac{-YT + X_{\Delta\theta}/v}{2} \quad (2-33)$$

式(2-30)右端点得到最大值 $k_r t_A + k_r T/2$,恰好等于式(2-31)中的右端点。因此综合上述分析,滑动聚束模式下,式(2-27)中的第 1 项起决定作用,目标 t_A 的多普勒历程如式(2-30)所示。对比图 2-5 中方位时频关系图所示,全场景多普勒带宽等于时间 $t_{\min}$ 时右视线的多普勒瞬时频率同时间 $t_{\max}$ 时左视线的多普勒瞬时频率之差,即

$$B_s = \left(k_r t_{\min} + \frac{-2k_r t_{\min} + B_{\Delta\theta}}{2Y}\right) - \left(k_r t_{\max} + \frac{-2k_r t_{\max} - B_{\Delta\theta}}{2Y}\right) = B_{\Delta\theta} + k_\omega T \tag{2-34}$$

式(2-34)分析结果和式(2-8)分析结果一致,右边第 1 项为方位向天线波束 3dB 波束宽度对应的多普勒带宽,右边第 2 项为方位向波束旋转在卫星对地遥感观测时间内所引入的多普勒频移。

2.3.1.3 聚束模式

聚束模式下,混合度因子 Y 值取值范围为 0。由式(2-27)可知方位向特性由第 2 项决定。从空间几何关系和聚束模式工作特点解释,理论上,聚束模式下方位向波束照射时间可以无穷大,而卫星对地遥感观测时间是有限的,因此聚束模式下方位向特性由第 2 项决定。此时,不难得到目标 t_A 多普勒历程为

$$\left(k_r t_A - \frac{k_r T}{2}, k_r t_A + \frac{k_r T}{2}\right) \tag{2-35}$$

考虑方位向积累不完全区域,左端点取 $t_{\max}$,右端点取 $t_{\min}$,全场景多普勒带宽为

$$B_s = B_{\Delta\theta} + k_r(1-Y)T = B_{\Delta\theta} + k_\omega T \tag{2-36}$$

2.3.1.4 逆 TOPS 模式

逆 TOPS 模式下,混合度因子 Y 值取值范围小于 0。根据图 2-7 所示的空间几何关系,可得

$$X_{\Delta\theta} = \frac{\lambda}{L} r < -YvT \tag{2-37}$$

进一步化简得

$$B_{\Delta\theta} \frac{1}{-Y} < k_r T \tag{2-38}$$

因此,考虑式(2-27)中的第 1 项和第 2 项,由第 1 项可得目标 t_A 多普勒历程为

$$\left(k_r t_A - \frac{2k_r t_A - B_{\Delta\theta}}{2Y}, k_r t_A + \frac{-2k_r t_A - B_{\Delta\theta}}{2Y}\right) \tag{2-39}$$

由第 2 项可得信号多普勒历程为

$$\left(k_r t_A - \frac{k_r T}{2}, k_r t_A + \frac{k_r T}{2}\right) \tag{2-40}$$

比较左端点可知,式(2-39) t_A 中取极小值 $t_{\min}$ 时,有

$$t_{\min} = \frac{YT + X_{\Delta\theta}/v}{2} \tag{2-41}$$

式(2-39)左端点得到最小值 $k_r t_A - k_r T/2$，恰好等于式(2-40)中的左端点。同理，式(2-39) t_A 中取极大值 $t_{\max}$ 时，有

$$t_{\max} = \frac{-YT - X_{\Delta\theta}/v}{2} \quad (2-42)$$

式(2-39)右端点得到最大值 $k_r t_A + k_r T/2$，恰好等于式(2-40)中的右端点。因此综合上述分析，逆TOPS模式下，式(2-27)第一项起决定作用，目标 t_A 的多普勒历程如式(2-39)所示。如图2-7所示方位时频关系图，全场景多普勒带宽等于时间 $t_{\max}$ 时左视线的多普勒瞬时频率同时间 $t_{\min}$ 时右视线的多普勒瞬时频率之差加上2倍 $B_{\Delta\theta}$，即

$$B_s = \left(k_r t_{\max} + \frac{-2k_r t_{\max} - B_{\Delta\theta}}{2Y}\right) - \left(k_r t_{\min} - \frac{2k_r t_{\min} - B_{\Delta\theta}}{2Y}\right) + 2B_{\Delta\theta} = B_{\Delta\theta} + k_\omega T$$

$$(2-43)$$

式(2-43)分析结果和式(2-13)分析结果一致，右边第1项为方位向天线波束3dB波束宽度对应的多普勒带宽，右边第2项为方位向波束旋转在卫星对地遥感观测时间内所引入的多普勒频移。

2.3.1.5 TOPS模式

TOPS模式下，混合度因子 Y 值取值范围大于1。根据图2-8所示的空间几何关系，可得

$$X_{\Delta\theta} = \frac{\lambda}{L}r < YvT \quad (2-44)$$

进一步化简可得

$$B_{\Delta\theta}\frac{1}{Y} < k_r T \quad (2-45)$$

因此，考虑式(2-27)中的第1项和第2项，由第1项可得目标 t_A 多普勒历程为

$$\left(k_r t_A - \frac{2k_r t_A + B_{\Delta\theta}}{2Y}, k_r t_A + \frac{-2k_r t_A + B_{\Delta\theta}}{2Y}\right) \quad (2-46)$$

由第2项可得信号多普勒历程为

$$\left(k_r t_A - \frac{k_r T}{2}, k_r t_A + \frac{k_r T}{2}\right) \quad (2-47)$$

比较左端点可知，式(2-47) t_A 中取极大值 $t_{\max}$ 时，有

$$t_{\max} = \frac{YT - X_{\Delta\theta}/v}{2} \quad (2-48)$$

式(2-46)左端点得到最小值 $k_r t_A - k_r T/2$,恰好等于式(2-47)中的左端点。同理,式(2-47) t_A 中取极小值 t_{min} 时,有

$$t_{min} = \frac{-YT + X_{\Delta\theta}/v}{2} \qquad (2-49)$$

式(2-40)右端点得到最大值 $k_r t_A + k_r T/2$,恰好等于式(2-47)的右端点。因此综合上述分析,TOPS 模式下式(2-27)中的第 1 项起决定作用,目标 t_A 的多普勒历程如式(2-46)所示。如图 2-8 中方位向时频关系图所示,全场景多普勒带宽等于时间 t_{max} 时左视线的多普勒瞬时频率同时间 t_{min} 时右视线的多普勒瞬时频率之差加上 2 倍 $B_{\Delta\theta}$,即

$$B_s = \left(k_r t_{max} - \frac{2k_r t_{max} + B_{\Delta\theta}}{2Y}\right) - \left(k_r t_{min} + \frac{-2k_r t_{min} + B_{\Delta\theta}}{2Y}\right) + 2B_{\Delta\theta} = B_{\Delta\theta} + |k_\omega|T \qquad (2-50)$$

式(2-50)分析结果和式(2-16)分析结果一致,右边第 1 项为方位向天线波束 3dB 波束宽度对应的多普勒带宽,右边第 2 项为方位向波束旋转在卫星对地遥感观测时间内所引入的多普勒频移。

2.3.1.6 扫描模式

扫描模式下,混合度因子 Y 值取值范围为 1,根据图 2-9 所示的空间几何关系,可得

$$X_{\Delta\theta} = \frac{\lambda}{L}r > vT \qquad (2-51)$$

进一步化简可得

$$B_{\Delta\theta} > k_r T \qquad (2-52)$$

在 $Y=1$ 时,式(2-27)中的第 2 项起决定作用,因此目标 t_A 多普勒历程为

$$\left(k_r t_A - \frac{k_r T}{2}, k_r t_A + \frac{k_r T}{2}\right) \qquad (2-53)$$

其中,t_A 中取极大值 t_{max} 时,有

$$t_{max} = \frac{X_{\Delta\theta}/v - T}{2} \qquad (2-54)$$

t_A 中取极小值 t_{min} 时,有

$$t_{min} = \frac{T - X_{\Delta\theta}/v}{2} \qquad (2-55)$$

故全场景多普勒带宽等于时间 t_{max} 时右视线的多普勒瞬时频率同时间 t_{min} 时左视线的多普勒瞬时频率之差,即

$$B_{\mathrm{s}} = \left(k_{\mathrm{r}}t_{\max} + \frac{k_{\mathrm{r}}T}{2}\right) - \left(k_{\mathrm{r}}t_{\min} - \frac{k_{\mathrm{r}}T}{2}\right) = B_{\Delta\theta} + k_{\omega}T = B_{\Delta\theta} \quad (2-56)$$

式(2-56)分析结果和式(2-18)分析结果一致,其中:右边第1项为方位向天线波束3dB波束宽度对应的多普勒带宽;由于方位向波束指向始终不变,因此第2项方位向波束旋转在卫星对地遥感观测时间内所引入的多普勒频移为0。

2.3.2　混合度因子的距离向空变性

在分析完不同成像模式信号多普勒特性后,本书继续分析混合度因子随距离向的空变特性,讨论信号多普勒特性沿距离向的变化规律。

对混合度因子及方位向回波信号表达式进行修正。实际上,星载SAR成像模式方位向波束扫描角速度 ω_{φ} 是不随距离门发生变化的,但目标和卫星的瞬时方位角是随距离门变化的,因此回波信号可修正为

$$W_{\mathrm{a}}(t) = \mathrm{sinc}^2\left[\frac{L}{\lambda} \cdot \left(\frac{vt}{R_{\mathrm{rs}} - R_{\mathrm{rt}}(r)} - \omega_{\varphi}t\right)\right] = \mathrm{sinc}^2\left[\frac{L}{\lambda} \cdot \frac{vt}{R_{\mathrm{rs}} - R_{\mathrm{rt}}(r)} \cdot \frac{R_{\mathrm{rt}}(r)}{R_{\mathrm{rs}}}\right] \quad (2-57)$$

式中: $R_{\mathrm{rt}}(r)$ 等于旋转点到卫星的最短距离 R_{rs} 与卫星到距离向不同位置目标的最短距离 $R_{\mathrm{st}}(r)$ 之和,同时仍定义向上为正方向,反之为负,则有 $R_{\mathrm{st}}(r) = -r$。由式(2-57)可知混合度因子是斜距 r 的函数,因此混合度因子修正为

$$Y(r) = \frac{R_{\mathrm{rt}}(r)}{R_{\mathrm{rs}}} = \frac{R_{\mathrm{rs}} + R_{\mathrm{st}}(r)}{R_{\mathrm{rs}}} \quad (2-58)$$

进而修正方位向信号表达式为

$$S_{\mathrm{A}}(t - t_{\mathrm{A}}; t_{\mathrm{A}}, r) = \mathrm{rect}\left(\frac{Y(r)vt - vt_{\mathrm{A}}}{X_{\Delta\theta}}\right) \cdot \mathrm{rect}\left(\frac{t}{T}\right) \cdot \mathrm{rect}\left(\frac{vt_{\mathrm{A}}}{X_{\mathrm{S}}}\right) \cdot$$
$$\exp\{-\mathrm{j}\pi k_{\mathrm{r}}(t - t_{\mathrm{A}})^2\} \quad (2-59)$$

利用驻定相位原理对式(2-59)进行方位向傅里叶变换,得

$$S_{f_{\mathrm{a}}}(f_{\mathrm{a}}; t_{\mathrm{A}}, r) = \mathrm{rect}\left[-\frac{f_{\mathrm{a}} - k_{\mathrm{r}}\frac{Y(r)-1}{Y(r)}t_{\mathrm{A}}}{B_{\Delta\theta}\frac{1}{Y(r)}}\right]\mathrm{rect}\left(-\frac{f_{\mathrm{a}} - k_{\mathrm{r}}t_{\mathrm{A}}}{k_{\mathrm{r}}T}\right) \cdot$$
$$\mathrm{rect}\left(\frac{vt_{\mathrm{A}}}{X_{\mathrm{s}}}\right)\exp\left(\mathrm{j}\pi\frac{f_{\mathrm{a}}^2}{k_{\mathrm{r}}} - 2\pi f_{\mathrm{a}}t_{\mathrm{A}}\right) \quad (2-60)$$

根据前面章节分析,式(2-60)第1项起决定作用,因此处于不同距离向位

置目标的多普勒带宽是斜距的函数,即

$$B_{a} = \frac{B_{\Delta\theta}}{|Y(r)|} \qquad (2-61)$$

从式(2-61)可知,方位向波束扫描导致不同斜距处单点目标的多普勒带宽发生变化,因此方位向分辨率会随着距离向发生变化,这一现象在距离向测绘带较宽时需要予以注意。

需要注意的是,$k_\omega T$ 和 $B_{\Delta\theta}$ 都不是斜距的函数,根据式(2-20)可知,混合度因子的修正并不会影响方位向全场景多普勒带宽 B_s,即不同斜距处的全场景多普勒带宽不变。

2.3.3 成像处理流程

2.3.3.1 预处理

根据上面分析可知,对于在工作过程中方位向波束发生变化的成像模式,如聚束模式、滑动聚束模式、TOPS 模式、逆 TOPS 模式等,由于波束旋转引入了额外的方位向多普勒频谱展宽,因此需要对方位向信号进行预处理。

星载 SAR 系统设计时,需满足脉冲重复频率 f_{prf} 大于 $B_{\Delta\theta}$ 的约束条件,但在滑动聚束、TOPS、逆 TOPS 模式下,方位向全场景多普勒带宽 B_s 通常大于 f_{prf},直接进行方位向 FFT 会造成方位向频谱混叠,因此首先进行 De-rotation 操作,补偿天线波束扫描引入的多普勒平移。

定义 De-rotation 因子为

$$H_{\text{De-rotation}}(t) = \exp\{j\pi k_\omega t^2\} \qquad (2-62)$$

将信号 $S_A(t-t_A;t_A,r)$ 和 De-rotation 因子卷积,有

$$\begin{aligned}
S_1(t-t_A;t_A,r) &= S(t-t_A;t_A,r) \otimes_t H_{\text{De-rotation}}(t) \\
&\approx \text{rect}\left(\frac{vt_A}{X_{\text{swath}}}\right) \cdot \text{rect}\left(-\frac{t}{\frac{\lambda R_{rs}}{Lv}}\right) \cdot \\
&\quad \text{rect}\left[\frac{t-\frac{R_{rs}}{r}t_A}{T\left(\frac{r-R_{rs}}{r}\right)}\right] \cdot \exp[j\pi k_e(r)(t-t_A)^2]
\end{aligned} \qquad (2-63)$$

式中:

$$k_e(r) = \frac{2v^2}{\lambda(R_{rs}-r)} \qquad (2-64)$$

由图 2-4～图 2-9 的空间几何关系模型,可得

$$\left| T\left(\frac{r - R_{rs}}{r}\right) \right| > \left| \frac{\lambda R_{rs}}{Lv} \right| \qquad (2-65)$$

故式(2-63)第二项起决定作用,因此通过 De-rotation 操作不难得到如下的结论:

(1) 经过 De-rotation 操作后,处于方位向不同位置的目标完全重合,其时域宽度 T' 为

$$T' = \frac{\lambda |R_{rs}|}{Lv} \qquad (2-66)$$

因为此时方位向目标完全重合,故可在 De-rotation 操作后进行方位向加权处理。

(2) 经过 De-rotation 操作后,方位向信号的采样率发生了变化,变化后的采样率 f'_{prf} 为

$$f'_{prf} = \frac{N|k_\omega|}{f_{prf}} \qquad (2-67)$$

式中:N 为方位向 FFT 点数。

(3) 为了避免方位向混叠,需要适当进行补 0 操作,即要满足 $f'_{prf} > B_s$,故有

$$N > f_{prf} \frac{\lambda |R_{rs}|}{Lv} + f_{prf} T = N_0 + N_a \qquad (2-68)$$

式中:N_a 为原始数据方位向点数;N_0 为方位向补零点数。不难发现,N_0 同距离向无关。

(4) 经过补零操作后,方位向时域宽度 T_1 为

$$T_1 = \frac{f_{prf}}{|k_\omega|} > \frac{B_{\Delta\theta}}{|k_\omega|} = \frac{\lambda |R_{rs}|}{Lv} = T' \qquad (2-69)$$

结合式(2-63)不难看出,此时方位向时域宽度 T_1 大于信号宽度,因此 De-rotation 操作不会造成时域混叠。在 De-rotation 操作完成后,方位向时域和频域均不会发生混叠。

(5) 实际操作中,De-rotation 的卷积操作可以通过复乘和 FFT 操作完成,可提高处理效率。

(6) 对于条带模式和扫描模式,由于方位向波束不旋转,k_ω 为 0,因此相当于 De-rotation 和一个冲激响应进行卷积,信号不发生变化。实际操作中,条带模式和扫描模式的数据处理可不进行 De-rotation 操作。

2.3.3.2 聚焦处理

完成 De-rotation 操作后，信号在方位向上实现频谱扩展，进而可进行方位/距离解耦合及聚焦处理，具体可根据需要选择合适的成像处理算法内核。在高分辨率条件下，"停走"模型近似误差补偿、大气传输误差补偿、轨道弯曲补偿等可在聚焦处理步骤中予以补偿。

2.3.3.3 后处理

对于滑动聚束模式、TOPS 模式、逆 TOPS 模式，经过预处理操作后，方位向等效采样频率发生了变化，可能会造成图像在方位向发生混叠。对于扫描模式，由于其方位向数据录取时间远小于其方位向照射区域对应的时间，图像在方位向也会发生混叠。为避免图像混叠，需要进行后处理操作。

完成距离压缩、距离徙动校正、二次距离压缩及方位向双曲相位补偿后，仍在距离多普勒域内进行 De-rotation 残余相位补偿以及方位向 Scaling 操作。定义 Deramp 因子为

$$H_{\text{Deramp}}(f_a) = \exp\left(j\pi \frac{f_a^2}{k_\omega}\right) \cdot \exp\left(-j\pi \frac{f_a^2}{k_e}\right) \quad (2-70)$$

$$k_e = \frac{2v^2}{\lambda(R_{rs} - r_0)} \quad (2-71)$$

式中：第 1 项完成 De-rotation 残余相位补偿；第 2 项完成方位向 Dechirp。

经过 De-rotation 操作后，信号在方位向时域重合、此时的信号时频特性和扫描模式下的数据相似。首先推导经过 De-rotation 后方位向信号在频域的表达式，利用驻定相位原理将式(2-63)变换到频域，有

$$S'_{f_a}(f_a; t_A, r) = \text{rect}\left(-\frac{f_a + k_e(r)t_A}{B_{\Delta\theta} \frac{1}{Y(r)}}\right) \cdot \text{rect}\left(-\frac{f_a - k_r t_A}{k_r T}\right) \cdot \text{rect}\left(\frac{vt_A}{X_s}\right) \cdot$$

$$\exp\left(j\pi \frac{f_a^2}{-k_e(r)} - 2\pi f_a t_A\right) \quad (2-72)$$

因为 $k_e(r) = -k_r(Y(r) - 1)/Y(r)$，和式(2-60)相比较，信号二次相位的调频率由 k_r 变为了 $-k_e$，并在时域重合。在聚焦处理中，包括距离徙动、二次压缩等都是以 k_r 为参照，因此残留相位 $\Delta\Phi_1$ 频域表达式为

$$\Delta\Phi_1 = -j\pi f_a^2 \left(\frac{1}{k_e(r)} + \frac{1}{k_r}\right) = -j\pi \frac{f_a^2}{k_\omega} \quad (2-73)$$

故式(2-70)第 1 项补偿残留相位 $\Delta\Phi_1$。

式(2-70)中的第 2 项完成信号变标，此时信号表达式为

$$S''_{f_a}(f_a;t_A,r) = \text{rect}\left(-\frac{f_a + k_e(r)t_A}{B_{\Delta\theta}\frac{1}{Y(r)}}\right) \cdot \text{rect}\left(-\frac{f_a - k_r t_A}{k_r T}\right) \cdot \text{rect}\left(\frac{vt_A}{X_s}\right) \cdot$$

$$\exp\left(j\pi\frac{f_a^2}{-k_e} - 2\pi f_a t_A\right) \tag{2-74}$$

利用驻定相位原理将式(2-74)变换到时域,可得

$$S_2(t-t_A;t_A,r) = \text{rect}\left[\frac{vt_A}{X_{\text{swath}}}\right] \cdot \text{rect}\left[-\frac{t - \frac{r_0-r}{R_{\text{rs}}-r}t_A}{\frac{\lambda R_{\text{rs}}}{Lv}}\right] \cdot \text{rect}\left[\frac{t - \frac{R_{\text{rs}}+r-r_0}{r}t_A}{T\left(\frac{r_0-R_{\text{rs}}}{r}\right)}\right] \cdot$$

$$\exp[j\pi k_e(t-t_A)^2] \tag{2-75}$$

比较式(2-75)第2项和第3项的分母,有

$$\left|\frac{\lambda R_{\text{rs}}}{Lv}\right| = \left|\frac{\lambda r}{Lv}\frac{R_{\text{rs}}}{r}\right| = \left|\frac{\lambda r}{Lv}\frac{R_{\text{rs}}}{r_0-R_{\text{rs}}}\frac{r_0-R_{\text{rs}}}{r}\right| = \frac{X_{\Delta\theta}}{YT}\left|\frac{r_0-R_{\text{rs}}}{r}\right| \tag{2-76}$$

因为$X_{\Delta\theta} < YT$,式(2-75)中的第2项起决定作用,因此时域展宽为

$$\Delta T = \frac{X_s}{v} \cdot \left|\frac{r_0-r}{R_{\text{rs}}-r}\right| = \frac{X_s}{v} \cdot \left|\frac{\Delta r}{R_{\text{rt}}+\Delta r}\right| = \left[Y(r)T - \frac{X_{\Delta\theta}}{v}\right] \cdot \left|\frac{\Delta r}{R_{\text{rt}}+\Delta r}\right|$$

$$\tag{2-77}$$

补偿式(2-75)中的二次项,有

$$H_{\text{Deramp}}(t) = \exp(-j\pi k_e t^2) \tag{2-78}$$

最后进行傅里叶变换即可完成最终的聚焦处理,目标t_A在方位向位置为$k_e t_A$。此时频域采样间隔为k_ω/f_{prf},则目标在图像中偏移的位置(无量纲)为$k_e t_A/(k_\omega/f_{\text{prf}})$,定义此时的等效采样率为$f''_{\text{prf}}$,有

$$\frac{k_e t_A}{f''_{\text{prf}}(k_\omega/f_{\text{prf}})} = t_A \tag{2-79}$$

进一步化简可得

$$f''_{\text{prf}} = \frac{k_e}{(k_\omega/f_{\text{prf}})} = \frac{f_{\text{prf}}}{Y} \tag{2-80}$$

因此图像方位向输出时间范围为

$$T'' = Y\frac{N}{f_{\text{prf}}} > Y\frac{N_a}{f_{\text{prf}}} = YT > X_s \tag{2-81}$$

故最终图像域内不会发生混叠现象。

2.4 成像质量影响因素溯源

将 2.2.3 节中的回波信号重新表述为

$$s_0(\tau,\eta) = A_0 w_r(\tau - 2R(\eta)/c) w_a(\eta - \eta_c)$$
$$\cdot \exp[-j4\pi f_0 R(\eta)/c] \exp\{j\pi K_r[\tau - 2R(\eta)/c]^2\} \quad (2-82)$$

式中：A_0 为复常数；τ 为距离向时间；η 为方位向时间；η_c 为波束中心穿越时刻；c 为光速；f_0 为雷达载频；K_r 为发射脉冲调频率；$R(\eta)$ 为不同方位向时刻 SAR 与目标之间的距离；$w_r(\cdot)$ 和 $w_a(\cdot)$ 分别为距离向和方位向天线方向图。

如式(2-82)所示，回波信号的形成是卫星平台、有效载荷、空间传播等多个环节共同作用的结果。各个环节中不可避免地存在误差因素。其中：空间段影响因素主要包括卫星定轨、平台姿态、中央电子设备和天线；传输段影响主要包括对流层和电离层。这些因素共同影响了式(2-82)中发射信号的形式、瞬时斜距 $R(\eta)$ 的精度、天线方向图 $w_r(\cdot)$ 和 $w_a(\cdot)$ 的幅相特性，使得实际回波数据和理论模型无法吻合，进而降低算法的精确性、影响成像质量。具体影响情况如下：

(1) 卫星定轨是指获取卫星位置、速度等信息的过程。定轨不准会引起图像散焦和目标定位误差。一方面，作为方位向匹配滤波器的重要参数，多普勒中心频率、多普勒调频率及多普勒高阶项都需要使用卫星定轨信息进行计算，其求解精度直接受卫星定轨误差（尤其是定轨速度误差）的影响，因此定轨误差导致方位向匹配滤波器失配，引起分辨率损失和旁瓣抬升。另一方面，目标定位需要使用斜距方程和多普勒方程，而卫星定轨位置误差和速度误差会导致方程系数不准，影响方程的求解精度，影响目标的定位精度。

(2) 卫星平台的姿态抖动会使得天线波束指向随之抖动，改变了天线方向图 $w_r(\cdot)$ 和 $w_a(\cdot)$ 对回波信号的加权方式和大小，这种改变会导致信号叠加附加调制，根据成对回波原理会在成像回波中引起成对回波。抖动的频率越高、幅度越大，成对回波离主瓣越远、能量越强。因此，抖动频率较低，成对回波会位于主瓣或离主瓣较近，会影响方位向分辨率、峰值旁瓣比和积分旁瓣比等指标；抖动频率较高，成对回波会远离主瓣，产生虚假目标。此外，距离向波束抖动对图像质量还具有距离向空变性，相同的抖动对场景中心影响相对较小，而对距离向场景边缘影响较大，这是因为场景边缘对应的距离天线方向图 $w_r(\cdot)$ 更陡，相对的抖动幅度引起的变化更大。需要注意的是，无论是方位向波束指向抖动,还是距离向波束指向抖动,均在方位向产生成对回波。

(3) 中央电子设备通常由三个回路构成:发射回路、接收回路和内定标回路。SAR 系统发射信号通常被认为是理想的 Chirp 信号,回波信号则是经过延时和幅相调制后的多个 Chirp 信号之和。然而,中央电子设备的发射和接收通道不可避免地存在幅相误差,采用理想的 Chirp 信号对回波信号进行匹配滤波处理难以获得理想结果,会导致分辨率展宽、旁瓣难以抑制、信噪比变差等问题。此外,接收通道视频段会发生非线性饱和失真,导致回波信号限幅,成像聚焦处理后在 SAR 图像中会产生寄生旁瓣,掩盖弱小目标。

(4) 天线的误差因素主要来自于电性能和结构性能两方面。电性能方面,色散效应是 SAR 宽带天线发射信号无法避免的现象,波束指向和波束宽度会发生波动,需要对其进行补偿;结构性能方面,形变、高频震颤等现象会导致阵元偏移理想位置、阵面平整度变差,从而影响天线辐射场特性,使得信号受到非理想天线方向图调制,引起图像质量下降。

(5) 传输段主要分为对流层影响和电离层影响。对流层影响主要是因为电磁波在经过大气对流层时会发生折射,导致传输发生了延时,引起了斜距测量的误差,从而导致多普勒参数计算时发生误差。由这种延时导致的多普勒参数计算误差虽然小,但对亚米级高分辨率星载 SAR 成像聚焦质量的影响仍不可忽略,需要对延时进行定标和补偿。电离层影响主要是电磁波在经过电离层时会发射色散和闪烁,对方位向和距离向成像质量都有影响,但主要对波长较长的 L 波段、P 波段影响较大。

SAR 成像处理的核心思想是:在解除方位—距离耦合的基础上对回波数据进行精确的二维匹配滤波,获取高质量的高分辨图像。成像处理算法在设计二维匹配滤波器时,通常会对式(2-82)所示的回波模型作三点假设:星载 SAR 停走假设、瞬时斜距的双曲函数形式、电磁波直线传播。但对高分辨率星载 SAR 系统成像处理,这三点假设与实际情况产生的差异足以引起成像质量的退化,需要进行补偿。

具体可以采用两种技术途径来提升星载 SAR 成像质量:①在空间段,提高卫星平台的定轨精度和姿态测量精度,控制有效载荷产生的幅相误差等非理想因素;②在地面段,改进成像处理算法,通过模型修正、误差补偿提升成像质量,具体包括在二维频率进行停走模型假设的补偿、采用更高阶的距离模型描述瞬时斜距、对传播延时进行定标和成像补偿等。

此外,即使卫星平台、有效载荷以及地面处理系统的客观性能指标都满足要求，成像结果中依然会存在强点旁瓣、斑点噪声、方位模糊等星载 SAR 所特有的现象。需要开发相应的图像后处理模块，采用先进滤波技术对旁瓣、模糊等进行抑制，实现 SAR 图像质量的进一步提升。

2.5 小结

本章介绍了星载 SAR 系统的基本组成，构建了涵盖条带、扫描、聚束、滑动聚束、TOPS、逆 TOPS 等模式的星载 SAR 回波信号模型和成像处理模型，给出了多模式成像处理结果。基于星载 SAR 回波信号模型，解析了卫星轨道、平台姿态、大气传输、地面处理等环节对成像质量的影响，明确了成像和图像质量提升的基本思路。在后续章节中，本书将从数据获取、成像处理和图像处理三个方面探讨星载 SAR 成像和图像质量提升方法。

第 3 章
星载 SAR 定轨误差影响分析与高精度定轨方法

通常,SAR 卫星轨道测量数据会单独下传或者与回波数据打包下传,在成像处理过程中用于计算多普勒参数,对于相位补偿和聚焦成像质量有着直接的影响。本章将在介绍卫星轨道模型的基础上,分析定轨误差对成像质量的影响,并简述实时和事后高精度轨道测定方法。

3.1 卫星轨道模型

常用的卫星轨道模型[31-33]主要有三种:二体模型、高阶模型和数值积分模型。其中,二体模型将地球视为质心球体,忽略了所有摄动项;高阶模型考虑了地球非球形摄动对轨道的影响[34],忽略了其余摄动项;数值积分模型进一步考虑了大气阻力、太阳光压和日月引力摄动。在短时间(如1s)内,三种模型基本可以等同;而在长时间轨道预报中,二体模型引入的误差较大,高阶模型和数值积分模型较为适合。主要轨道模型对比如表 3-1 所列。

表 3-1 主要轨道模型对比

轨道模型	应用	算法复杂度	算法精度
二体模型	理论应用	简单	最低
高阶模型	星上轨道递推应用	简单	一般
数值积分模型	地面拟合	复杂	最高

对于分析定轨误差对成像质量的影响,二体模型的精度已经足够。因此,本节主要介绍二体模型。在卫星轨道问题的研究中,通常假定卫星在地球中心

引力场中运动,并忽略其他因素(如地球非球形、密度分布不均匀引起的摄动力和太阳、月球的引力等)对卫星运动的影响。这种卫星轨道称为二体轨道,反映了卫星运动的最主要特性,可用二体模型来描述。

如图 3-1 所示,在惯性参考坐标系 $ORST$ 中,构成二体系统的两个物体的质量分别为 m_1 和 m_2,坐标原点到两者的矢径分别为 $\boldsymbol{r}_1$、$\boldsymbol{r}_2$,定义矢径 $\boldsymbol{r}=\boldsymbol{r}_2-\boldsymbol{r}_1$,可得相对运动方程,即

$$\ddot{\boldsymbol{r}} + G(m_1 + m_2)\frac{\boldsymbol{r}}{r^3} = 0 \tag{3-1}$$

式中:$\ddot{\boldsymbol{r}}$ 为 $\boldsymbol{r}$ 关于时间的二阶导数;r 为 $\boldsymbol{r}$ 的幅度值;G 为万有引力常数。

若令

$$\mu = G(m_1 + m_2) \tag{3-2}$$

则二体运动的基本动力学方程可以表示为

$$\ddot{\boldsymbol{r}} + \frac{\mu}{r^3}\boldsymbol{r} = 0 \tag{3-3}$$

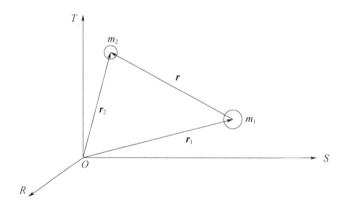

图 3-1 二体模型示意图

为描述卫星在空间的位置,定义赤道惯性坐标系 $OXYZ$,如图 3-2 所示。坐标原点 O 在地球中心;X 轴沿地球赤道面和黄道面的交线,指向春分点;Z 轴指向北极;Y 轴在赤道平面上垂直于 X 轴和 Z 轴,构成右手直角坐标系。

二体问题中,卫星绕地球运转的轨道总是在一个由升交点赤经 Ω 和轨道倾角 i 确定的平面内。因此,可以在这一平面内引入极坐标表示,式(3-3)可表述为

$$r = \frac{p}{1 + e\cos(\theta - \omega)} \tag{3-4}$$

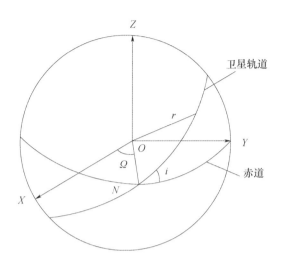

图 3-2 赤道惯性坐标系

式中：r 为卫星到地心的距离；e 为偏心率；ω 为近地点幅角；θ 为卫星当前位置到升交点的角距；p 为椭圆的半通径，即 $p = a(1-e^2)$。半长轴 a 和偏心率 e 可以确定轨道的大小和形状，升交点赤经 Ω 和轨道倾角 i 确定了轨道面的方位。根据式(3-4)，可以由 θ 得到卫星在轨道平面上的位置，进而得到卫星在赤道惯性坐标系中的位置 $\boldsymbol{P}_o$，即

$$\boldsymbol{P}_o = \begin{bmatrix} \cos\Omega & -\sin\Omega & 0 \\ \sin\Omega & \cos\Omega & 0 \\ 0 & 0 & 1 \end{bmatrix} \begin{bmatrix} 1 & 0 & 0 \\ 0 & \cos i & -\sin i \\ 0 & \sin i & \cos i \end{bmatrix} \begin{bmatrix} \cos\omega & -\sin\omega & 0 \\ \sin\omega & \cos\omega & 0 \\ 0 & 0 & 1 \end{bmatrix} \begin{bmatrix} r\cos(\theta-\omega) \\ r\sin(\theta-\omega) \\ 0 \end{bmatrix}$$

(3-5)

还可得卫星在转动地心坐标系中的位置 $\boldsymbol{P}_g$，即

$$\boldsymbol{P}_g = \boldsymbol{A}_{go}\boldsymbol{P}_o \tag{3-6}$$

$$\boldsymbol{A}_{go} = \begin{bmatrix} \cos H_G & \sin H_G & 0 \\ -\sin H_G & \cos H_G & 0 \\ 0 & 0 & 1 \end{bmatrix} \tag{3-7}$$

$$H_G = \omega_e(t - t_0) \tag{3-8}$$

式中：ω_e 为地球自转角速度；t_0 为转动地心坐标系与赤道惯性坐标系的重合时刻。

3.2 定轨误差对星载 SAR 成像质量影响分析

星载 SAR 系统从根本上来说是利用雷达天线相位中心和目标之间的相对运动来实现高精度成像。雷达卫星平台的定轨误差是指卫星平台位置和速度的测量误差。这些误差将直接影响相对运动关系的解算,进而影响几何成像质量,并对辐射成像质量造成一定程度的恶化。

3.2.1 几何成像质量影响分析

定轨误差对星载 SAR 几何成像质量的影响,主要体现在目标定位精度方面。本节将首先介绍星载 SAR 目标定位的基本原理,然后进一步分析定轨误差对目标定位精度的影响。

SAR 目标定位的基本思路是:根据 SAR 卫星的位置和速度信息、信号传输时间、成像采用的多普勒参数,联立距离方程、地球方程和多普勒方程,求解目标坐标 (X_t, Y_t, Z_t)。其中,定位方程组如下:

距离方程为

$$R = |\bm{R}_s - \bm{R}_t| \tag{3-9}$$

地球方程为

$$\frac{X_t^2 + Y_t^2}{(R_e + h)^2} + \frac{Z_t^2}{\left[\left(1 - \frac{1}{P_e}\right)(R_e + h)\right]^2} = 1 \tag{3-10}$$

多普勒方程为

$$f_D = \frac{2}{\lambda R}(\bm{V}_s - \bm{V}_t) \cdot (\bm{R}_s - \bm{R}_t) \tag{3-11}$$

式中:$\bm{R}_s$ 和 $\bm{R}_t$ 分别为卫星和目标的位置矢量;$\bm{V}_s$ 和 $\bm{V}_t$ 分别为卫星和目标的速度矢量,且 $\bm{V}_t = \bm{\omega}_e \cdot \bm{R}_t$,$\bm{\omega}_e$ 为地球自转的角速度矢量;f_D 为多普勒中心频率;R_e 为地球赤道半径;P_e 为地球平坦度因子;h 为目标高度。

为了便于分析定轨误差对目标定位精度的影响,将定轨误差沿航迹向、垂直航迹向和径向进行正交分解,如图 3-3 所示。

沿航迹向定轨误差 ΔR_x 会造成目标沿方位向的位置误差 ΔX_{v1},即

$$\Delta X_{v1} = \frac{\Delta R_x \cdot R_e}{a} \cos\varphi_e \tag{3-12}$$

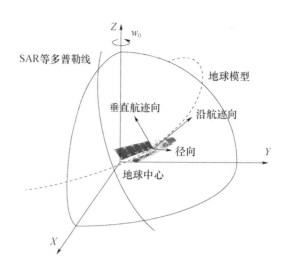

图 3-3 定轨误差分解示意图

$$a = R_e + h$$

式中:φ_e 为目标对应的地心角。

垂直于航迹向的定轨误差 ΔR_y,主要引起目标沿距离向的位置误差 $\Delta \gamma_{g1}$,即

$$\Delta \gamma_{g1} = \frac{\Delta R_y \cdot R_e}{a} \quad (3-13)$$

径向定轨误差 ΔR_z 引起的目标距离向位置误差 $\Delta \gamma_{g2}$ 为

$$\Delta \gamma_{g2} = \frac{\Delta a(2a - 2r\cos\varphi_e)}{2\sin\theta \sqrt{a^2 + R_e^2 - 2aR_e\cos\varphi_e}} \quad (3-14)$$

式中:r 为卫星与目标之间的斜距。

同时,ΔR_z 会造成多普勒中心频率偏移 Δf_D,即

$$\Delta f_D = \frac{2V_e}{\lambda}(\cos\Phi \cdot \cos i \cdot \cos\alpha)\Delta\alpha \quad (3-15)$$

$$\Delta\alpha = \arccos\left(\frac{\alpha^2 + R^2 - R_e^2}{2Ra}\right) - \arccos\left[\frac{R^2 + (a + \Delta R_z)^2 - R_e^2}{2(a + \Delta R_z)R}\right] \quad (3-16)$$

式中:V_e 为赤道上地球自转切向速率;Φ 为目标位置的纬度;i 为轨道倾角;α 为视角。进而,Δf_D 引起的目标方位向位置误差 ΔX_{v2} 为

$$\Delta X_{v2} = \frac{\lambda r V_s}{2V_{st}^2}\Delta f_D \quad (3-17)$$

式中:V_s 为卫星飞行速率;V_{st} 为目标与卫星之间相对速率。

3.2.2 辐射成像质量影响分析

定轨误差对辐射成像质量的影响主要体现在方位向匹配滤波器失配导致的主瓣展宽与旁瓣抬升。

去除载频后,基带回波信号可以表示为

$$ss(\tau,t) = A \cdot \exp\left\{-j\pi k \left[\tau - \frac{2}{c}R(t)\right]^2\right\} \cdot \exp\left[-j\frac{4\pi}{\lambda}R(t)\right] \quad (3-18)$$

$$R(t) = \sqrt{r_{\min}^2 + v^2 t^2}$$

式中:τ 为距离向快变化时间;t 为方位向慢变化时间;A 为接收信号幅度调制;$r_{\min}$ 为最短斜距;v 为平台等效飞行速率;k 为线性调频信号的调频斜率。

$R(t)$ 可由 SAR 卫星提供的位置和速度信息计算得到,并为方位向匹配滤波器的设计提供根据。当存在定轨误差时,方位滤波器设计中采用的斜距方程可表示为

$$\begin{aligned} R_1(t) &= \sqrt{(r_{\min} + \Delta R)^2 + (v + \Delta v)^2 t^2} \\ &= \sqrt{r_{\min}^2 + v^2 t^2} \sqrt{1 + \frac{\Delta R^2 + 2r_{\min}\Delta R + (\Delta v^2 + 2v\Delta v)t^2}{r_{\min}^2 + v^2 t^2}} \\ &\approx \sqrt{r_{\min}^2 + v^2 t^2} + \frac{\Delta R^2 + 2r_{\min}\Delta R + (\Delta v^2 + 2v\Delta v)t^2}{2\sqrt{r_{\min}^2 + v^2 t^2}} \\ &= R(t) + \Delta R(t) \end{aligned} \quad (3-19)$$

当真实斜距为 $R(t)$ 的回波信号通过该方位匹配滤波器时,输出的残余相位为

$$\varphi_1 = 4\pi p\Delta R + 4\pi p\left(\frac{v\Delta v}{r_{\min}} - \frac{\Delta R}{2 r_{\min}^2}v^2\right)\frac{r_{\min}^2 f_\eta^2}{v^2(4v^2 p^2 - f_\eta^2)} \quad (3-20)$$

$$p = 1/\lambda + f_\tau/c$$

式中:f_η 为方位向频域变量。

式(3-20)中的第二项相位记为 φ_2,同时记 $D = v\Delta v/r_{\min} - \Delta R \cdot v^2/2\, r_{\min}^2$,则有

$$\varphi_2 = 4\pi p D \frac{r_{\min}^2 f_\eta^2}{v^2(4v^2 p^2 - f_\eta^2)} \approx \pi D \frac{r_{\min}^2}{v^4}\lambda f_\eta^2 \quad (3-21)$$

假设 $s(\tau,f_\eta)$ 表示无定轨误差的方位频域匹配滤波后的输出信号。由以上分析可知,存在定轨误差时,方位频域匹配滤波的输出信号可以表示为 $s(\tau,f_\eta) \cdot$

$\exp[\mathrm{j}\pi D(r_{\min}^2/v^4)\lambda f_\eta^2]$。对该输出进行方位向傅里叶逆变换,可得

$$s_{\text{out}}(\tau,t) = F^{-1}\left[s(\tau,f_\eta)\exp\left(\mathrm{j}\pi D\frac{r_{\min}^2}{v^4}\lambda f_\eta^2\right)\right]$$
$$= \int_{f_{\text{dc}}-B_\eta/2}^{f_{\text{dc}}+B_\eta/2} s(\tau,f_\eta)\exp\left(\mathrm{j}\pi D\frac{r_{\min}^2}{v^4}\lambda f_\eta^2\right)\exp(\mathrm{j}2\pi f_\eta t)\mathrm{d}f_\eta \quad (3-22)$$

式中:f_{dc} 为多普勒中心频率;B_η 表示多普勒频率带宽。令 $f'_\eta = f_\eta - f_{\text{dc}}$,将式 (3-22)重新表示为

$$s_{\text{out}}(\tau,t) = A_2 \int_{-B_\eta/2}^{B_\eta/2} s(\tau,f'_\eta+f_{\text{dc}})\exp\left(\mathrm{j}\pi D\frac{r_{\min}^2}{v^4}\lambda f'^2_\eta\right) \cdot$$
$$\exp\left[\mathrm{j}2\pi f'_\eta\left(t - D\frac{r_{\min}^2}{v^4}\lambda f_{\text{dc}}\right)\right]\mathrm{d}f_\eta \quad (3-23)$$

式中:A_2 为与方位脉压无关的项。式(3-23)中,第一个相位项表示方位匹配滤波后存在残余二次相位,第二个相位项表明了方位脉压的峰值位置发生了偏移。

残余二次相位误差(Quadratic Phase Error,QPE)的存在将会导致匹配滤波器的失配,引起脉冲响应展宽以及旁瓣的抬升。当

$$\left|\pi D\frac{r_{\min}^2}{v^4}\lambda B_\eta^2\right| \leq \frac{\pi}{4} \quad (3-24)$$

这一误差项对方位脉压的影响可以忽略。当定轨误差逐渐增大,这一误差的影响将不能忽略。

根据表3-2中的仿真参数,分析了定轨误差对3m和0.3m分辨率星载SAR成像质量的影响,得到了速度误差/斜距误差与方位向分辨率展宽、峰值旁瓣比以及积分旁瓣比之间的映射关系,如图3-4和图3-5所示。

表3-2 定轨误差影响分析仿真参数

升交点赤经/(°)	轨道倾角/(°)	近心点幅角/(°)	轨道高度/km	轨道偏心率	平均近心角/(°)	天线视角/(°)
0	97.5	91.5	650.0	0.001	0	35

由上述仿真曲线可知,定轨误差对于高分辨率星载SAR的影响更大。图3-4(b)中,方位向峰值旁瓣比在恶化的过程存在突然变好的现象。这是由于方位向二次相位误差达到45°时,第一旁瓣被主瓣吸收。此时,虽然峰值旁瓣比评估结果与典型的聚焦成像结果相近,但这是以分辨率的恶化为代价的。

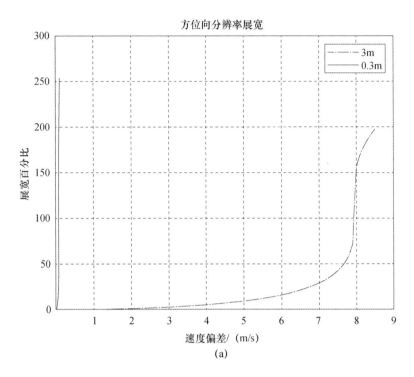

(a)

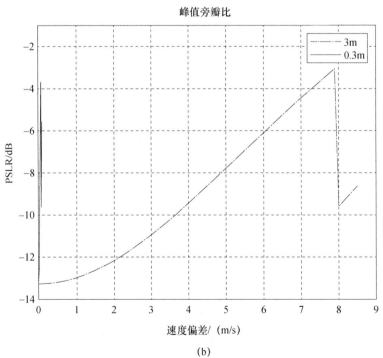

(b)

第 3 章　星载 SAR 定轨误差影响分析与高精度定轨方法

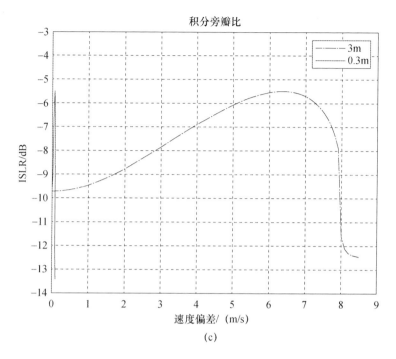

(c)

图 3-4　速度误差对成像质量的影响

(a) 方位向空间分辨率展宽；(b) 方位向峰值旁瓣比；(c) 方位向积分旁瓣比。

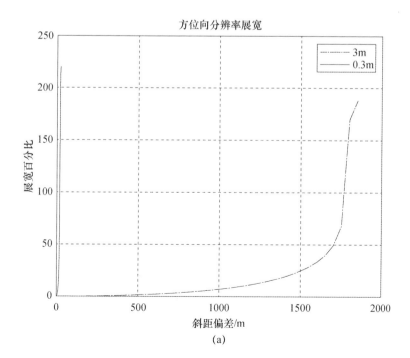

(a)

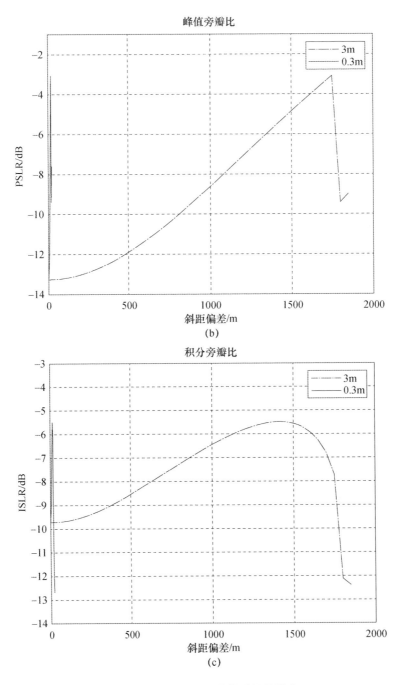

图 3-5 斜距误差对成像质量的影响

(a) 方位向空间分辨率展宽;(b) 方位向峰值旁瓣比;(c) 方位向积分旁瓣比。

3.3 对地观测卫星精密定轨数据处理方法

由于较大的雷达卫星平台定轨误差会对星载 SAR 成像质量产生显著影响,为此高精度的星载 SAR 成像需要对卫星轨道进行高精度的定轨处理,通常分为实时精密定轨和事后精密定位处理。由于卫星精密定轨包含卫星激光测距[35]、多普勒地球无线电定位[36]以及全球定位[37-38]等多种卫星跟踪技术手段和对应的数据处理,考虑到全球导航卫星系统(Global Navigation Satellite System,GNSS)已经成为中低轨卫星精密轨道确定的一种非常有效手段[39-40],而且目前我国 SAR 卫星基本都配备了 GNSS 接收机,因而本节仅讨论基于 GNSS 定位技术的实时和事后精密定轨数据处理的基本流程和主要关键技术。

3.3.1 实时精密定轨数据处理方法

实时定轨是指根据星载 GPS 接收机等观测到的数据,实时解算出卫星平台的三维位置的定轨方法。

3.3.1.1 基于 GNSS 的实时定轨数据处理流程

基于 GNSS 的实时定轨数据流程如图 3-6 所示。

自主定轨系统启动后,进行系统初始化,即初始化低轨卫星星体相关信息、动力学模型信息和地球定向参数等。

当获取新的多模卫星观测数据和卫星星历时,如果卡尔曼滤波器没有初始化,进行几何学实时定轨,确定卫星的位置和速度,初始化卡尔曼滤波,进行动力学轨道积分,保存积分器首尾端点的卫星状态参数,用于轨道内插。如果卡尔曼滤波器已经成功初始化,检查当前历元的观测时刻与卡尔曼滤波状态的时刻之间的关系。

如果当前历元的观测时刻小于卡尔曼滤波的时间间隔,直接进行几何学实时定轨和动力学轨道内插,然后进行坐标转换,输出用户所需要的卫星轨道参数和时钟参数。如果当前历元的观测时刻等于卡尔曼滤波的时刻间隔,进行卡尔曼滤波定轨(即卡尔曼滤波的时间更新和测量更新),之后进行动力学轨道积分,保存积分器首尾时刻的卫星状态参数。

处理完毕后,再获取下一个观测历元的数据,重复上述操作,如此循环,实现卫星的自主定轨数据处理。

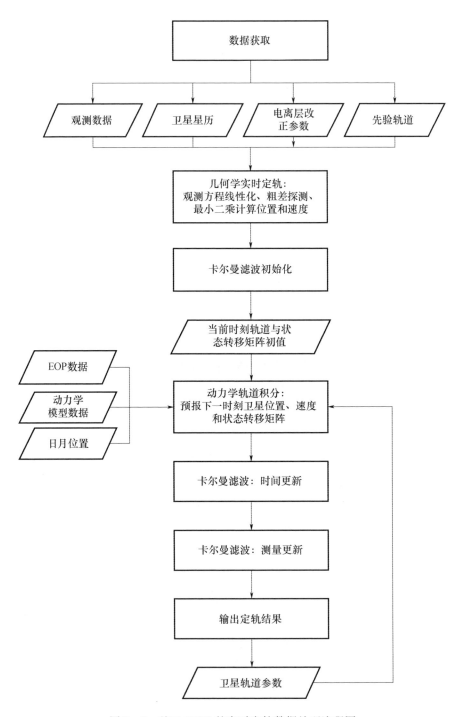

图 3-6 基于 GNSS 的实时定轨数据处理流程图

3.3.1.2 主要关键技术

基于 GNSS 定位的高精度实时定轨中涉及的主要关键技术包括：有效的数据粗差探测技术、高精度的动力学模型补偿技术和先进的星载实时定轨滤波估计技术。

(1) 数据粗差探测。

高精度实时定轨观测数据中，除了观测噪声之外，还存在一定比例的粗差和异常观测数据，必须采用合理的方法去探测和剔除，否则会严重影响定轨精度和滤波的稳定性。

将载波相位/伪距测量值进行组合解算，能够提高 GPS 导航定位的测量精度[41]，也可根据组合解算来发现异常数据。但是由于载波相位周跳和伪距粗差有时难以区分，通常可根据伪距动态定位的残差信息判断是否存在粗差。如何从解算残差 V 中对粗差观测值进行定位，可采用巴尔达数据探测法[42-43]等实现。对于任意 GPS 卫星 i，如果解算残差 $V_i > 3\sigma$，则判定有粗差观测量存在。

(2) 动力学模型补偿。

在 20 世纪 70 年代初，在没有精确的月球轨道动力学模型的条件下，为了提高阿波罗登月飞船的轨道确定精度，Tapley 等首次提出了动力学模型补偿方法（简称 DMC 方法），并应用于 Apollo-10 和 Apollo-11 月球轨道确定[44]。

高精度实时定轨中，卫星动力学模型越精确，轨道确定的精度越高，但是需要的计算量就越大。在卫星轨道高度较低的情况下，受地球非球形摄动力模型精度、大气密度模型精度、卫星表面特性难以模拟以及忽略微小的摄动力等因素的影响，最精确的动力学模型也只是卫星实际受力的有限近似。此时，基于动力学模型建立的卡尔曼滤波状态方程中的动态噪声并不具有白噪声的特性，无法满足卡尔曼滤波模型的假设条件。如果仍用标准的卡尔曼滤波方法来估计卫星的运动状态，将会降低滤波的精度，严重时会导致滤波发散。因此，需要运用白噪声驱动的有色动态噪声卡尔曼滤波理论进行解决，对状态方程进行合理地补偿。

经过动力学模型补偿后，卫星运动方程式可表示为

$$\begin{cases} \dot{r} = v \\ \dot{v} = a_m(r,v,t) + w(t) \end{cases} \quad (3-25)$$

式中：r 和 v 分别为卫星的位置和速度矢量；$\dot{r}$ 和 $\dot{v}$ 分别为卫星位置与速度矢量的导数；$a_m(r,v,t)$ 为用确定的数学模型可以描述的加速度；$w(t)$ 为加速度误差。在 DMC 算法中，将 $w(t)$ 作为待估参数，用卡尔曼滤波进行递推估计。

(3) 实时定轨滤波估计。

卫星轨道的确定,是根据带有随机误差的观测数据和并不完善的动力学模型,按照一定的准则,对卫星运行状态、动力学模型参数、观测模型参数等进行最优估计的过程。在实时轨道确定中,常采用卡尔曼滤波估计,以序贯或递推方法进行数据处理和参数估计。该方法不要求储存大量的历史观测数据,只要根据新的数据和前一时刻的估计量,借助于动态系统本身的状态转移方程,即可递推算出新的估计量,这大大减少了计算机的存储量和计算量。

标准的卡尔曼滤波方程要求系统的状态方程和测量方程都是线性的。对于卫星轨道确定问题,卫星运动方程和星载 GNSS 的观测方程都是高度非线性方程。若要用标准卡尔曼滤波方法来估计系统的状态,首要会对非线性的状态方程和观测方程进行线性化处理。图 3-6 所示的高精度实时定轨算法中,卡尔曼滤波系统使用上一历元的滤波轨道作为初值,通过动力学轨道积分计算当前历元的卫星状态及其状态转移矩阵,更新卫星的状态参数,并用协方差传播率原理来更新状态误差协方差矩阵。

3.3.2 高精度事后定轨处理方法

事后定轨是指对星载 GPS 接收机等观测数据进行详细分析处理后,获得卫星平台的三维位置的定轨方法。

3.3.2.1 基于 GNSS 的事后定轨数据处理流程

基于 GNSS 的高精度事后定轨处理流程如图 3-7 所示,主要包括了数据预处理、误差修正及法方程生成、参数估计等步骤。

3.3.2.2 主要关键技术

(1) 数据预处理。

数据预处理主要包括观测粗差的剔除和周跳的探测与修复。观测粗差的剔除可以根据 GNSS 信号的信噪比以及多频观测量间的线性关系,设置一定的阈值,让质量不佳的观测值不参与定位计算;还可以采用残差分析法剔观测粗差。此外,如果星载 GPS 接收机采用双频双 P 码接收机,至少可以采集到四类观测值:L_1、L_2、P_1、P_2。利用此四类观测值自身的一些观测信息及它们的线性组合,可以较好地解决周跳探测与修复等问题。通过预处理,可以获得干净的 GNSS 观测数据,为后续的定轨和定位处理做准备。

(2) 误差修正及法方程生成。

误差修正及法方程生成的主要工作是:在指定时刻利用经验模型对单站观

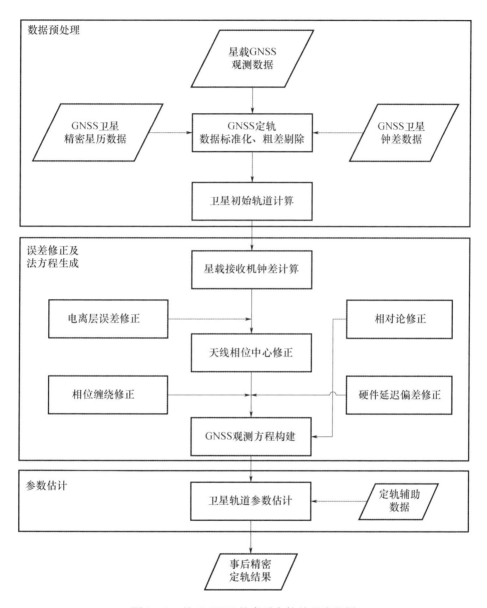

图 3-7 基于 GNSS 的事后定轨处理流程图

测值形成过程中的测量误差进行计算,主要包括卫星钟和接收机钟差改正、相位中心和标石中心改正,潮汐对测站坐标的影响改正、对流层改正、相位缠绕改正、相对论改正、天线相位中心改正(包括相位中心偏差和相位中心变化)等,并和观测值信息做差,以得到相关信息;同时得到观测值对与测站坐标无关的非动力学参数、动力学参数以及与测站坐标有关的非动力学参数的偏导数。该步骤的最终输出是用于形成法方程的设计矩阵。

(3) 参数估计。

采用最小二乘法,对预处理或编辑过的 GNSS 观测数据进行处理,形成法方程,实现参数的准确估计,是精密定轨的核心步骤之一。

(4) 动力模型的优化与补偿。

纯几何定轨对观测值过分依赖,可靠性不够,而且不能进行轨道外推,因此一些权威机构(如 GFZ 和 JPL)所发布的轨道数据产品均是动力学轨道,只是各自动力模型的补偿模式不一样。而基于运动学和动力学的定轨方法,所追求的理想目标是,能最大限度地利用卫星动力信息与观测值的几何信息,并使之达到最佳匹配。

卫星轨道越低,其受力状态将越复杂。这主要是由于重力场模型的误差使得定轨软件难以进行合适地定轨补偿。同时,由于目前还没有一个大气密度模型能完整地描述大气随地球自转和太阳活动性的随机变化,因此难以得到非保守力中的大气阻力模型。这也限制了定轨精度的提高。此外,卫星的姿态维持力也是一项较难模拟的摄动力。

(5) 误差源确定与误差消除。

影响低轨卫星精密定轨精度的因素,不仅取决于定轨技术和定轨方法,而且还取决于各种误差源对定轨精度的影响。为了让仿真数据与低轨卫星的实际运行环境更加相符,需要分析论证各种误差源对定轨精度的影响程度,并研究提出有效的误差消除手段。

3.3.3 定轨精度评定

精度评定包括内符合精度和外符合精度。内符合精度评定包含观测残差统计、重叠弧段对比等方法;外符合精度评定方法主要包括不同跟踪系统观测值校验、不同机构不同方法解算结果校验等[39]。

(1) 观测残差统计。

由于精密定轨解算过程中用到的观测值数量,通常多于求解状态方程所必需的最小观测值数目,需要通过最小二乘等方法进行拟合出最终结果,并通过观测残差可以一定程度上反映定轨方法的精度。

(2) 重叠弧段对比[45]。

大多数精密定轨方法是分段拟合的。为了判定拟合的精度,可以将轨道进行足够的重叠,并对重叠段的最终定轨结果进行比较,从而可以反映卫星动力学模型的精度以及不同时段观测值的吻合程度。

（3）不同跟踪系统观测值校验。

如果卫星搭载多类观测系统设备，则可以利用不同系统的观测值来确定卫星的轨道参数，并通过比较完成精度检验。例如，如果星载 SAR 卫星平台同时搭载北斗和 GPS 接收机，则可以利用北斗观测值确定卫星的轨道[46]，并利用 GPS 来检验定轨的精度。

（4）不同机构不同方法解算结果校验。

由于定轨结果与观测值、解算模型等都密切相关，不同研究机构采用的数据处理方法可能存在差异，通过比对不同结构得到的定轨结果，可以得到卫星的定轨精度。

3.4 小结

本章围绕 SAR 卫星轨道误差影响及测定技术展开讨论。结合二体运动模型，描述了星载 SAR 卫星近地轨道的基本参数的计算方法，并分析了轨道定位和测速误差对 SAR 目标定位精度、成像分辨率以及旁瓣等几何和辐射成像指标的影响，给出了相应的计算机仿真结果。最后简要地介绍了基于 GNSS 定位技术的实时和事后精密定轨方法。

第 4 章
SAR 卫星平台姿态特性分析与高精度测量技术

卫星平台姿态测量系统由星敏感器和陀螺组成,采用姿态确定算法(单星敏姿态确定算法[47]、双星敏融合姿态确定算法[48]、敏感器联合陀螺姿态确定算法[49]等)对数据进行处理,得到姿态估计结果。姿态测量精度主要由姿态测量敏感器噪声、联合姿态确定算法、轨道确定精度、姿态测量敏感器安装与热变形标较等因素决定。本章首先给出姿态导引规律,然后在构建平台姿态指向和稳定度模型的基础上,重点分析姿态特性对成像质量的影响,最后简要介绍相关的高精度姿态测量技术。

4.1 卫星平台姿态导引规律与误差模型

4.1.1 面向零多普勒中心频率的平台姿态导引规律

通过调整卫星平台姿态,控制天线指向位于零多普勒面内,可以使得星载 SAR 回波数据的多普勒中心频率为零,从而减少距离徙动量,降低星载 SAR 成像处理的难度[50]。R. K. Raney 于 1986 年给出了在圆形轨道情况下的姿态导引规律[51],即

$$\psi = -\arctan\left[\frac{a \cdot \omega_e \sin i \cos(\theta + \omega)}{-\sqrt{\mu/a} + a \cdot \omega_e \cos i}\right] \quad (4-1)$$

$$\varphi = 0 \quad (4-2)$$

式中:ψ 为偏航角;φ 为俯仰角;a、i、w 分别为轨道半长轴、倾角与近心点幅角;θ

为真近心角;μ 为引力场常数;w_e 为地球自转角速度。由式(4-1)和式(4-2)可知,在圆形轨道情况下,要使回波信号的多普勒中心频率为0,只需进行偏航控制。然而,对于椭圆轨道,需要进行偏航-俯仰联合控制。

定义天线坐标系为:原点位于天线相位中心,x 轴指向卫星真实飞行方向,y 轴沿天线瞄准线指向地球,z 轴根据右手准则给出,使该坐标系统构成右手直角坐标系。姿态控制后,天线坐标系的 z 轴方向 $\boldsymbol{Q}_1$ 与 y 轴方向 $\boldsymbol{Q}_2$ 分别为

$$\boldsymbol{Q}_1 = [-\sin\psi\sin(\gamma-\theta-\omega), -\cos\psi\sin i - \cos i\sin\psi\cos(\gamma-\theta-\omega),$$
$$\cos\psi\cos i - \sin i\sin\psi\cos(\gamma-\theta-\omega)]$$

$$\boldsymbol{Q}_2 = \{-\cos\varphi\cos(\gamma-\theta-\omega) - \cos\psi\sin\varphi\sin(\gamma-\theta-\omega),$$
$$\sin i\sin\varphi\sin\psi + \cos i[-\cos\psi\sin\varphi\cos(\gamma-\theta-\omega) + \cos\varphi\sin(\gamma-\theta-\omega)],$$
$$-\cos\psi\cos(\gamma-\theta-\omega)\sin i\sin\varphi - \cos i\sin\varphi\sin\psi + \cos\varphi\sin i\sin(\gamma-\theta-\omega)\}$$

式中:γ 为卫星航迹角。

零多普勒面满足

$$\boldsymbol{R} \cdot \dot{\boldsymbol{R}} = 0 \qquad (4-3)$$
$$\boldsymbol{R} = \boldsymbol{R}_s - \boldsymbol{R}_e$$

式中:$\dot{\boldsymbol{R}}$ 为 $\boldsymbol{R}$ 的一阶导;$\boldsymbol{R}_s$、$\boldsymbol{R}_e$ 分别为卫星与地面目标在地心坐标系中的位置。

根据式(4-3),可得

$$P_1 \cdot x_T + P_2 \cdot y_T + P_3 \cdot z_T = \sqrt{\mu a(1-e^2)} e\sin\theta \qquad (4-4)$$

式中:(x_T, y_T, z_T) 为地面目标的位置。式(4-4)确定了零多普勒面的法向为 $\boldsymbol{P}$ (P_1, P_2, P_3),其中有

$$P_1 = (1+e\cos\theta)\sqrt{\frac{\mu}{a(1-e^2)}}[-A_{ov}(1,1)\sin\theta + A_{ov}(1,2)(e+\cos\theta)] +$$
$$a(1-e^2)\omega_e[A_{ov}(2,1)\cos\theta + A_{ov}(2,2)\sin\theta]$$

$$P_2 = (1+e\cos\theta)\sqrt{\frac{\mu}{a(1-e^2)}}[-A_{ov}(2,1)\sin\theta + A_{ov}(2,2)(e+\cos\theta)] +$$
$$a(1-e^2)\omega_e[-A_{ov}(1,1)\cos\theta - A_{ov}(1,2)\sin\theta]$$

$$P_3 = (1+e\cos\theta)\sqrt{\frac{\mu}{a(1-e^2)}}[-A_{ov}(3,1)\sin\theta + A_{ov}(3,2)(e+\cos\theta)]$$

要使天线指向位于零多普勒平面内,应当满足

$$\begin{cases} \boldsymbol{P} \cdot \boldsymbol{Q}_1 = 0 \\ \boldsymbol{P} \cdot \boldsymbol{Q}_2 = 0 \end{cases} \qquad (4-5)$$

由此可得偏航角 ψ 与俯仰角 φ 的控制规律,即

$$\psi = -\arctan\left[\frac{k_2 \sin i \cos(\theta + \omega)}{k_1 + k_2 \cos i \cos\gamma}\right] \quad (4-6)$$

$$\varphi = \arctan\left(k_5 \frac{k_3 + k_4}{\sqrt{(k_1 + k_2 \cos i \cos\gamma)^2 + [k_2 \sin i \cos(\theta + \omega)]^2}}\right) \quad (4-7)$$

$$k_1 = -\sqrt{\frac{\mu}{a(1-e^2)}}(1 + e\cos\theta)[\cos\gamma + e\cos(\gamma - \theta)]$$

$$k_2 = a(1-e^2)\omega_e$$

$$k_3 = -\sqrt{\frac{\mu}{a(1-e^2)}}(1 + e\cos\theta)[\sin\gamma + e\sin(\gamma - \theta)]$$

$$k_4 = a(1-e^2)\omega_e \sin\gamma \cos i$$

$$k_5 = \begin{cases} 1, & k_1 + k_2 \cos i \cos\gamma > 0 \\ -1, & k_1 + k_2 \cos i \cos\gamma < 0 \end{cases}$$

令轨道半长轴为 6900km,倾角为 97.6°,近心点幅角为 90°。图 4-1、图 4-2 是偏心率 $e=0$,Raney 偏航导引与偏航-俯仰联合导引对式(4-3)的满足情况;图 4-3、图 4-4 是偏心率 $e=0.003$、天线视角 30°条件下的结果;图 4-5、图 4-6 是偏心率 $e=0.003$、天线视角 50°条件下的结果。图中,

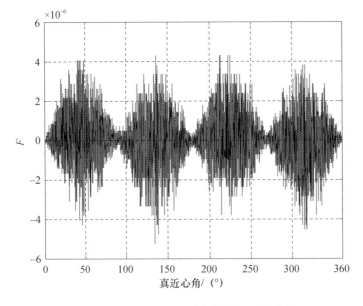

图 4-1 $e=0$ 时 Raney 偏航控制下 F 的结果

$F = \mathbf{R} \cdot \dot{\mathbf{R}}$。可以看出,对于圆轨,两种导引规律是等价的。对于椭轨,Raney 导引会引入较大的偏差,并随着天线视角增大而增大;而偏航 – 俯仰联合导引则性能良好,不存在这一问题。

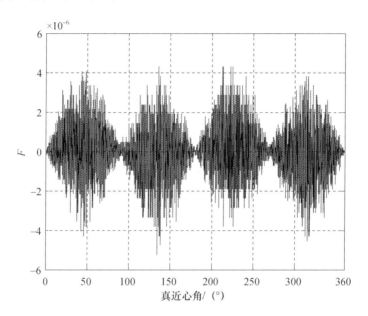

图 4 – 2　$e = 0$ 时偏航 – 俯仰联合控制下 F 的结果

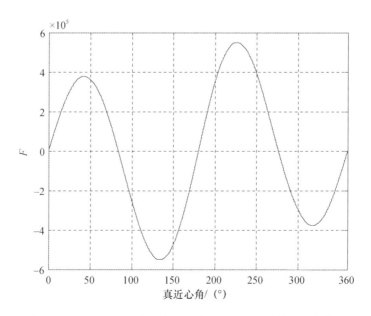

图 4 – 3　$e = 0.003$、天线视角 30° 时 Raney 偏航控制下 F 的结果

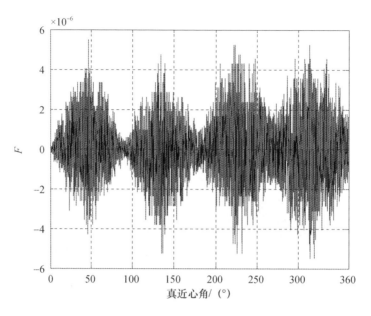

图 4-4　$e=0.003$、天线视角 30°时偏航 - 俯仰联合控制下 F 的结果

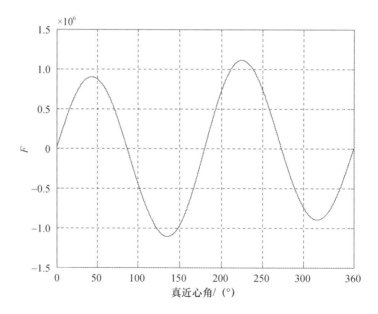

图 4-5　$e=0.003$、天线视角 50°时 Raney 偏航控制下 F 的结果

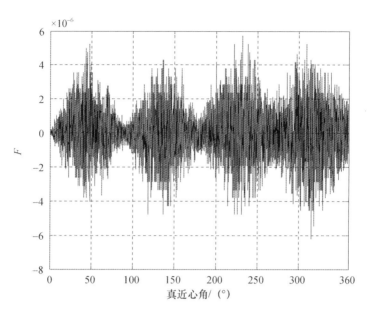

图4-6 $e=0.003$、天线视角 $50°$ 时偏航-俯仰联合控制下 F 的结果

4.1.2 卫星平台姿态模型

卫星平台姿态由指向误差和姿态抖动两者共同决定。其中,指向误差 $\bar{\theta}$ 是指一段时间内卫星姿态扰动的均值;姿态抖动 $\Delta\theta(t)$ 是指卫星姿态指向在均值附近的不规则时变。平台姿态模型可以表示为

$$\theta(t) = \bar{\theta} + \Delta\theta(t) \tag{4-8}$$

如果指向误差在允许的范围内,可以利用姿态或者波束控制系统以及地面成像处理技术进行补偿。姿态抖动通常是无规律的,难以进行补偿,只能尽量加以控制。考虑到任意波形都能够进行谐波分解,可以构建姿态抖动的数学模型,即

$$\Delta\theta(t) = \sum_{i=1}^{\infty} \Delta A_i \sin(\omega_i t + \varphi_i) \tag{4-9}$$

式中: $\Delta A_i, \omega_i, \varphi_i$ 分别为姿态指向抖动的第 i 个谐波分量的抖动幅度、角频率和初始相位。在卫星研制中,通常用姿态稳定度 σ_{ant} 来衡量姿态指向的稳定程度,其定义为:在合成孔径时间 T_s 内,3倍的姿态指向角速率的均方根值[52],即

$$\sigma_{\text{ant}} = \frac{3}{T_s} \sqrt{\int_0^{T_s} \left(\frac{\mathrm{d}\theta(t)}{\mathrm{d}t}\right)^2 \mathrm{d}t} \tag{4-10}$$

4.2 平台姿态特性对成像质量影响分析

卫星姿态是指卫星运行过程中的三轴状态。通常以三轴姿态角来表示。由于诸多因素的影响,卫星平台在实际的飞行过程中会存在一定的姿态误差,使波束中心指向发生偏离,直接影响回波信号的幅度和相位,造成多普勒参数发生变化。

卫星姿态误差具体是指卫星姿态角 – 偏航角 θ_y、俯仰角 θ_p 和横滚角 θ_r 的误差。在考虑误差因素后,同时结合式(4-8)和式(4-9),卫星姿态角可以表示为

$$\begin{cases} \theta'_y = \theta_y + \Delta\theta_y + A_y\sin\omega_y t \\ \theta'_p = \theta_p + \Delta\theta_p + A_p\sin\omega_p t \\ \theta'_r = \theta_r + \Delta\theta_r + A_r\sin\omega_r t \end{cases} \tag{4-11}$$

式中:$\Delta\theta_y$、$\Delta\theta_p$ 和 $\Delta\theta_r$ 为卫星姿态指向误差;$A_y\sin\omega_y t$、$A_p\sin\omega_p t$ 和 $A_r\sin\omega_r t$ 为卫星姿态稳定度误差。

4.2.1 指向误差对成像质量的影响

卫星平台的指向误差 $\Delta\theta_y$、$\Delta\theta_p$ 和 $\Delta\theta_r$ 对星载 SAR 成像质量的影响主要有 3 个方面:观测带偏移、模糊度性能下降和图像方位向偏移。

(1) 观测带偏移。

偏航角和俯仰角指向误差对观测带位置的影响较小,但横滚角指向误差则会直接影响到天线的视角,造成明显的观测带偏移和有效观测带宽的损失。如图 4-7 所示,中心视角 35°时,0.1°的横滚角指向误差就会产生超过 1km 的有效观测带宽损失。通常情况下,指向误差引起的有效观测带损失难以进行补偿。因此,若期望实现对某一区域的精确观测,一方面可以提高观测带幅宽的设计指标,留有一定的观测余量,减小该误差引入的影响;另一方面,需要尽量控制横滚角指向误差。

(2) 模糊度性能下降。

指向误差会导致多普勒参数发生变化,如图 4-8 至图 4-10 所示。可以看出,偏航和俯仰方向的指向误差对多普勒中心频率的影响较大,但对多普勒调频率的影响很小;横滚角指向误差对多普勒调频率影响较大,但对多普勒中

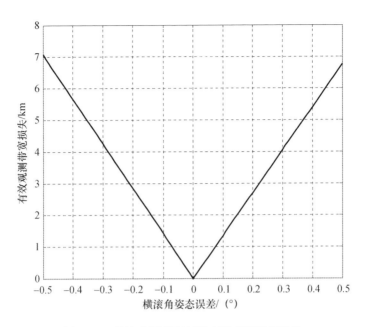

图 4-7 横滚角误差引起的有效观测带宽损失

心频率的改变相对较小。偏航角和俯仰角指向误差造成多普勒中心频率的偏差,进而影响方位向匹配滤波器的构造形式,改变了主区和方位模糊区的能量分布,恶化了方位模糊度,如图 4-11(a)所示。横滚角指向误差会引起波束距离向指向误差,导致距离模糊度的变化,如图 4-11(b)所示。

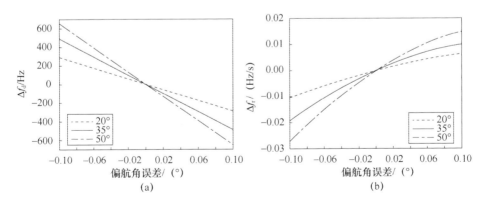

图 4-8 偏航角误差引起的多普勒参数变化

(a) 多普勒中心频率;(b) 多普勒调频率。

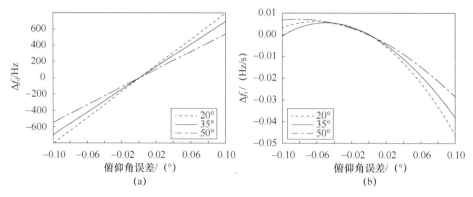

图 4-9 俯仰角误差引起的多普勒参数变化

（a）多普勒中心频率；（b）多普勒调频率。

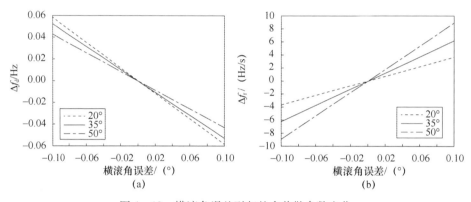

图 4-10 横滚角误差引起的多普勒参数变化

（a）多普勒中心频率；（b）多普勒调频率。

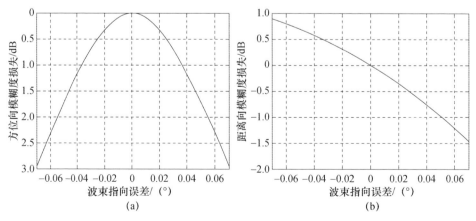

图 4-11 模糊度损失随指向误差的变化

（a）方位模糊度损失曲线；（b）距离模糊度损失曲线。

(3) 图像方位向偏移。

多普勒中心频率误差会导致图像在方位向发生整体偏移。图4-12和图4-13给出了图像方位向偏移随偏航角和俯仰角指向误差的变化曲线。从仿真结果上看，当指向误差为0.1°时，最大偏移量约为1400m。

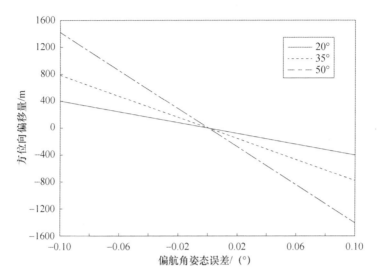

图4-12 偏航角误差引起的图像方位向偏移

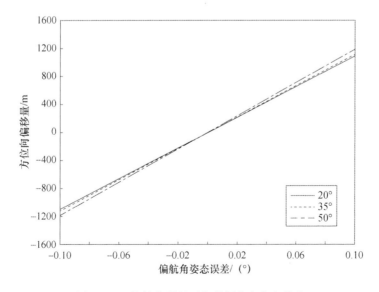

图4-13 俯仰角误差引起的图像方位向偏移

4.2.2 姿态抖动对成像质量的影响

卫星姿态稳定度误差主要由卫星平台姿态控制的不稳定引起。假设天线指向存在微小抖动,并设定这种变化为正弦规律,即

$$\Delta\theta_a = A_a \sin(\omega_0 t) \quad (4-12)$$

式中:A_a、ω_0 分别为方位向波束抖动的幅度、角频率。式(4-10)中的天线指向稳定度可表示为

$$\sigma_{ant} = 3A_a w_0 \sqrt{\frac{1}{2}\left(1 + \frac{\sin 2\omega_0 T_s}{2\omega_0 T_s}\right)} \quad (4-13)$$

天线指向的不稳定对成像质量有两方面的影响[53]:一是造成回波信号的幅度调制,产生成对回波;二是造成多普勒频谱的微小变化,使得估计的多普勒中心频率产生误差。

4.2.2.1 姿态稳定度对成对回波的影响

星载 SAR 的回波信号在方位向具有线性调频特性,在正侧视条件下,点目标回波信号经过距离向匹配滤波、距离徙动校正后,(不考虑天线波束抖动)可以沿方位向表示为

$$s_i(t) = W_a(t) e^{-j\pi f_r t^2} \quad (4-14)$$

$$W_a(t) \approx \frac{\sin^2\left(\dfrac{\pi D_a V \sin\theta_{sq} t}{\lambda R}\right)}{\left(\dfrac{\pi D_a V \sin\theta_{sq} t}{\lambda R}\right)^2} \quad (4-15)$$

式中:f_r 为无波束抖动时接收信号的方位向调频率;$W_a(t)$ 为方位向双程方向图;V 为 SAR 平台等效速度;D_a 为方位向天线长度;θ_{sq} 为等效斜视角。经过匹配滤波器,输出为

$$s_0(t) = e^{j\pi f_r t^2} \int_{-\infty}^{\infty} W_a(\tau) e^{-j2\pi f_r t \tau} d\tau \quad (4-16)$$

当天线指向存在抖动时,式(4-14)可变为

$$s_i'(t) = W_a(\theta_a - \Delta\theta_a) e^{-j\pi f_r t^2} \quad (4-17)$$

式中:f_r 为接收信号实际多普勒调频率。

将 $W_a(t - \Delta\theta_a)$ 展开可得

$$W_a(t - \Delta\theta_a) \approx \sum_{i=0}^{\infty} W_a^{(i)}(0) \frac{t^i}{i!} - \sum_{i=0}^{\infty} W_a^{(i)}(0) \frac{t^{i-1}}{(i-1)!} A_a' \sin(\omega_0 t)$$

$$(4-18)$$

$$A'_a = A_a \frac{R}{V\sin\theta_{sq}}$$

则存在天线抖动情况下,方位向成像结果可表示为

$$s_a(t) = s_0(t) - s_{fa}(t) \tag{4-19}$$

$$s_{fa}(t) = A'_a \pi(-f_0 - f'_r t) \cdot e^{-j\pi f_r \left[\left(\frac{f_0}{f_r}\right)^2 + \frac{2f_0 t}{f_r}\right]} \cdot s_0\left(t + \frac{f_0}{f'_r}\right) -$$

$$A'_a \pi(f_0 - f'_r t) \cdot e^{-j\pi f_r \left[\left(\frac{f_0}{f_r}\right)^2 - \frac{2f_0 t}{f_r}\right]} \cdot s_0\left(t - \frac{f_0}{f'_r}\right) \tag{4-20}$$

式中:$s_0(t)$为无姿态抖动时的匹配滤波器输出结果;$s_{fa}(t)$为姿态抖动引起的附加峰值。

4.2.2.2 姿态稳定度对多普勒中心频率的影响

星载 SAR 中,当天线指向有低频抖动时,并不影响雷达与地面目标间的斜距变化关系,因此并不影响多普勒参数。但是天线抖动会使信号的多普勒带宽有微小的变化,在用杂波锁定估计 f_d 时,会使估计值带有误差 Δf_d。

天线指向的水平方位角存在扰动 $\Delta\theta_a$ 时,多普勒带宽误差为

$$\Delta B_a = \left| -\frac{2V}{\lambda}\cos\varepsilon \cdot \sin\theta_a \cdot \Delta\theta_a \right| \tag{4-21}$$

$$\Delta\theta_a = |\Delta\theta_a(t) - \Delta\theta_a(t - T_s)| \leqslant \left| 2A_a \sin\frac{w_0 T_s}{2} \right| \tag{4-22}$$

式中:ε 为天线指向的擦地角;θ_a 为水平方位角。

引起的 f_d 误差为

$$\Delta f_d = \frac{\Delta B_a}{2} = \left| -\frac{2VA_a}{\lambda}\cos\varepsilon \cdot \sin\theta_a \cdot \sin\frac{w_0 T_s}{2} \right| \tag{4-23}$$

Δf_d 会造成图像位置偏移,影响图像定位精度,Δf_d 引起的斜距向位置偏移为

$$\Delta R = -\frac{\lambda}{2}\left(\frac{f_d}{k}\Delta f_d + \frac{1}{2k}\Delta f_d^2\right) \tag{4-24}$$

方位向位置偏移为

$$\Delta x = V_g \frac{\Delta f_d}{f_r} \tag{4-25}$$

式中:V_g 为波束中心指向在地面移动的速度。

4.2.3 平台高频微振动对成像质量的影响

卫星在轨运行期间,星上运动部件高速周期性运动,或变轨、冷热交变等诱

发的扰动,能够使星体产生的一种幅值较小、频率较高的颤振响应。这种高频微振动将影响波束指向精度、稳定度,进而有可能恶化分辨率等成像质量指标[54]。

对于如图 4-14 所示的平面相控阵天线,构建天线坐标,x 轴指向卫星的真实飞行方向,y 轴沿天线瞄准线指向地球方向,z 轴根据右手准则给出,$M \times N$ 个单元组成的矩形栅格平面阵列在 xOz 平面上。在天线坐标系中,天线方向图函数可以表示为

$$W(\alpha_x, \alpha_z) = \sum_{i=0}^{N-1} \sum_{k=0}^{M-1} a_{ik} \exp\{j[i(dr_x \cos\alpha_x - \alpha) + k(dr_z \cos\alpha_z - \beta)]\}$$

(4-26)

$$dr_x = \frac{2\pi}{\lambda} d_x$$

$$dr_z = \frac{2\pi}{\lambda} d_z$$

$$\alpha = \frac{2\pi}{\lambda} d_x \cos\alpha_{x_0}$$

$$\beta = \frac{2\pi}{\lambda} d_z \cos\alpha_{z_0}$$

式中:λ 为波长;a_{ik} 为第 (i,k) 个天线阵元的幅度加权系数;d_x 和 d_z 分别为方位向和距离向阵元间距;α_{x_0}、α_{z_0} 分别表示波束中心指向与天线坐标系 x 轴和 z 轴的夹角;α_x、α_z 为目标和天线相位中心之间的连线分别与天线坐标系 x 轴和 z 轴的夹角。

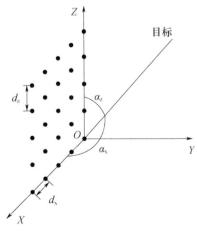

图 4-14 平面相控阵天线坐标系

平台高频微振动将引起天线阵元的同步振动。在这种情况下,地面目标同各个阵元之间的距离关系发生变化。如图 4-15 所示,点 A 为平面相控阵天线上第 (i,k) 个阵元的理想位置,A' 为高频微振动后该阵元的实际位置。Δd_{ik} 为阵元偏离的幅度,θ 为点目标与天线法向夹角,r_{ik}、r'_{ik} 分别为高频微振动前后点目标与第 (i,k) 个阵元的距离。由高频微振动引起的视线距离偏差为

$$\Delta r_{ik} = |r_{ik} - r'_{ik}| = \Delta d_{ik}\cos\theta \tag{4-27}$$

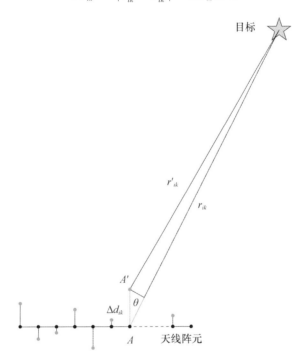

图 4-15 相控阵天线阵元高频微振动模型

假设在某一时刻,阵元偏离理想位置的幅度 Δd_{ik} 服从高斯分布。在合成孔径时间内,阵元振动幅度的联合分布可以用高斯随机过程表征。因此,平台高频微振动对成像质量的影响,可以等效为阵元微振动服从高斯随机过程的条件下,天线方向图对成像质量的影响。

对于第 (i,k) 个阵元,由 Δr_{ik} 引起的附加相位误差为

$$\Delta\varphi_{ik} = \frac{2\pi}{\lambda}\Delta r_{ik} \tag{4-28}$$

则高频微振动发生后,天线方向图发生畸变,可以表示为

$$W'(\alpha_x, \alpha_z) = \sum_{i=0}^{N-1} \sum_{k=0}^{M-1} a_{ik} \exp\{j[i(dr_x\cos\alpha_x - \alpha) + k(dr_z\cos\alpha_z - \beta)]\} \cdot$$
$$\exp(j \cdot \Delta\varphi_{ik}) \tag{4-29}$$

由于天线方向图会对发射信号和接收的回波产生调制,因此,天线发生微振动后,单点目标的单脉冲回波信号可以表示为

$$s(\tau) = W'(\alpha_x, \alpha_z) \cdot W''(\alpha_x, \alpha_z) \cdot e^{-j\pi k(\tau-\tau_0)^2} \neq [W(\alpha_x, \alpha_z)]^2 \cdot e^{-j\pi k(\tau-\tau_0)^2}$$
$$\tag{4-30}$$

式中:$W'(\alpha_x, \alpha_z)$ 和 $W''(\alpha_x, \alpha_z)$ 分别为存在高频微振动时目标方向的瞬时发射方向图和瞬时接收方向图;$W(\alpha_x, \alpha_z)$ 为无高频微振动时目标方向的收发天线方向图;k 为发射信号调频率;τ_0 为点目标回波信号延迟。

由式(4-30)可知,平台的高频微振动将会在回波信号中引入新的幅相调制 $W'(\alpha_x, \alpha_z) \cdot W''(\alpha_x, \alpha_z)$。对于单点目标的单脉冲回波而言,$W'(\alpha_x, \alpha_z) \cdot W''(\alpha_x, \alpha_z)$ 是固定的一个常数。但在合成孔径时间内,该幅相调制沿方位向是时变的,使得成像处理过程中信号与方位向匹配滤波器失配,影响到聚焦成像质量。

假设相控阵天线的高频微振动服从均值为 0 的高斯分布(标准差分别设置为 0.00001m、0.0001m、0.001m、0.01m、0.03m、0.06m),分析了高频微振动对 0.21m 分辨率星载 SAR 成像质量的影响,如图 4-16 所示。

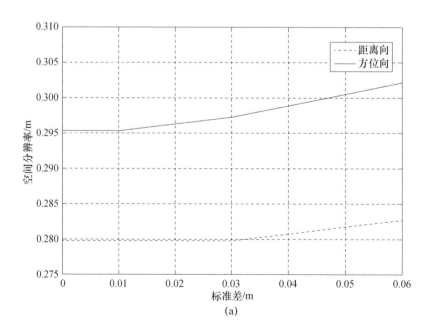

(a)

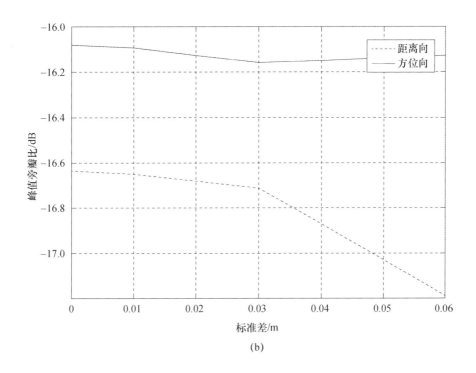

(b)

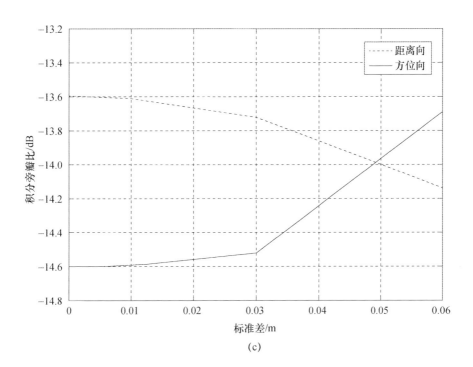

(c)

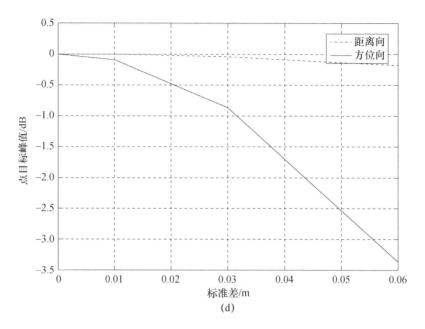

图 4-16 图像质量随高频微振动标准差的变化

(a)空间分辨率;(b)峰值旁瓣比;(c)积分旁瓣比;(d)点目标峰值。

4.3 高精度姿态测量技术

如4.2节所述,平台姿态特性对于SAR成像质量有着直接的影响。因此,如何提升姿态测量精度成为高分辨率SAR卫星必须面对的问题。

1. 星敏感器偏差修正

目前,SAR卫星均采用星敏感器计算卫星姿态。其计算精度的影响因素包括:星敏感器自身的测量噪声误差、星敏感器光学测量基准与整星控制基准之间的安装偏差、有效载荷与整星基准之间的安装偏差,以及星敏感器与基准之间的慢变热变形引起的姿态偏差。因此,在进行卫星平台姿态确定时,要尽可能地对上述误差源进行修正,以保证平台姿态指向的测量精度。

实际工程中,主要从以下两个方面修正星敏感器偏差。

(1)载荷基准与卫星基准之间的偏差修正。

有效载荷基准与卫星基准之间存在安装偏差。在地面可以通过精测获得有效载荷相对卫星基准的安装姿态角偏差数据,并由姿轨控分系统进行修正。修正量为滚动偏置角、偏航偏置角和俯仰偏置角。

（2）在轨星敏感器基准之间的偏差修正。

卫星受到发射阶段以及空间环境的影响，在轨星敏感器之间的基准也会存在一定的偏差，需要进行修正以保证姿态一致。星敏感器之间的偏差主要包括：振动等引起的形变误差，该误差一般为常数；热变形等因素引起的形变偏差，该偏差一般为慢变过程，多以轨道周期为变化周期。两个星敏感器之间的姿态偏差可以通过实时计算两个星敏感器的姿态来获取。为了消除星敏感器测量噪声以及慢变误差对计算结果的影响，可以采用一天或半天的姿态偏差数据的平均值作为安装偏差进行修正。

2. 多星敏感器数据融合

除了采用高精度的星敏感器来提高姿态确定精度外，还可以采用多敏感器信息融合技术满足技术要求。星敏感器的姿态测量误差在光轴方向较大，在垂直光轴方向较小。一般情况下，两者相差 6~12 倍。这个特性导致姿态确定精度大大降低。在多星敏感器的条件下，可以使用星敏感器垂直光轴的姿态信息来补偿其他星敏感器光轴方向姿态测量精度的不足，以此来提高姿态确定精度。

3. 星敏感器和陀螺组合的姿态确定方法

星敏感器与陀螺组合的姿态确定方法如图 4-17 所示。

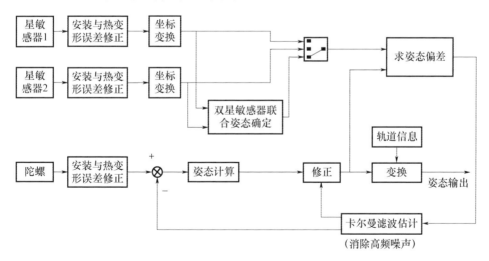

图 4-17　星敏感器与陀螺组合的姿态确定方法

星敏感器测量得到星敏感器坐标系相对地心惯性坐标系的姿态四元数。根据星上标定信息对星敏感器的安装与热变形进行修正，再经过坐标变换，利用双矢量定姿的方法,分别由两个星敏感器姿态测量值计算得到卫星本体坐标系相对地心惯性坐标系的姿态四元数。

陀螺输出卫星的惯性角速度。利用姿态运动学方程,以给定的姿态初始值计算得到当前时刻卫星本体坐标系相对地心惯性坐标系的姿态四元数。该四元数误差包含陀螺的常值漂移和测量噪声。

陀螺计算得到的姿态四元数与双矢量定姿计算得到的姿态四元数相比较,得到姿态偏差四元数。此偏差四元数包含陀螺的常值漂移、测量噪声和星敏感器的测量噪声。根据星敏感器和陀螺的原理建立误差模型,利用星敏感器无累积误差的姿态信息对陀螺的漂移进行标定,同时应用陀螺的低频姿态信息对星敏感器高频噪声进行滤波抑制,从而实现联合姿态确定。

4.4 小结

本章首先介绍了卫星姿态导引的理想情况,即面向零多普勒中心频率的偏航—俯仰联合引导规律。然后构建了包含平台指向误差、姿态稳定度因素的平台姿态模型,分别从指向误差、姿态稳定度、高频微振动三个方面分析了平台姿态特性对成像质量的影响情况,给出了相应的仿真结果。最后从实际工程角度出发,介绍了星敏感器与陀螺组合的高精度姿态测量技术,为保障星载 SAR 回波数据的精度奠定了技术基础。

第 5 章
中央电子设备收发通道幅相补偿与动态调整技术

作为 SAR 系统的重要组成部分,中央电子设备通常由三个回路构成:发射回路、接收回路和内定标回路。其中,发射回路主要由基带信号产生、正交调制、上变频、滤波、功率放大等电路组成;接收回路主要由低噪声放大、下变频、正交解调、滤波等电路组成;内定标回路主要测量 SAR 系统(除天线波导子阵之外)收发通道幅度及相位的变化,以保证系统性能及辐射精度。本章将着眼于收发回路,提出通道幅相补偿方法、最优增益控制方法和回波数据量化方法,来提升星载 SAR 成像质量。

5.1 基于通道幅相补偿的星载 SAR 精聚焦方法

通常,SAR 系统发射信号被认为是理想的 Chirp 信号,回波信号是经过延时和幅度调制的多个 Chirp 信号之和[50]。成像处理算法往往也是基于这一假设进行设计的。然而,SAR 系统的发射通道和接收通道不可避免地会存在幅相误差,使得发射信号和接收回波无法与理想情况完全一致,造成成像性能的衰退[55-56]。利用无线延迟实验或者内定标技术,可以获取收发通道的特性,进而对回波信号进行通道幅相补偿,提升成像处理的聚焦性能[57-59]。

图 5-1 给出了面向单通道收发链路传输特性测试的无线延迟实验示意图。中央电子设备产生线性调频脉冲信号,由有源相控阵天线放大并发射出去。发射信号由测试用喇叭天线接收,通过环形器、衰减器和延迟线后,再由喇叭天线辐射回来。相控阵天线接收信号后送给中央电子设备,经放大、解调、模

数变换、格式化等一系列处理后,对回波数据进行记录,分析信号的幅频、相频等特性。

收发通道的幅频特性模型可表示为

$$A(f) = \sum_{n=0}^{N} \alpha_n f^n + \alpha_{\text{random}} \quad (5-1)$$

式中:f 为频率;N 为模型阶数;α_n 为第 n 阶模型的系数;α_{random} 为正态分布的随机幅度误差。

收发通道的相频特性模型可表示为

$$\Phi(f) = \sum_{n=0}^{M} \varphi_n f^n + \varphi_{\text{random}} \quad (5-2)$$

式中:M 为模型阶数;φ_n 为第 n 阶模型的系数;φ_{random} 为正态分布的随机相位误差。

通过分析测试数据,可以估计得到式(5-1)和式(5-2)中的各项系数。基于所构建的幅频和相频模型,设计距离向匹配滤波器,对回波数据进行幅相补偿,可以得到更好的脉冲压缩效果。经过脉冲压缩的数据,可以直接作为距离-多普勒类算法[60]的输入,也可以与 Chirp 信号进行反卷积,得到更接近理想情况的回波数据,作为 Chirp Scaling 算法[61]的输入。

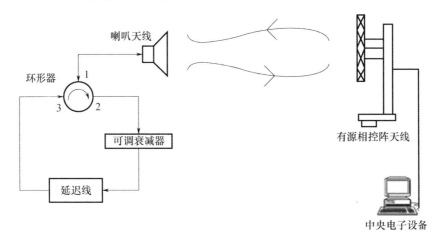

图 5-1 单通道传输特性测试示意图

表 5-1 和表 5-2 给出了依据实测数据拟合得到的通道幅频和相频特性参数(信号带宽 600MHz,脉宽 12μs,采样率 700MHz)。其中,快变化部分对应式(5-1)和式(5-2)中的 α_{random} 和 φ_{random},慢变化部分对应剩余项。无补偿、仅

利用式(5-2)进行相位误差补偿、联合使用式(5-1)和式(5-2)进行幅相误差补偿三种情况下,脉冲压缩性能各不相同。如表5-3所列,幅相误差补偿能够获得最佳的分辨性能。虽然相位误差补偿能够获得更佳优异的峰值旁瓣比和积分旁瓣比指标,但这是以牺牲分辨率为代价换来的。

表5-1 测试数据幅频特性参数

幅频模型参数/dB					
慢变化部分					快变化部分
1阶	2阶	3阶	4阶	5阶	标准差
-1.33	-2.76	2.94	1.65	-2.76	0.019

表5-2 测试数据相频特性模型参数

相频模型参数/(°)								
慢变化部分							快变化部分	
0阶	1阶	2阶	3阶	4阶	5阶	6阶	均值	标准差
248.66	92.06	26.02	-124.97	-41.81	-50.07	14.93	-0.0511	5.85

表5-3 测试数据通道误差补偿前后脉冲压缩性能

幅相误差	分辨率/m	展宽系数	峰值旁瓣比/dB	积分旁瓣比/dB
无补偿	0.2392	1.0801	-6.41	-5.85
相位误差补偿	0.2265	1.0226	-14.18	-10.67
幅相误差补偿	0.2232	1.0078	-13.25	-9.97

5.2 饱和效应影响机理

如图5-2所示,SAR系统接收机采用超外差式双变频原理,由低噪声放大器、混频器、手动增益控制(Manual Gain Control,MGC)/自动增益控制(Automatic Gain Control,AGC)、正交解调器构成。首先,接收信号经过下变频、滤波,得到中频信号;然后,由增益可控中频放大链路调整信号增益,以适应接收机动态范围;最后,通过滤波、正交解调(二次变频)和视频放大完成视频信号输出[62]。有效地进行增益控制,能够使回波信号与接收机动态范围匹配,防止饱和失真,对于确保SAR成像质量具有重要意义。

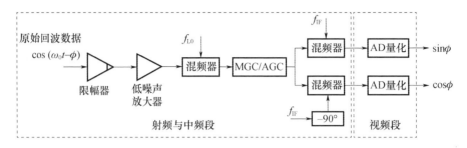

图 5-2　SAR 系统接收机基本构造示意图

5.2.1　动态范围与饱和失真效应

动态范围是指信号的强度变化范围或者系统正常工作所容许的输入信号的强度变化范围。本节将首先解释四种"动态范围"的基本概念,然后阐释由于信号动态范围与视频段动态范围不匹配造成的饱和失真效应。

5.2.1.1　动态范围

对于星载 SAR 信号获取和成像处理而言,主要存在以下 4 种"动态范围"的概念。

（1）场景的动态范围。

场景是影响回波信号强度的直接影响因素。场景的动态范围定义为场景内最大后向散射系数与最小后向散射系数之比,与场景内地物散射特性、波段、极化、入射角、方位角等多种因素相关。在后向散射较为均匀的区域,如海洋或热带雨林,地物后向散射系数相对变化较小,场景动态范围不大。在城市、山地、海陆交界处等场景,场景动态范围较大。

表 5-4 给出了某次实验中 15°~65°入射角范围内典型地物目标的后向散射系数。可以看出,在 HH 极化条件下,典型地物对应的场景动态范围大约为 50dB。

表 5-4　15°~65°入射角下典型地物的最大/最小后向散射系数(dB)

地物目标	HH 极化	VV 极化
土壤和岩石表面	6.5/-31	1.0/-22.6
树林	-2.3/-22.9	-2.6/-13.7
草地	10.6/-24.6	10.8/-25.2
灌木丛	16.2/-22.8	15.1/-20.8
短植被	9.1/-24.6	8.3/-25.2

第 5 章 中央电子设备收发通道幅相补偿与动态调整技术

续表

地物目标	HH 极化	VV 极化
路面	-7.6/-35	-6.9/-31
城市	18.5/-29	0.4/-23
干雪	3.2/-21.1	3.4/-21.4
湿雪	4.9/-30	6.3/-30

(2) 接收机射频/中频段的动态范围。

发射信号经过场景信息调制后,形成射频回波信号,被 SAR 系统接收。在接收机中,回波信号以模拟信号形式经过限幅器、低噪声放大器、混频器等器件。这些器件的性能决定了 SAR 系统接收机射频/中频段的最小检测功率和最大接收功率。因此,根据 SAR 系统的工作机理,接收机射频/中频段的动态范围是最大接收功率与最小检测功率之比[63]。

(3) 接收机视频段的动态范围。

回波信号以模拟形式进入接收机后,在视频段被 AD 量化器或 BAQ(Block Adaptive Quantization)量化器转化为数字信号。接收机视频段动态范围与量化位数、数据压缩方法均有关系。其中,量化位数决定了视频瞬时动态范围。量化位数每增加 1bit,瞬时动态范围大概增加 6dB。例如 8bit 量化器动态范围大约为 48dB(考虑到噪声等因素,实际动态范围无法达到 48dB)。

(4) SAR 图像的动态范围。

SAR 原始数据经过成像处理后,形成单视图像。其动态范围是图像的最大强度与最小强度之比。

5.2.1.2 饱和失真效应

当信号动态范围超过系统动态范围时,会发生饱和失真。此时,过激效应随之产生,即在饱和状态下输出信号的功率会存在一定的衰减或增长。虽然各类器件的过激效应并不完全相同,但是为了反映饱和效应对 SAR 成像的主要影响,本节对 SAR 系统中的饱和效应建立了统一的模型,即

$$S_o(t) = \begin{cases} aS_i(t), & P_{i,\min} \leq S_i(t) \leq P_{i,\max} \\ P_{o,\min}, & S_i(t) < P_{i,\min} \\ P_{o,\max}, & S_i(t) > P_{i,\max} \end{cases} \quad (5-3)$$

式中: a 为输入信号与输出信号的线性关系; $P_{i,\min}$、$P_{i,\max}$ 分别为系统的最小检测功率和最大允许输入功率; $P_{o,\min}$、$P_{o,\max}$ 分别为系统的最小与最大输出功率。一

旦信号发生饱和,即 $S_i(t) < P_{i,\min}$ 或 $S_i(t) > P_{i,\max}$,输出信号的概率密度将发生改变。相对于输入信号,输出信号概率密度的分布范围明显变窄,动态范围减小,如图 5-3 所示[50]。

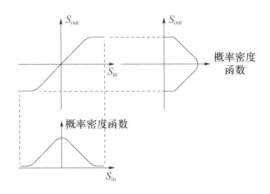

图 5-3 饱和效应示意图

5.2.2 饱和失真对成像质量的影响

5.2.2.1 接收机高频饱和影响分析

如图 5-2 所示,回波信号通过接收机限幅器后,由低噪声放大器放大,以产生足够功率的射频信号;再由混频器进行下变频处理,得到具有相同调制包络的中频信号。在此过程中,低噪声放大器、混频器、中频放大器等器件的动态范围与信号强度的不匹配,将导致射频或中频部分发射饱和。由于此时信号的载频远大于其带宽,因此,本章将射频或中频部分统称为高频段,此类发生在接收机射频和中频器件中的饱和统称为高频饱和。

对于单点目标,高频饱和所造成的高次谐波在通过带通滤波器时会被滤除,因此,高频饱和失真对单点目标的成像质量影响很小。对于分布目标,高频饱和效应将造成目标间的相互调制,从而在图像中形成寄生旁瓣。本节将分别对单点目标和由两个点目标构成的分布目标进行分析,比对两种情况下的成像质量。

在接收机高频段,单点目标回波信号的数学模型为

$$s(\tau;t,R_0) = \mathrm{rect}\left[\frac{\tau - 2R(t;R_0)/c}{T}\right] \cdot$$
$$\cos\left\{k\pi\left[\tau - \frac{2}{c}R(t;R_0)\right]^2 - \frac{4\pi}{\lambda}R(t;R_0) + \omega_0\tau\right\} \quad (5-4)$$

式中:τ 为距离向快时间;t 为方位向慢时间;k 为发射信号的线性调频率;ω_0 为信号载频;R_0 为点目标与 SAR 的最短斜距;$R(t;R_0)$ 为点目标与 SAR 之间随方位向慢时间变化的距离。

假设在合成孔径时间内,两点目标与 SAR 的最短斜距分别 R_1 和 R_2,$R_1 \approx R_2$ 且 $R_1 < R_2$,则回波信号为

$$S(\tau,t) = s(\tau,t;R_1) + s(\tau,t;R_2)$$

$$= \begin{cases} 2\cos\varphi_1\cos\varphi_2, & 2R(t;R_2)/c \leq \tau \leq 2R(t;R_1)/c + T \\ s(\tau,t;R_1), & 2R(t;R_1)/c \leq \tau \leq 2R(t;R_2)/c \\ s(\tau,t;R_2), & 2R(t;R_1)/c + T \leq \tau \leq 2R(t;R_2)/c + T \end{cases}$$

(5-5)

$$\begin{cases} \varphi_1 = k\pi[\tau_1(t) - \tau_2(t)]\left[\tau - \dfrac{\tau_1(t) + \tau_2(t)}{2}\right] + \dfrac{2\pi[R(t;R_2) - R(t;R_1)]}{\lambda} \\ \varphi_2 = \dfrac{1}{2}\{k\pi[\tau - \tau_1(t)]^2 + k\pi[\tau - \tau_2(t)]^2\} + \omega_0\tau - \dfrac{2\pi[R(t;R_2) + R(t;R_1)]}{\lambda} \\ \tau_1(t) = \dfrac{2}{c}R(t;R_1) \\ \tau_2(t) = \dfrac{2}{c}R(t;R_2) \end{cases}$$

式中:T 为发射脉冲宽度。式(5-5)中,第 1 项对应点目标回波重叠区域,第 2 项和第 3 项分别对应非重叠区域。

下面分别针对单点目标式(5-4)和双目标式(5-5)进行饱和效应分析。

(1) 单点目标饱和效应分析。

对于单点目标的回波信号,其载频远远大于带宽,即 $\omega_0 \gg 2\pi kT$。因此,回波信号 $s(\tau;t,R_0)$ 沿距离向可以看做是以 ω_0 为周期的三角函数。设限幅后的信号为 $\mathrm{Lim}[s(\tau)]$,则 $\mathrm{Lim}[s(\tau)]$ 也以 ω_0 为周期。假设限幅幅度为 C_0,周期为 $2\pi/\omega_0$。图 5-4 给出了 $\mathrm{Lim}[s(\tau)]$ 的高频饱合效应示意图。

对信号 $\mathrm{Lim}[s(\tau)]$ 进行傅里叶级数展开,可得

$$\mathrm{Lim}[s(\tau)] = a_0 + \sum_{n=1}^{\infty}[a_n\cos(n\omega_0\tau) + b_n\sin(n\omega_0\tau)] \quad (5-6)$$

可以看出,$\mathrm{Lim}[s(\tau)]$ 在 $n\omega_0(n \geq 2)$ 处均产生明显的频率分量。对该信号进行正交解调后,I、Q 两路的回波 V_I 和 V_Q 分别为

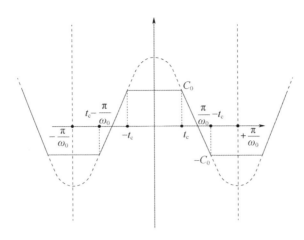

图 5-4 高频饱和效应示意图

$$V_{\mathrm{I}} = a_0\cos\omega_0\tau + \sum_{n=1}^{\infty}\left\{\frac{a_n}{2}\cos[(n+1)\omega_0\tau] + \frac{a_n}{2}\cos[(n-1)\omega_0\tau] + \right.$$
$$\left.\frac{b_n}{2}\sin[(n+1)\omega_0\tau] + \frac{a_n}{2}\sin[(n-1)\omega_0\tau]\right\} \quad (5-7)$$

$$V_{\mathrm{Q}} = a_0\cos\omega_0\tau + \sum_{n=1}^{\infty}\left\{\frac{a_n}{2}\sin[(n+1)\omega_0\tau] + \frac{a_n}{2}\sin[(-n+1)\omega_0\tau] - \right.$$
$$\left.\frac{b_n}{2}\cos[(n+1)\omega_0\tau] + \frac{b_n}{2}\cos[(n-1)\omega_0\tau]\right\} \quad (5-8)$$

混频后,I、Q 两路中的高次谐波(位于 $n\omega_0$ 处,$n \geq 2$)在经过低通滤波器时将被滤除。因此,正交解调后的重构信号 $\overline{s(\tau)}$ 中仅保留了限幅后的一次谐波。设 $\tau' = \tau - 2R(t_0;R_0)/c$,$\varphi = k\pi\tau'^2 - 4\pi R(t_0;R_0)/\lambda$,限幅幅度 $C_0 = \cos\omega_0 t_c$,则有

$$\overline{s(\tau)} = \frac{1}{\pi}\mathrm{rect}\left[\frac{\tau - 2R(t;R_0)/c}{T}\right] \cdot$$
$$[2\cos\omega_0\tau'\sin2\omega_0 t_c + (\pi - 2\arccos C_0 + 2C_0\sqrt{1 - C_0^2})\cos(\omega_0\tau' + \varphi)]$$
$$(5-9)$$

其中,第一项在正交解调后为常数,可以忽略。第二项中,$\cos(\omega_0\tau' + \varphi)$ 中包含了多普勒相位 φ,表明饱和后的信号依然完整地保存了多普勒相位信息。因此,饱和效应对单点目标回波信号的距离向压缩几乎没有影响,只是使信号的幅度减少到原来的 $(\pi - 2\arccos C_0 + 2C_0\sqrt{1 - C_0^2})$ 倍。图 5-5 给出了不同限幅比对单点目标成像质量的影响。结果表明,饱和效应仅造成了等效噪声系数的下降,对分辨率、限辐比(PSLR)、积分旁瓣比(ISLR)基本没有影响。

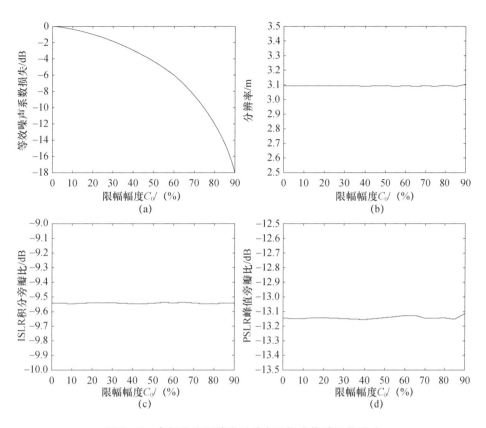

图 5-5 高频段饱和效应对单点目标成像质量的影响

(a) 等效噪声系数;(b) 距离向分辨率;(c) 积分旁瓣比(ISLR);(d) 峰值旁瓣比(PSLR)。

(2) 双目标饱和效应分析。

由式(5-5)可知,若忽略常数,双目标回波的重叠区域可表示为 $\cos\varphi_1\cos\varphi_2$,则该信号在发生饱和后可表示为

$$\mathrm{Lim}[\cos\varphi_1\cos\varphi_2] \approx \mathrm{Lim}[\cos\varphi_1]\cos\varphi_2 + \mathrm{Lim}[\cos\varphi_2]\cos\varphi_1 \quad (5-10)$$

与单点目标的饱和限幅效应相似,$\mathrm{Lim}[\cos\varphi_2]$ 产生的高频分量通过低通滤波器时会被滤掉,对成像质量的影响仅表现为对正交解调后重构信号的幅度调制。以下主要研究 $\mathrm{Lim}[\cos\varphi_1]\cos\varphi_2$ 项引入的饱和限幅影响。该项在经过正交解调后,可得

$$S_{\mathrm{out}}(\tau;t) = a_1\exp\left\{jk\pi[\tau-\tau_1(t)]^2 + \frac{4\pi R(t;R_1)}{\lambda}\right\} +$$

$$a_1\exp\left\{jk\pi[\tau-\tau_2(t)]^2 + \frac{4\pi R(t;R_2)}{\lambda}\right\} +$$

$$\sum_{n=3,5,7,\cdots} a_n \exp\left\{jk\pi\left[\tau - \frac{(n+1)\tau_1(t)+(1-n)\tau_2(t)}{2}\right]^2\right\} \cdot$$

$$\exp\left[j\frac{2\pi(2n-1)R(t;R_2)+2\pi(-2n-1)R(t;R_1)}{\lambda}+C_1\right]+$$

$$a_n \exp\left\{jk\pi\left[\tau - \frac{(n+1)\tau_2(t)+(1-n)\tau_1(t)}{2}\right]^2\right\} \cdot$$

$$\exp\left[j\frac{2\pi(2n-1)R(t;R_1)+2\pi(-2n-1)R(t;R_2)}{\lambda}+C_2\right]$$

(5-11)

其中,$a_i(i \geqslant 1)$ 表示不同阶数相位的系数。

对方位向 t 时刻的 $S_{\text{out}}(\tau;t)$ 进行距离向匹配滤波,真实目标依然位于在 $\tau_1(t)$ 和 $\tau_2(t)$ 处,同时在 $[(n+1)\tau_1(t)+(1-n)\tau_2(t)]/2$ 和 $[(n+1)\tau_2(t)+(1-n)\tau_1(t)]/2(n=3,5,7,\cdots)$ 处产生幅度为 a_n 的寄生旁瓣,如图 5-6 所示。这种寄生旁瓣以虚假目标的方式存在,将影响 SAR 图像的判读。

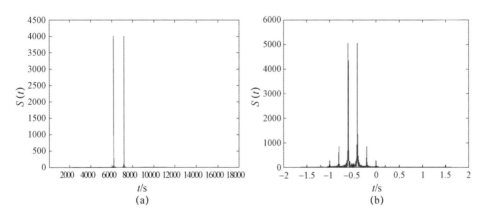

图 5-6 高频饱和效应对双目标成像质量的影响
(a) 无饱和效应匹配滤波结果;(b) 饱和后匹配滤波结果。

综上所述,高频饱和效应会对成像造成以下两种影响:①在真实目标周围产生寄生旁瓣。寄生旁瓣的分辨率与真实目标相同,其强度和位置由真实目标决定。②真实目标的成像结果中,主瓣峰值和信噪比下降,但峰值旁瓣比、积分旁瓣比等指标基本不变。

5.2.2.2 接收机视频饱和影响分析

通常,接收机视频段采用 AGC/MGC 调整放大器的增益,将接收信号的强度控制在动态接收范围以内,以便于对信号进行量化。由于地物目标的不可预知性,信号强度往往会超过量化器的最高量化电平,发生箝位现象[64],即周期性变化的波形的顶部或底部保持在某一确定的直流电平上。通过在轨合理设置 MGC,可以最大程度地弱化视频饱和效应。

视频段中,对任意信号 S_{in} 的 A/D 量化过程可表示为

$$S_{out} = Q(S_{in}) = \begin{cases} 2^B - 1, & S_{in} > q_{up} \\ 0, & S_{in} < q_{down} \\ \left\lfloor \dfrac{(S_{in} - q_{down})}{(q_{up} - q_{down})}(2^B - 1) \right\rfloor, & q_{down} \leqslant S_{in} \leqslant q_{up} \end{cases} \quad (5-12)$$

式中:q_{down} 为量化器最低输入电压;q_{up} 为量化最高输入电压;B 为量化器位数。

考虑到 I、Q 两路直流分量为零,设置 $q_{up} = -q_{down} > 0$,则式(5 – 12)可重新表述为

$$S_{out} = Q'[f(S_{in})] = \left\lfloor \dfrac{[f(S_{in}) - q_{down}]}{(q_{up} - q_{down})}(2^B - 1) \right\rfloor \quad (5-13)$$

$$f(S_{in}) = \begin{cases} q_{up}, & q_{up} < S_{in} \\ -q_{up}, & -q_{up} > S_{in} \\ S_{in}, & -q_{up} < S_{in} < q_{up} \end{cases}$$

式中:$f(S_{in})$ 为量化器输入信号 S_{in} 的饱和效应函数。

经过正交解调,视频段的单点目标回波信号可表示为

$$s(\tau;t,R_0) = \text{rect}\left[\dfrac{\tau - 2R(t;R_0)/c}{T}\right] \cdot \exp\left\{jk\pi\left[\tau - \dfrac{2}{c}R(t;R_0)\right]^2 - \dfrac{4\pi}{\lambda}R(t;R_0)\right\}$$

$$(5-14)$$

与高频段回波信号相比,视频段回波信号缺少了载频相位。

在正侧视条件下,假设两点目标与星载 SAR 的最短斜距分别 R_1 和 R_2,$R_1 \approx R_2$ 且 $R_1 < R_2$,则两点目标在视频段的回波形式与式(5 – 5)基本相同,只是重叠部分的相位需要修正为

$$\begin{cases} \varphi_1 = k\pi[\tau_1(t) - \tau_2(t)]\left[\tau - \dfrac{\tau_1(t) + \tau_2(t)}{2}\right] + \dfrac{2\pi[R(t;R_2) - R(t;R_1)]}{\lambda} \\ \varphi_2 = \dfrac{1}{2}\{k\pi[\tau - \tau_1(t)]^2 + k\pi[\tau - \tau_2(t)]^2\} - \dfrac{2\pi[R(t;R_2) + R(t;R_1)]}{\lambda} \\ \tau_1(t) = \dfrac{2}{c}R(t;R_1) \\ \tau_2(t) = \dfrac{2}{c}R(t;R_2) \end{cases}$$

相比式(5-5),φ_2 的载频项由 ω_0 变为零。

视频段信号的量化将分别在 I、Q 两通道进行。下面对 I 通道回波信号的量化进行分析。

(1) 单点目标饱和效应分析。

对任意单点目标的回波信号 $s(\tau)$ 进行饱和限幅,设限幅后的信号为 $\mathrm{Lim}[s(\tau)]$,则有

$$\mathrm{Lim}[s(\tau)] = a_1\cos\varphi + a_3\cos(3\varphi) + a_5\cos(5\varphi) + \cdots \quad (5-15)$$

式中:$a_i(i \geqslant 0)$ 为多次谐波的系数;φ 为未限幅信号的相位。与高频饱和效应相比,饱和限幅后的视频段信号也会产生谐波分量。不同的是,视频段谐波分量中载频为零,与基带分量有着相同的中心频率。由式(5-15)可知,对于单点目标,视频饱和效应产生的高次谐波的中心频率为零,且带宽为 $(2n+1)B_w, n \geqslant 1$,其中 B_w 为基带信号带宽。图 5-7 给出了相应的示意图。

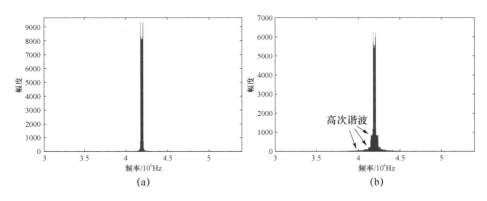

图 5-7 视频饱和信号高次谐波示意图
(a) 无饱和视频段信号频谱;(b) 视频饱和信号频谱。

谐波分量将与基带信号在频域上发生重合,无法利用滤波器将其滤除。同时,由于谐波分量的调频率是基带信号调频率的 $(2n+1)$ 倍 $(n \geqslant 1)$。因此,在匹配滤波后,谐波分量发生失配散焦,最终以类噪声的形式存在于图像中,恶化积分旁瓣比等指标。单点目标视频饱和信号的成像结果如图 5-8 所示。

(2) 双目标饱和效应分析。

双目标视频饱和信号的形式与式(5-10)基本相同。与高频饱和信号类似,在匹配滤波后,视频饱和信号会产生位于 $[(n+1)\tau_1(t) + (1-n)\tau_2(t)]/2$ 和 $[(n+1)\tau_2(t) + (1-n)\tau_1(t)]/2(n=3,5,7,\cdots)$ 处的寄生旁瓣,如图 5-9 所示。

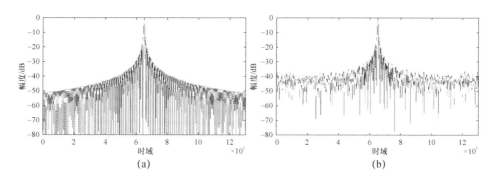

图 5-8 单点目标视频饱和信号匹配滤波对比图

(a) 视频段无饱和信号匹配滤波结果;(b) 视频饱和信号匹配滤波结果。

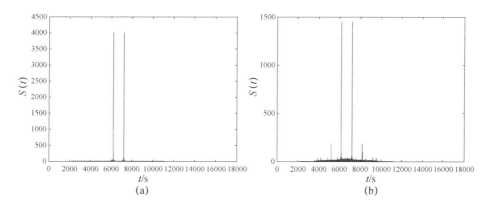

图 5-9 双目标视频饱和信号匹配滤波对比图

(a) 视频段无饱和信号匹配滤波结果;(b) 视频饱和信号匹配滤波结果。

综上所述,视频饱和效应会造成以下两种影响:①在分布目标周围产生寄生旁瓣。寄生旁瓣的分辨率与真实目标相同,其强度和位置与真实目标的散射和空间特性有关。②由于高次谐波与真实目标的频谱发生混叠,成像后真实目标的主瓣峰值、峰值旁瓣比和积分旁瓣比等指标恶化,图像信噪比下降。

5.2.2.3 高频饱和与视频饱和效应对比

接收机高频饱和与视频段饱和是一种典型的非线性现象。高频饱和对信号的限幅影响主要表现在:①对信号高频振荡部分的限幅,会造成正交解调重构信号中出现高次谐波。由于这种高次谐波的频率是载频的整数倍,可以在混频器去载频时构造带通滤波器将其滤除,对成像基本没有影响。②对信号包络部分的限幅,会造成寄生旁瓣的出现,并导致场景内不同目标的相对强度关系发生变化,对成像质量产生重要的影响。

视频饱和对信号的限幅影响主要表现在：①对线性调频信号"缓变"部分的限幅，会造成高次谐波的产生。这种高次谐波与真实目标回波的频谱重叠，无法通过滤波器将其滤除。②与高频饱和情况相同，表现为对信号包络部分的限幅。

下面将基于均匀面目标仿真数据，分析饱和前后的成像结果，对比高频饱和与视频饱和效应对成像质量的影响。设回波信号幅度最大值为 A_{smax}，饱和电平为 A_{sat}，定义 A_{sat}/A_{smax} 为饱和比。可知，饱和比反映了信号的饱和程度。当饱和比大于等于 1 时，信号不发生饱和；当饱和比小于 1 时，饱和程度随着饱和比的减小而愈发严重。为了说明饱和成像结果 $\overline{S(\tau)}$ 与无饱和成像结果 $S(\tau)$ 的差异，定义寄生旁瓣能量比为

$$P = 10 \times \lg\left[\frac{\int [\overline{S(t)} - S(t)]^2 \mathrm{d}t}{\int S(t)^2 \mathrm{d}t}\right] \quad (5-16)$$

寄生旁瓣能量比反映了由饱和产生的虚假目标能量相对于真实目标成像结果的大小。该值越大，寄生旁瓣能量越大，对 SAR 成像质量的影响就越大。

仿真实验中，在 6000 个分辨单元内布置 20000 个幅度相同的目标。对该仿真场景的原始回波分别进行高频饱和与视频饱和，得到饱和比与寄生旁瓣能量比的关系曲线，如图 5-10 所示。

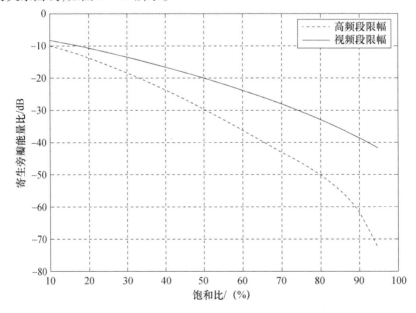

图 5-10 寄生旁瓣能量比与饱和比关系示意图

可以看出,若要将寄生旁瓣能量比控制在 -40dB 以下,视频饱和比应控制在 92% 以上,而高频饱和比仅需要控制在 65% 即可。从另一个角度来讲,在相同的限幅条件下,视频饱和限幅造成的寄生旁瓣远大于高频饱和限幅。造成这种现象的原因在于:视频饱和造成的高次谐波无法滤除,而高频饱和产生的高次谐波可以被滤除。此外,在实际系统中,高频段动态范围远远大于视频段动态范围,信号在高频段出现饱和的概率较小。因此,综和高频饱和发生的概率和对成像质量的影响,高频饱和效应并不是焦点问题。

与高频段饱和相比,视频段饱和更值得关注。如何设置 MGC,以保证视频信号处于最佳量化条件,是优化视频饱和问题的核心。因此,有必要提出适合在轨星载 SAR 的接收机增益控制策略。

5.3 A/D 量化的最佳状态

造成视频饱和的主要因素是视频放大器和 MGC 设置不当。两者都会使 A/D 量化器发生箝位现象。本节将主要探讨 A/D 量化的最佳状态问题,从而明确对 A/D 量化器输入信号的要求,作为 MGC 调整的目标。

假设 A/D 输入信号为 $x(t)$,则量化后的信号 $y(t)$ 可以表示为

$$y(t) = Ax(t) + q(t) \quad (5-17)$$

式中:系数 A 与量化过程密切相关,代表了量化器对输入信号的重建能力和 A/D 转换增益;$q(t)$ 表示量化失真误差,包含了量化噪声与饱和失真两种影响。

设匹配滤波器为 $p(t)$,则滤波结果为

$$S_y(t) = [Ax(t) + q(t)] \otimes p(t) = Ax(t) \otimes p(t) + q(t) \otimes p(t)$$
$$(5-18)$$

假设量化失真误差与输入信号不相关,则 $S_y(t)$ 的平均功率为

$$R_{yy}(0) = A^2 E[|S_x(t)|^2] + E[|q(t) \otimes p(t)|^2] \quad (5-19)$$

令 $S_x(t) = Ax(t) \otimes p(t)$,其平均功率为 $R_{xx}(0) = E\{S_x^2(t)\}$。

定义 $S_x(t)$ 和 $S_y(t)$ 的互相关函数为

$$C_{xy}(\tau) = E[S_x(t+\tau)S_y^*(t)] \quad (5-20)$$

该函数代表了输入信号匹配滤波结果和量化信号匹配滤波结果的相关程度。相关程度越高,表明 A/D 量化器的输出信号对输入信号的重建能力越高。

进一步定义量化失真比 SNR_q 为

$$\mathrm{SNR}_q = \frac{C_{xy}^2(0)}{R_{yy}(0)R_{xx}(0) - C_{xy}^2(0)} \qquad (5-21)$$

通过调整 A/D 量化器的输入,可以得到 SNR_q 曲线。在对面目标、点阵目标等四种类型目标进行仿真实验的基础上,图 5-11 描述了 4bit 量化条件下 SNR_q 与输出信号标准差 σ_p 之间的关系[65]。可以看出,任何一种分布目标场景对应的量化失真比 SNR_q 曲线都存在峰值,并且峰值位置基本相同,对应的输出信号标准差 σ_p 均在 2.8 左右(量化器输出范围在 $0 \sim 2^B - 1$ 之间,B 为量化器位数)。因此,可以认为,对于任何一种场景,4bit 量化对应的最佳输出信号标准差为 2.8。表 5-5 给出了不同量化位数对应的最佳输出信号标准差。

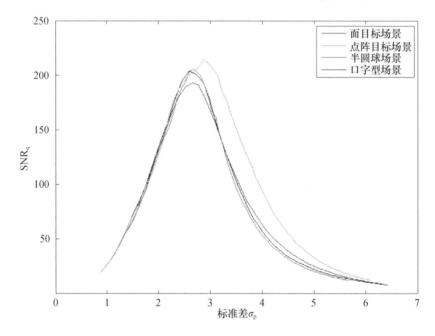

图 5-11　SNR_q 与输出信号标准差 σ_p 的关系(见彩图)

表 5-5　最佳量化输出信号标准差

量化位数	2bit	3bit	4bit	5bit	6bit	7bit	8bit
最佳输出信号标准差	0.95	1.5	2.8	4.8	8.5	16	31.4

对于由 10 个点目标组成一维阵列目标,图 5-12 给出了 4bit 量化条件下输出信号标准差为 2.8、2.4、3.2 时的成像结果。当输出信号标准差为 2.8 时,不存在寄生旁瓣,成像边缘区域的量化噪声约为 -45dB;当输出信号标准差为

2.4时,同样不存在寄生旁瓣,但边缘区域的量化噪声约为 -40dB;当输出信号标准差为3.2时,存在最高达到 -30dB 的寄生旁瓣。由此可知,最佳输出信号标准差对应的成像质量更好。

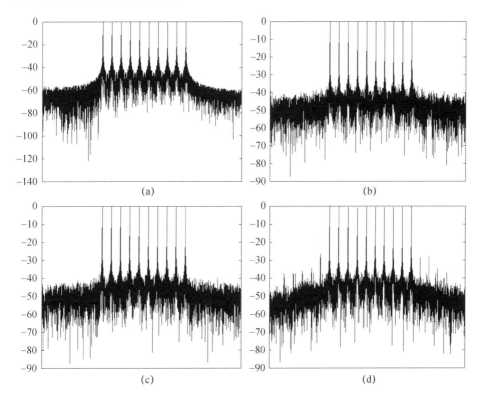

图 5-12 不同输出信号标准差对应的成像结果

(a)量化器输入信号直接成像结果;(b)输出信号标准差2.4对应的成像结果;
(c)输出信号标准差2.8对应的成像结果;(d)输出信号标准差3.2对应的成像结果。

5.4 接收机增益反演方法

通过 A/D 量化器时,回波信号容易出现两种情况:过饱和和量化不足。过饱和会破坏回波信号的统计特性;量化不足则会引入较大的量化误差。本节将基于回波数据的统计特性,给出从欠饱和和过饱和信号中反演恰当的接收机增益的方法,从而调整 A/D 量化器输入信号的动态范围,使得 A/D 量化达到最佳状态。

5.4.1 量化不足信号的增益反演方法

观测场景由大量随机分布的散射单元组成。SAR 系统接收的回波信号是各个散射单元的回波叠加而成的[66]。依据中心极限定理,当散射单元足够多时,I、Q 通道的回波可以用独立、同分布的高斯随机变量描述。在 SAR 系统接收机中,I、Q 通道的量化是各自独立进行的。下面将针对 I 通道的增益反演问题进行分析。同样的分析方法和结论也适用于 Q 通道。

若 A/D 量化器不存在饱和效应,则理想输出信号 $y_i(t)$ 可表示为

$$y_i(t) = \left\lfloor \frac{(x(t) - q_{\text{down}})}{(q_{\text{up}} - q_{\text{down}})}(2^B - 1) \right\rfloor \tag{5-22}$$

式中:$x(t)$ 为输入信号。

同样的输入信号,通过实际的 A/D 量化器,输出信号 $y(t)$ 可表示为

$$y(t) = Q(x(t)) = \begin{cases} 2^B - 1, & x(t) > q_{\text{up}} \\ 0, & x(t) < q_{\text{down}} \\ \left\lfloor \dfrac{x(t) - q_{\text{down}}}{q_{\text{up}} - q_{\text{down}}}(2^B - 1) \right\rfloor, & q_{\text{down}} \leq x(t) \leq q_{\text{up}} \end{cases} \tag{5-23}$$

综合式(5-22)和式(5-23),理想输出信号和实际量化输出信号的关系为

$$y(t) = \begin{cases} y_i(t), & 0 < y_i(t) < 2^B - 1 \\ 2^B - 1, & y_i(t) \geq 2^B - 1 \\ 0, & y_i(t) \leq 0 \end{cases} \tag{5-24}$$

在量化不足情况下,理想输出信号 $y_i(t)$ 与实际输出信号 $y(t)$ 相同,即

$$y(t) = y_i(t) = \left\lfloor \frac{x(t) - q_{\text{down}}}{q_{\text{up}} - q_{\text{down}}}(2^B - 1) \right\rfloor \tag{5-25}$$

则输出信号的方差为

$$D[y(t)] \approx \frac{(2^B - 1)^2}{(q_{\text{up}} - q_{\text{down}})^2} D[x(t)] \tag{5-26}$$

设能够使量化失真比 SNR_q 最佳的接收机增益为 M_{gc},则量化器的输入信号变为 $x'(t) = M_{\text{gc}} x(t)$,输出信号变为 $y'(t)$,且有

$$D[y'(t)] \approx \frac{(2^B - 1)^2}{(q_{\text{up}} - q_{\text{down}})^2} D[x'(t)] = M_{\text{gc}}^2 \frac{(2^B - 1)^2}{(q_{\text{up}} - q_{\text{down}})^2} D[x(t)] = \sigma_p^2 \tag{5-27}$$

式中：σ_p 为最佳输出信号标准差。

综上所述，量化不足条件下最佳接收机增益应为

$$M_{gc} = \sigma_p / \sqrt{D[y(t)]} \qquad (5-28)$$

5.4.2 过饱和信号的增益反演方法

式(5-22)所示的理想输出信号 $y_i(t)$ 也可以近似表示为

$$y_i(t) \approx ax(t) + b \qquad (5-29)$$

$$a = (2^B - 1)/(q_{up} - q_{down})$$

$$b = -q_{down}(2^B - 1)/(q_{up} - q_{down})$$

若量化器输入信号 $x(t)$ 的均值为 0、标准差为 σ，则其概率密度函数为

$$f[x(t)] = \frac{1}{\sqrt{2\pi}\sigma} \exp\left[-\frac{x(t)^2}{2\sigma^2}\right] \qquad (5-30)$$

结合式(5-29)和式(5-30)，可得 $y_i(t)$ 的概率密度函数为

$$f[y_i(t)] = \frac{1}{\sqrt{2\pi}\sigma_{y_i}} \exp\left\{-\frac{[y_i(t)-b]^2}{2\sigma_{y_i}^2}\right\} \qquad (5-31)$$

$$\sigma_{y_i} = a\sigma$$

在饱和区内，理想输出信号 $y_i(t)$ 与实际输出信号 $y(t)$ 同样满足式(5-24)。当 $y_i(t) \geq 2^B - 1$ 或 $y_i(t) \leq 0$ 时，量化器发生饱和。此时，饱和部分占总信号的比例 S_{at} 为

$$\begin{aligned} S_{at} &= P[y_i(t) \geq (2^B - 1)] + P[y_i(t) \leq 0] \\ &= \mathrm{erfc}\left[\frac{2^B - 1}{2} \cdot \frac{1}{\sqrt{2}\sigma_{y_i}}\right] \end{aligned} \qquad (5-32)$$

$$\mathrm{erfc}(x) = 1 - \frac{2}{\sqrt{\pi}} \int_x^\infty e^{-t^2} dt$$

对于实际数据，有

$$S_{at} = N/M \qquad (5-33)$$

式中：M、N 分别为数据总长度与饱和长度，可对实际输出信号 $y(t)$ 进行估计得到。

联立以上两式，则 $y_i(t)$ 的方差为

$$\sigma_{y_i} = \frac{(2^B - 1)\mathrm{erfc}^{-1}(N/M)}{2\sqrt{2}} \qquad (5-34)$$

设能够使量化失真比 SNR_q 最佳的接收机增益为 M_{gc}，则量化器的输入信号

变为 $x'(t) = M_{gc}x(t)$，相应的理想输出信号近似为 $M_{gc}y_i(t)$，且有

$$D[M_{gc}y_i(t)] \approx M_{gc}^2 D[y_i(t)] = \sigma_p^2 \qquad (5-35)$$

式中：σ_p 为最佳输出信号标准差。

综上所述，饱和条件下最佳接收机增益应为

$$M_{gc} = \sigma_p/\sigma_{y_i} = \frac{2\sqrt{2}\sigma_p}{(2^B-1)\mathrm{erfc}^{-1}(N/M)} \qquad (5-36)$$

5.4.3 仿真验证

基于 5.4.1 节和 5.4.2 节的分析，星载 SAR 系统接收机增益的设置主要包括如下步骤：

(1) 以任意接收机增益，对场景进行第一次观测，获得量化后的回波数据 $y(t)$；

(2) 根据首次观测采用的 SAR 系统参数，计算 A/D 最佳量化状态时对应的最优输出信号标准差 σ_p，使得量化失真比最优；

(3) 依据式(5-37)，反演得到恰当的接收机增益。采用反演结果设置接收机增益，对同一场景进行第二次观测，可以获得优化后的回波数据。

$$M_{gc} = \begin{cases} \dfrac{\sigma_p}{\sqrt{D[y(t)]}}, & D[y(t)] < \sigma_p \\ 1, & D[y(t)] = \sigma_p \\ \dfrac{2\sqrt{2}\sigma_p}{(2^B-1)\mathrm{erfc}^{-1}(N/M)}, & D[y(t)] > \sigma_p \end{cases} \qquad (5-37)$$

为了验证所提出的接收机增益反演方法，采用表 5-6 的参数进行了仿真实验。仿真场景如图 5-13 所示，是一个点面混合目标。其中，"口"字形区域中，在每个尺寸约为 1.7m×1.7m 的分辨单元里布设了 4 个后向散射系数均为 1 的点目标，来模拟面目标。在场景中央区域，布置了后向散射系数均为 0.5 的正方形点阵目标，来模拟孤立点目标。该场景可以反映在系统饱和时，强散射目标对弱目标的抑制作用，即"口"字形面目标产生的寄生旁瓣对正方形点阵目标的压制效果。

表 5-6 仿真验证实验参数

参数	取值
信号带宽/MHz	80
观测视角/(°)	36.5

续表

参数	取值
波长/m	0.03
脉冲重复频率/Hz	3600
系统采样率/MHz	90
脉冲宽度/μs	30

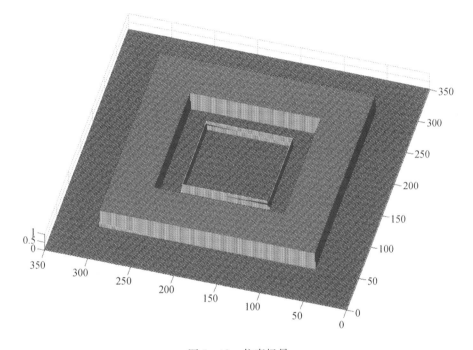

图 5-13 仿真场景

图 5-14 给出了 100 组仿真实验的对比结果。每组实验中,首先采用会使回波信号发生饱和的接收机增益仿真生成回波信号,然后应用式(5-37)反演得到的接收机增益进行第二次回波仿真。通过对比两次仿真的量化失真比 SNR_q,可以看出:①在首次观测中,随着接收机增益的增大和回波信号饱和度的增加,SNR_q 明显下降;②二次观测中,采用反演后的接收机增益,SNR_q 显著提高,并且波动范围小,较为稳定。

图 5-15 给出了接收机增益反演前后的成像对比结果。图 5-15(a)是饱和 SAR 回波数据的成像结果,中心区域的正方形点阵目标几乎被面目标的寄生旁瓣淹没;图 5-15(b)是接收机增益反演后的成像结果,正方形点阵目

标较为明显,表明接收机增益的调整有效地消弱了饱和效应产生的寄生旁瓣。

综上所述,图 5-14、图 5-15 通过对比首次观测和二次观测的量化失真比 SNR_q 和成像结果,验证了接收机增益反演方法的有效性。

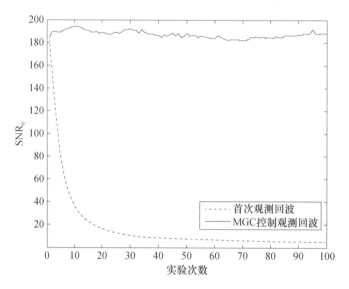

图 5-14 首次观测与增益反演后 SNR_q 对比

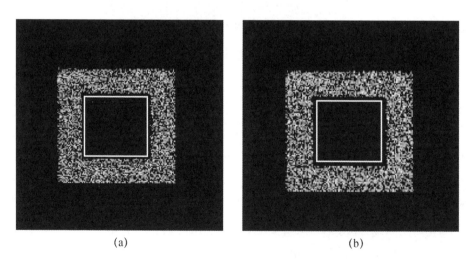

图 5-15 接收机增益反演前后的成像结果(见彩图)
(a)接收机增益设置不当条件下的成像结果;(b)接收机增益反演后的成像结果。

5.5　小结

中央电子设备对于发射信号和接收回波的幅相特性有着直接的影响。本章首先探讨了回波信号的幅相补偿方法，基于无线延迟实验数据构建了通道的幅频和相频特性模型，进而对回波信号进行幅相补偿，提升成像处理的聚焦性能。然后，分析了接收机饱和效应对成像质量的影响，指出饱和效应将在成像结果中引入寄生旁瓣，并造成图像的信噪比下降。相对于高频段，视频段饱和效应的影响更为严重。因此，重点研究了与之相关的视频段增益设置和 A/D 量化问题。以最大化信号量化失真比作为准则，确定了量化器的最优输出信号标准差。进一步地，基于 SAR 回波数据的分布规律，提出了接收机增益反演方法，使得 A/D 量化达到最佳状态，提升了星载 SAR 成像质量。

第 6 章
星载 SAR 天线方向图特性分析与预估方法

在星载 SAR 数据获取过程中,天线方向图对回波信号产生了幅相调制。同时,在数据处理过程中,天线方向图也是重要的先验信息。因此,天线方向图特性对于星载 SAR 成像和图像质量有着重要的影响。本章将基于相控阵天线方向图模型,从电性能和结构性能两方面分析色散效应和阵面平整度对高分辨率星载 SAR 成像质量的影响,最后给出相控阵天线方向图的高精度预估方法。

6.1 相控阵天线方向图模型

天线的辐射场具有方向性,即辐射场在不同方向的强度不同。天线辐射场的方向性可以用函数表示,也可以用由一个角度变量描述的曲线或由两个角度变量确定的曲面来表示。其中,曲线或曲面称为方向图,函数称为方向图函数(两者常统称为方向图)。方向图分为功率方向图和场强方向图,分别描述天线辐射功率的空间分布和辐射场强的空间分布,有时还会用相位方向图来描述辐射场相位的空间分布。下面分别介绍一维与二维相控阵天线方向图模型。

6.1.1 一维天线方向图模型

图 6-1 给出了一维线阵简图。其中,N 个天线单元沿 y 轴等间距排列,天线单元间距为 d。第 i 个天线单元在远区产生的电场强度 E_i 可以表示为[67]

$$E_i = K_i I_i f_i(\theta,\varphi) \frac{\mathrm{e}^{-\mathrm{j}kr_i}}{r_i} \qquad (6-1)$$

式中:I_i 为第 i 个天线单元的激励电流,且有 $I_i = a_i \mathrm{e}^{-\mathrm{j}i\Delta\phi_B}$,$a_i$ 为幅度加权系数,$\Delta\phi_B$ 为等间距线阵中相邻单元之间的馈电相位("阵内相移值");$f_i(\theta,\varphi)$ 为单

元天线方向图；r_i 为第 i 个单元至目标位置的距离；k 为相位常数，$k=2\pi/\lambda$。

各天线单元在目标处产生的总场强 $E(\theta,\varphi)$ 为

$$E(\theta,\varphi) = \sum_{i=0}^{N-1} E_i = \sum_{i=0}^{N-1} K_i I f_i(\theta,\varphi) \frac{\mathrm{e}^{-jkr_i}}{r_i} \qquad (6-2)$$

若各个单元的比例常数 K_i 一致、单元方向图 $f_i(\theta,\varphi)$ 相同，则总场强 $E(\theta,\varphi)$ 为

$$E(\theta,\varphi) = Kf(\theta,\varphi) \sum_{i=0}^{N-1} a_i \mathrm{e}^{-ji\Delta\phi_B} \frac{\mathrm{e}^{-jkr_i}}{r_i} \qquad (6-3)$$

令 $K=1$，同时考虑到 $r_i = r_0 - id\sin\theta\sin\varphi$ 以及分母中的 r_i 可用 r_0 代替，则式(6-3)可以简化为

$$E(\theta,\varphi) = f(\theta,\varphi) \sum_{i=0}^{N-1} a_i \mathrm{e}^{\mathrm{j}(k \cdot id\sin\theta\sin\varphi - i\Delta\phi_B)} \qquad (6-4)$$

其中，$\sum$ 符号以内的各项求和结果称为阵列因子。式(6-4)代表了天线方向图的乘法定理[68]，即阵列天线方向图 $E(\theta,\varphi)$ 等于天线单元方向图 $f(\theta,\varphi)$ 与阵列因子的乘积。

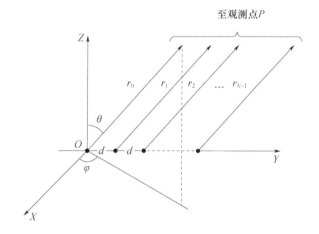

图 6-1　一维线阵示意图

6.1.2　二维天线方向图模型

图 6-2 中，由 $M \times N$ 个天线单元构成的阵列位于 OXY 平面内。阵列中单元 (x_m, y_n) 的位置矢量为 $\boldsymbol{d}_{mn} = x_m \boldsymbol{i}_x + y_n \boldsymbol{i}_y$，目标所在方向为 $(\sin\theta\cos\varphi, \sin\theta\sin\varphi, \cos\theta)$，则平面阵列的方向图函数为

$$E(\theta,\varphi) = \sum_{m=1}^{M} \sum_{n=1}^{N} I_{mn} f_{mn}(\theta,\varphi) \exp[\mathrm{j}k(x_m\cos\varphi + y_n\sin\varphi)\sin\theta + \mathrm{j}\beta_{mn}] \qquad (6-5)$$

式中:$k=2\pi f/c$;$f_{mn}(\theta,\varphi)$为单元方向图或子阵方向图;I_{mn}为单元(x_m,y_n)的激励电流,且有$I_{mn}=i_{mn}\exp(j\phi_{mn})$,$i_{mn}$和$\phi_{mn}$分别为加权幅度和相位;$\beta_{mn}$为单元$(x_m,y_n)$的馈电相位。若阵列的波束最大值指向为$(\theta_0,\varphi_0)$,则有

$$\beta_{mn}=-k(x_m\cos\varphi_0+y_n\sin\varphi_0)\sin\theta_0 \quad (6-6)$$

若不考虑阵列单元之间的互耦,并且所有单元的方向图相同,即

$$f_{mn}(\theta,\varphi)=T(\theta,\varphi),\quad m=1,2,\cdots,M;n=1,2,\cdots,N \quad (6-7)$$

则式(6-5)简化为

$$E(\theta,\varphi)=T(\theta,\varphi)F_a(\theta,\varphi) \quad (6-8)$$

式中:$T(\theta,\varphi)$为单元因子;$F_a(\theta,\varphi)$为阵因子。

将式(6-6)代入阵因子后,可得

$$F_a(\theta,\varphi)=\sum_{m=1}^{M}\sum_{N=1}^{N}I_{mn}\exp[jk(x_mu+y_nv)] \quad (6-9)$$

其中

$$u=\sin\theta\cos\varphi-\sin\theta_0\cos\varphi_0$$
$$v=\sin\theta\sin\varphi-\sin\theta_0\sin\varphi_0$$

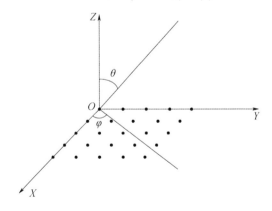

图6-2 平面相控阵天线坐标系

6.2 天线方向图特性对成像质量影响分析

由于天线方向图会对发射信号和回波信号进行幅相调制,因此,方向图特性对SAR成像质量有着直接的影响。本节将主要从电性能和结构性能两方面来研究天线色散和阵面平整度与分辨率等成像质量指标之间的映射关系,为天线设计指标的确定提供理论依据。

6.2.1 天线色散效应及其对成像质量的影响

天线色散是指天线发射/接收宽带信号时波束指向以及波束宽度发生波动的现象。在高分辨率 SAR 系统中,宽带发射信号的应用使得色散效应几乎是无法避免的。因此,在天线系统设计时,应当采取必要的技术措施来控制色散效应,满足相应的技术指标要求。

6.2.1.1 色散效应对天线方向图的影响

图 6-3 中,一维等间距线阵沿 x 轴分布,并且第一个阵元位于坐标原点,y 轴为线阵法向。为使天线波束指向 θ_0,第 n 个阵元通道上的移相器提供的阵内相位为

$$\psi_n(\theta_0, f) = -2\pi f \cdot nT_d \cdot \sin\theta_0 = \omega \cdot (-t_n), \quad n = 0,1,\cdots,N-1 \tag{6-10}$$

$$t_n(\theta_0) = \frac{nd}{c}\sin\theta_0 = nT_d \cdot \sin\theta_0$$

式中:f 为天线工作频率;c 为光速;d 为阵元间距;$T_d = d/c$ 为单元间距引起的时间变化量;N 为总的阵元数目;ω 为角频率;t_n 为第 n 个阵元对应的等效延时量。

由式(6-10)可知,各阵元上的阵内相位是扫描角度和工作频率的函数。宽带信号中不同的频率分量会造成移相器提供的阵内相位不同,从而影响阵列天线方向图的增益和形状。而等效延时量 $t_n(\theta_0)$ 仅与天线口径和扫描角度有关。因此,可以在每一阵元通道中设置时间延迟线,使第 $n(n=0,1,\cdots,N-1)$ 个阵元相对于原点处阵元有 $t_n(\theta_0)$ 的延时量。此时,天线阵面被等效投影至与波束指向垂直的面上,保证了信号带宽内任意频率对应的波束指向均为 θ_0。

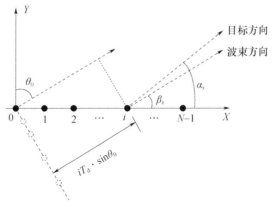

图 6-3 一维等间距线阵示意图

若每个阵元配置的时间延迟线提供的延时量达不到 $t_n(\theta_0)$，即无法使等效天线阵面完全垂直于波束指向，此时会存在色散效应。考虑色散效应后，可以建立天线方向图模型，即

$$H_{1\text{dim}} = \frac{\sin\left\{\dfrac{\pi N d}{c}[f(\cos\alpha_x - m\cos\beta_x) - F_c(1-m)\cos\beta_x]\right\}}{\sin\left\{\dfrac{\pi d}{c}[f(\cos\alpha_x - m\cos\beta_x) - F_c(1-m)\cos\beta_x]\right\}} \cdot$$

$$\exp\left\{j\frac{\pi(N-1)d}{c}[f(\cos\alpha_x - m\cos\beta_x) - F_c(1-m)\cos\beta_x]\right\}$$

(6-11)

式中：α_x、β_x 分别为目标和波束指向与 x 轴的夹角；F_c 为载波频率。令 m 表征色散补偿率，即

$$m = 延迟线实际补偿量/延迟线理论补偿量$$

式中：$m=1$ 为色散得到了完全补偿；$m=0$ 为未对色散进行补偿。采用表 6-1 所列的仿真参数，可以得到如图 6-4 所示的天线色散效应示意图。

表 6-1　色散效应仿真参数

阵元数	200
阵元间距/m	0.016
目标方向/(°)	19
信号带宽/MHz	660
载频/MHz	9600

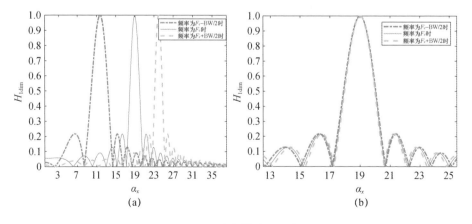

图 6-4　天线色散效应示意图

（a）$m=0$ 时的天线方向图；（b）$m=1$ 时的天线方向图。

由式(6-11)可知,波束指向出现在$f(\cos\alpha_x - m\cos\beta_x) - F_c(1-m)\cdot\cos\beta_x = 0$的方向。此时,波束指向随频率增量$\Delta f$的偏移规律为

$$\Delta\alpha_x = \frac{(1-m)\Delta f}{F_c + \Delta f}\cot\beta_x \qquad (6-12)$$

同时,可得波束3dB宽度$\Delta\theta_{1/2}$随频率增量的变化规律为[69]

$$\Delta\theta_{1/2} = \frac{0.886c}{Nd(F_c + \Delta f)}\cdot\frac{1}{\sin\beta_{x,\Delta f}} \qquad (6-13)$$

式中:$\beta_{x,\Delta f}$为频率增量为Δf时的波束指向。m越接近1,波束指向偏移和波束3dB宽度随频率增量的变化率越趋近于0,色散越不明显。

对式(6-11)进行拓展,应用于如图6-2所示的平面相控阵,可以得到考虑色散效应后的二维天线方向图模型,即

$$H_{2\dim} = \exp\left\{j\left[\left(\frac{N-1}{2}\right)X + \left(\frac{N-1}{2}\right)Y\right]\right\}\cdot\frac{\sin\left(\frac{N}{2}X\right)\sin\left(\frac{N}{2}Y\right)}{\sin\left(\frac{1}{2}X\right)\sin\left(\frac{1}{2}Y\right)} \qquad (6-14)$$

其中

$$X = \frac{2\pi d_x}{c}\left[(F_c + f_\tau)(\cos\alpha_x - m\cos\beta_x) - F_c(1-m)\cos\beta_x\right] \qquad (6-15)$$

$$Y = \frac{2\pi d_y}{c}\left[(F_c + f_\tau)(\cos\alpha_y - n\cos\beta_y) - F_c(1-n)\cos\beta_y\right] \qquad (6-16)$$

$$f_\tau = f - F_c$$

式中:m、n分别为二维的色散补偿率;α_x、α_y分别为目标与x轴、y轴的夹角;β_x、β_y分别为波束指向与x轴、y轴的夹角;d_x、d_y分别为沿x方向与y方向的阵元间距。

6.2.1.2 色散效应对成像质量的影响

基于式(6-14),可以构建考虑色散效应的回波信号模型[70],即

$$s_{\text{echo}}(\eta, f_\tau) = \exp\{j[(N-1)X + (N-1)Y]\}\cdot\left[\frac{\sin\left(\frac{N}{2}X\right)\sin\left(\frac{N}{2}Y\right)}{\sin\left(\frac{1}{2}X\right)\sin\left(\frac{1}{2}Y\right)}\right]^2\cdot$$

$$\text{rect}\left(\frac{f_\tau}{KT_p}\right)\cdot\exp\left[-j\frac{4\pi(F_c + f_\tau)R(\eta)}{c}\right]\cdot\exp\left(-j\pi\frac{f_\tau^2}{K}\right) \qquad (6-17)$$

距离向脉冲压缩后,信号可以表示为

$$s_{\text{echo}}(\eta, f_\tau) = \exp\{j[(N-1)X + (N-1)Y]\}\cdot\left[\frac{\sin\left(\frac{N}{2}X\right)\sin\left(\frac{N}{2}Y\right)}{\sin\left(\frac{1}{2}X\right)\sin\left(\frac{1}{2}Y\right)}\right]^2\cdot$$

$$\text{rect}\left(\frac{f_\tau}{KT_p}\right) \cdot \exp\left[-j\frac{4\pi(F_c + f_\tau)R(\eta)}{c}\right] \qquad (6-18)$$

$$(N-1)X + (N-1)Y = \left[\frac{(N-1)d_x(\cos\alpha_x - m\cos\beta_x)}{c} + \right.$$

$$\left.\frac{(N-1)d_y(\cos\alpha_y - n\cos\beta_y)}{c}\right] \cdot 2\pi(F_c + f_\tau) + \phi_{\text{const}}$$

$$(6-19)$$

式(6-19)是一个距离向频域线性相位,会造成目标在距离向的位移。位移量为

$$\Delta\tau = \frac{(N-1)d_x(\cos\alpha_x - m\cos\beta_x)}{c} + \frac{(N-1)d_y(\cos\alpha_y - n\cos\beta_y)}{c}$$

$$\approx \frac{L_x(\cos\alpha_x - m\cos\beta_x)}{c} + \frac{L_y(\cos\alpha_y - n\cos\beta_y)}{c} \qquad (6-20)$$

由式(6-20)可知,位移量受天线尺寸与偏扫角度的影响。偏扫角度大的方向上,色散对位移的贡献较大。色散补偿率(m 和 n)越大,位移就越小。该距离向位移会引入额外的距离徙动量,使得距离徙动校正后点目标的主要能量依然分布在多个距离门中,造成图像散焦。

考虑色散效应后,天线对回波信号的方位向加权与距离向加权分别为

$$W_a = \left[\frac{\sin\left(\frac{N}{2}X\right)}{\sin\left(\frac{1}{2}X\right)}\right]^2$$

$$= \left\{\frac{\sin\left\{\frac{N\pi d_x}{c}[(F_c + f_\tau)(\cos\alpha_x - m\cos\beta_x) - F_c(1-m)\cos\beta_x]\right\}}{\sin\left\{\frac{\pi d_x}{c}[(F_c + f_\tau)(\cos\alpha_x - m\cos\beta_x) - F_c(1-m)\cos\beta_x]\right\}}\right\}^2$$

$$(6-21)$$

$$W_r = \left[\frac{\sin\left(\frac{N}{2}Y\right)}{\sin\left(\frac{1}{2}Y\right)}\right]^2$$

$$= \left\{\frac{\sin\left\{\frac{N\pi d_y}{c}[(F_c + f_\tau)(\cos\alpha_y - n\cos\beta_y) - F_c(1-n)\cos\beta_y]\right\}}{\sin\left\{\frac{\pi d_y}{c}[(F_c + f_\tau)(\cos\alpha_y - n\cos\beta_y) - F_c(1-n)\cos\beta_y]\right\}}\right\}^2$$

$$(6-22)$$

由式(6-21)和式(6-22)可知,天线幅度加权是工作频率、目标位置和波束指向的函数。这种缓慢的空变加权,会对信号频谱进行调制,进而恶化二维分辨率、积分旁瓣比与峰值旁瓣比等指标。

图6-5展示了星载SAR距离向分辨率、积分旁瓣比随距离向色散角度的变化情况。距离向色散度是指距离向天线带内最大波束指向误差。图6-6展示了方位向峰值旁瓣比、积分旁瓣比随方位向色散角度的变化情况。方位向色散度是指方位向天线带内最大波束指向误差。仿真参数中:方位向偏扫1.78°,波束宽度0.49°,分辨率0.48m;距离向视角18.3°,波束宽度0.7°,斜距分辨率0.22m。

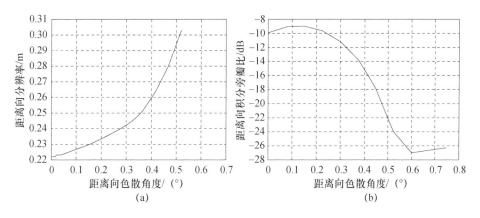

图6-5 距离向成像质量随距离向色散角度的变化情况
(a)距离向分辨率的变化情况;(b)距离向积分旁瓣比的变化情况。

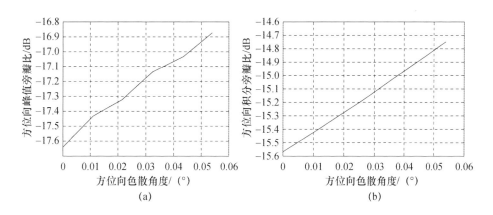

图6-6 方位向成像质量随方位向色散角度的变化情况
(a)方位向峰值旁瓣比的变化情况;(b)方位向积分旁瓣比的变化情况。

6.2.2 阵面平整度对成像质量的影响

阵面平整度是指天线阵元的实际位置与理想位置的标准差,定义为

$$\sigma_{\text{flat}} = \sqrt{\frac{1}{MN}\sum_m \sum_n \left[(\Delta x_{mn})^2 + (\Delta y_{mn})^2 + (\Delta z_{mn})^2\right]} \quad (6-23)$$

式中:Δx_{mn}、Δy_{mn}、Δz_{mn} 分别为图 6-2 中第 (m,n) 个阵元在 X、Y、Z 方向上偏离原始位置的距离;$M \cdot N$ 为总阵元数。

相控阵天线依靠信号延迟和相位补偿等方式,使不同阵元发射的信号在某一方向上相干叠加,提高了天线的方向性,将功率尽可能集中地沿某个方向辐射出去。阵元发生位置偏移后,破坏了阵面的平整度,影响了信号的相干性。

假设某个阵元的理想坐标为 $\boldsymbol{P}_{mn} = [x_{mn}, y_{mn}, z_{mn}]$,与目标点 $\boldsymbol{P}_t = [x_t, y_t, z_t]$ 的距离为 R。若某种因素导致该阵元产生位置偏移,并且偏移量为 $\Delta \boldsymbol{P}_{mn} = [\Delta x_{mn}, \Delta y_{mn}, \Delta z_{mn}]$,则偏移后的阵元坐标为

$$\boldsymbol{P}'_{mn} = \boldsymbol{P}_{mn} + \Delta \boldsymbol{P}_{mn} = [x_{mn} + \Delta x_{mn}, y_{mn} + \Delta y_{mn}, z_{mn} + \Delta z_{mn}]$$

该阵元与目标点的实际距离为

$$\begin{aligned}R' &= \sqrt{(x_t - x_{mn} - \Delta x_{mn})^2 + (y_t - y_{mn} - \Delta y_{mn})^2 + (z_t - z_{mn} - \Delta z_{mn})^2} \\ &\approx R + \frac{(x_{mn} - x_t)\Delta x_{mn} + (y_{mn} - y_t)\Delta y_{mn} + (z_{mn} - z_t)\Delta z_{mn}}{R}\end{aligned} \quad (6-24)$$

由式(6-24)可知,阵元位置的偏移将在该阵元接收的回波中引入附加相位,即

$$\Delta \varphi_{mn} = \exp\left[-\mathrm{j}4\pi \frac{f_\tau}{c} \frac{(x_{mn} - x_t)\Delta x_{mn} + (y_{mn} - y_t)\Delta y_{mn} + (z_{mn} - z_t)\Delta z_{mn}}{R}\right] \quad (6-25)$$

进而,在相干叠加后的 SAR 回波信号引入的相位加权为

$$\begin{aligned}H(f_\tau) &= \sum_m \sum_n \Delta \varphi_{mn} \\ &= \sum_m \sum_n \exp\left\{-\mathrm{j}4\pi \frac{f_\tau}{cR}[(x_{mn} - x_t)\Delta x_{mn} + (y_{mn} - y_t)\Delta y_{mn} + (z_{mn} - z_t)\Delta z_{mn}]\right\}\end{aligned} \quad (6-26)$$

综合式(6-17)和式(6-26),阵元位置偏移后,SAR 回波信号表示为

$$s_{\text{echo}}(\eta, f_\tau) = \text{rect}\left(\frac{f_\tau}{KT_p}\right) \cdot \exp\left[-\mathrm{j}\frac{4\pi(F_c + f_\tau)R(\eta)}{c}\right] \cdot \exp\left(-\mathrm{j}\pi \frac{f_\tau^2}{K}\right) \cdot H(f_\tau) \quad (6-27)$$

天线温度不均衡是阵面形变的原因之一[52]。由于 SAR 卫星的功率很高，会在天线局部产生大量热量，使得天线发射接收单元产生热膨胀，从而影响阵面平整度。通常，温度不平衡仅引起垂直阵面方向的膨胀，则 $\Delta x_{mn} = 0, \Delta y_{mn} = 0$。此时，回波信号简化为

$$s_{\text{echo}}(\eta, f_\tau) = \text{rect}\left(\frac{f_\tau}{KT_p}\right) \cdot \exp\left[-j\frac{4\pi(F_c + f_\tau)R(\eta)}{c}\right] \cdot H_{\text{heat}}(f_\tau) = \text{rect}\left(\frac{f_\tau}{KT_p}\right) \cdot$$

$$\sum_m \sum_n \exp\left\{-j\left[\frac{4\pi(F_c + f_\tau)R(\eta)}{c} + \pi\frac{f_\tau^2}{K} + 4\pi\frac{f_\tau}{c}\frac{(z_{mn} - z_t)\Delta z_{mn}}{R}\right]\right\}$$

$$(6-28)$$

展开机构误差也会引起阵面形变。假设天线第 i 个子板绕着 Z 轴展开，则 $\Delta z_{mn} = 0$。若展开误差为 θ_i，则此块子板展开后阵元的实际坐标为

$$\begin{bmatrix} x_{mn} + \Delta x_{mn} \\ y_{mn} + \Delta y_{mn} \end{bmatrix} = \begin{bmatrix} \cos\theta_i & \sin\theta_i \\ -\sin\theta_i & \cos\theta_i \end{bmatrix} \begin{bmatrix} x_{mn} \\ y_{mn} \end{bmatrix} = \begin{bmatrix} x_{mn}\cos\theta_i + y_{mn}\sin\theta_i \\ -x_{mn}\sin\theta_i + y_{mn}\cos\theta_i \end{bmatrix} \quad (6-29)$$

此时，式(6-27)所示的回波信号简化为

$$s_{\text{echo}}(\eta, f_\tau) = \text{rect}\left(\frac{f_\tau}{KT_p}\right) \sum_m \sum_n \exp\left\{-j\left[\frac{4\pi(F_c + f_\tau)R(\eta)}{c} + \pi\frac{f_\tau^2}{K}\right]\right\} \cdot$$

$$\exp\left[-j4\pi\frac{f_\tau}{c}\frac{(x_{mn} - x_t)\Delta x_{mn} + (y_{mn} - y_t)\Delta y_{mn}}{R}\right] \quad (6-30)$$

对式(6-27)进行脉冲压缩后，信号可表示为

$$s_1(\eta, f_\tau) = \text{rect}\left(\frac{f_\tau}{KT_p}\right) \cdot \exp\left[-j\frac{4\pi(F_c + f_\tau)R(\eta)}{c}\right] \cdot H(f_\tau) \quad (6-31)$$

对式(6-31)进行傅里叶逆变换，可得二维时域信号为

$$s_{\text{rc}}(\eta, \tau) = \sum_m \sum_n p\left[\tau - \frac{2R(\eta)}{c} - \Delta\tau_{mn}\right] \cdot \exp\left[-j\frac{4\pi R(\eta)}{\lambda}\right] \quad (6-32)$$

式中：$\Delta\tau_{mn} = \frac{2}{c}\frac{(x_{mn} - x_t)\Delta x_{mn} + (y_{mn} - y_t)\Delta y_{mn} + (z_{mn} - z_t)\Delta z_{mn}}{R}$；$p[\tau]$ 为 $\text{rect}[f_\tau/(KT_p)]$ 的傅里叶逆变换结果，具有 sinc 函数的形状。

由式(6-32)可知，在阵元发生位置偏移后，孤立点目标的距离向脉冲压缩信号是 $M \times N$ 个 sinc 函数的叠加。其中，每个 sinc 函数在整体延时 $2R(\eta)/c$ 的基础上，又分别延时 $\Delta\tau_{mn}$。当 $\Delta\tau_{mn}$ 较大时，式(6-32)所示的脉冲压缩信号不再具有标准的 sinc 函数形状，主瓣与旁瓣发生畸变，分辨率和旁瓣比等指标也会有所下降。当 $\Delta\tau_{mn}$ 进一步增大时，脉冲压缩信号中将出现多个分离的 sinc 函数，在成像结果中体现为距离向重影。同时，由于 $\Delta\tau_{mn} \neq 0$，距离徙动曲线与多

普勒相位并不匹配,造成距离徙动校正质量下降和方位向聚焦性能下降,甚至出现方位向散焦。

6.3 高精度相控阵天线方向图预估方法

6.2节以色散效应和阵面平整度为切入点,说明了天线方向图精度对于成像质量的重要性。此外,在SAR成像和图像处理中,天线方向图也是重要的先验信息。通过在地面布设定标器,可以对在轨SAR卫星进行实测,从而获得精确的天线方向图。然而,对于具备滑动聚束或者聚束模式的高分辨率SAR卫星,天线波束能够同时沿方位向和距离向扫描,需要测量的天线方向图数目众多,耗时难以想象。因此,采用高精度天线模型预估天线方向图,是更为可行的方法。这种方法可以保证SAR有效载荷总体性能评估的正确性,同时也减少了产品的研制周期,是目前国际星载SAR工程领域中较为推崇的一种方法。

图6-7给出了高精度模型构建的基本思路。首先通过高精度测试系统获取子阵方向图等基础数据;然后将基础数据代入式(6-5)所示的天线模型,计算天线方向图;最后将平面近场测试得到的方向图与天线模型计算得到的方向图进行比对,分析实测数据与模型仿真结果的差异,不断提升模型的精度。

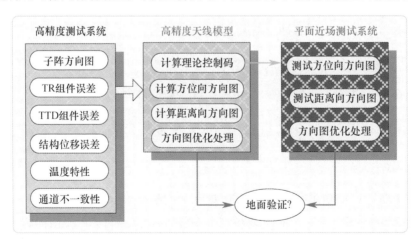

图6-7 高精度模型构建的基本思路

6.3.1 基础数据近场测量

通常,近场测量在微波暗室进行。将待测天线固定在测试安装平台上,并

在周围铺设吸波材料,尽可能地降低环境对测试过程的影响。测试系统主要组成及功能如下:

(1)平面扫描伺服驱动系统。

平面扫描伺服驱动系统主要包括伺服驱动机构和扫描架。其中:伺服驱动机构主要由驱动电机和伺服控制计算机组成;扫描架上装有测量探头,并受伺服驱动系统控制,可沿笛卡儿坐标系的三个轴向运动。

(2)近场测试系统。

近场测试系统主要由主控计算机系统、波束控制系统、矢量网络分析仪以及近场扫描控制和数据处理软件等构成。其中:波束控制系统负责控制相控阵波束扫描、设置收发状态等;矢量网络分析仪主要完成射频信号测量;数据处理软件可以计算天线性能等参数。

图6-8给出了相控阵天线的测试原理图。主控计算机通过近场扫描控制软件设定平面近场扫描参数,发送指令到平面扫描伺服驱动系统,伺服控制软件和伺服控制计算机响应主控计算机的指令,自动完成扫描过程。具体的测试步骤如下:

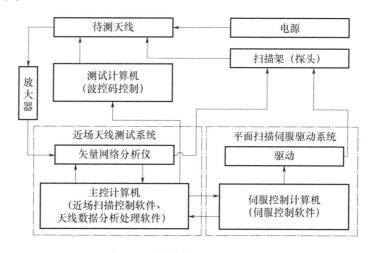

图6-8 相控阵天线测试原理图

(1)按照图6-8连接被测天线和测试设备,确保天线平面度,避免引入不必要的误差;并使探头和天线极化方向一致,探头与天线阵面贴近。

(2)通过波束控制程序输入理想波控码,控制相控阵天线的波束;启动伺服控制程序,设定适当的探头运动速度,并移动探头至测试原点,完成近场校准;进一步设定近场测量参数,如工作频率、采样间隔、采样点数以及近场扫描范围等,完成近场测试。

(3) 使用数据分析和处理软件查看各项指标,并生成修正码;应用此修正码代替理想波控码,并重复步骤(2),直到天线阵面幅相分布满足校准指标要求为止。

通过近场测量,可以获得以下基础数据:

(1) 波导缝隙子阵方向图。

相控阵中有多种类型的波导子阵,包括:非交错波导子阵;距离向边缘波导子阵;四角波导子阵;内部交错线边缘波导子阵;交错线边缘伸出波导子阵;等。测量某个波导时,其他波导后端的组件置负载态;探头距波导阵面距离需要根据实际情况调整;测量范围以边缘信号电平跌落30dB左右为标准进行调整。

(2) T/R 组件和延时放大组件误差。

T/R 组件和延时放大组件位于天线射频链路上。每个 T/R 组件包含发射和接收通道,由带负载态收/发开关、收/发数字移相器、数字衰减器、定向耦合器、电源调制器及控制驱动电路等组成。延时放大组件主要完成收/发信号的延时、发射信号的功率放大、接收信号的低噪声中功率放大及收/发转换。每个延时放大组件包含延时单元和相应的 T/R 组件。

T/R 组件的移相和衰减误差可以通过设置 T/R 组件移向码和衰减码来获取,延时放大组件的延时误差量可以通过设置延时放大组件的延时码来获得。

(3) 基态幅相误差。

有源组件置于基态时,天线阵面中不同子阵辐射信号的非一致性误差,称为基态幅相误差。根据收发基态的近场测试数据,采用矢量合成方法可以获取基态幅相误差矩阵。

6.3.2 基于实测数据的天线方向图计算

基于天线模型计算方向图时,通常假设所使用的参数都是理想的。然而,这并不符合实际情况,使得计算得到的方向图和实际使用的方向图存在差异,预估效果不佳。影响天线方向图预估精度的主要因素有:

(1) 加权系数[71]。

一般情况下,天线发射模式下仅相位加权,而接收模式下可以幅度和相位同时加权。加权系数决定了天线波束的指向和形状。因此,加权系数的精度对方向图预估有着重要的影响。影响加权系数精度的因素主要有:① 通道内有源器件的幅相误差,主要是 T/R 组件的移相和衰减误差以及延时放大组件的延时误差;②通道内无源器件的幅相误差,主要是功分网络和射频电缆的幅度和相位误差;③各个通道内器件特性的差异引起的通道间幅相不一致;④温度起伏等环境因素;⑤通道和单元失效。

实际加权系数等于理论激励加上误差矩阵。SAR 系统会随着时间和环境变化,其误差矩阵具有一定的随机性,最终会使天线阵面电流的幅度和相位发生随机变化。随着天线阵面通道数的增加,加权系数误差对天线方向图的影响会逐渐减小。

(2) 单元或子阵方向图。

相控阵天线方向图是单元或子阵方向图与阵列因子的乘积,因此,单元或者子阵方向图是影响天线方向图性能的重要因素之一。严格地讲,由于单元或子阵在天线阵面上的分布位置不同,其方向图各不相同。当天线阵面足够大时,除了边缘部分的单元或子阵,其余的单元或子阵的方向图可以近似相同。实际工程中,常通过测量小型面阵来获取单元或子阵的方向图,也可以参考商业软件的仿真结果。

(3) 机械结构特性。

SAR 卫星相控阵天线除了 T/R 组件、延时放大组件、波控系统、波控网络等电性单机,还包括大量的机械结构件,如天线安装框架、展开机构、热控部件等。

机械结构会从两个方面引起阵面形变。一方面,天线安装会有误差,导致子阵高度不一致,影响阵面平整度;另一方面,在轨运行期间,大功率的工作状态会在天线局部产生大量热量,造成阵面热变形。阵面形变将会导致天线单元和每个辐射子阵的位置发生变化,使得辐射子阵上的电流和口径场的相位分布等发生变化,引起电性能的恶化,如副瓣抬升、指向偏移等。

通过实验数据以及仿真工具可以预估结构误差,并利用机械结构与天线电性能的耦合模型,可以分析机械结构误差对电性能的影响,进而指导工程设计。

在图 6-2 中,令第 (m,n) 个单元的位置矢量为 $\bm{d}_{mn} = x_m \bm{i}_x + y_n \bm{i}_y + z_{mn} \bm{i}_z$,观察方向为 $\bm{p}(\theta,\varphi) = \sin\theta\cos\varphi \bm{i}_x + \sin\theta\sin\varphi \bm{i}_y + \cos\theta \bm{i}_z$,则阵列方向图函数为

$$E(\theta,\varphi) = \sum_{m=1}^{M} \sum_{N=1}^{N} I_{mn} f_{mn}(\theta,\varphi) \exp[jk(x_m\cos\varphi + y_n\sin\varphi)\sin\theta + z_{mn}\cos\theta + j\beta_{mn}]$$

(6-33)

式中:$k = 2\pi f/c$。

当天线阵面发生形变时,假设第 (m,n) 个单元的偏移量为 $(\Delta x_{mn}, \Delta y_{mn}, \Delta z_{mn})$,则阵列方向图为

$$E(\theta,\varphi) = \sum_{m=1}^{M}\sum_{N=1}^{N} I_{mn} f_{mn}(\theta,\varphi) \cdot$$
$$\exp[jk(x_m\cos\varphi + y_n\sin\varphi)\sin\theta + z_{mn}\cos\theta + j\beta_{mn} + j\Delta\varphi_{mn}]$$
(6-34)

式中:$\Delta\varphi_{mn}$ 为天线单元位置变化所引起的相位误差,为

$$\Delta\varphi_{mn} = \frac{2\pi}{\lambda}(\Delta x_{mn}\sin\theta\cos\varphi + \Delta y_{mn}\sin\theta\sin\varphi + \Delta z_{mn}\cos\theta)$$

将其余各种误差考虑在内,天线方向图函数可表示为

$$E(\theta,\varphi) = \sum_{m=1}^{M}\sum_{N=1}^{N} a_{mn} f_{mn}(\theta,\varphi) \text{Err}_{mn} \cdot$$
$$\exp[jk(x_m\cos\varphi + y_n\sin\varphi)\sin\theta + z_{mn}\cos\theta + j\beta_{mn} + j\Delta\varphi_{mn}]$$
(6-35)

式中:a_{mn} 为接收或发射时的理论激励系数;Err_{mn} 为误差矩阵,为

$$\text{Err}_{mn} = \text{Err}_{mn}^{TR} \cdot \text{Err}_{mn}^{TTD} \cdot R_{mn}$$

其中:Err_{mn}^{TR} 为 T/R 组件移相、衰减误差;Err_{mn}^{TTD} 为延时放大组件延时误差;R_{mn} 为射频通道基态误差。

将采集到的基础数据和误差数据代入式(6-35)中,可获得基于实测数据的天线方向图结果。

6.3.3 天线方向图地面验证

利用近场获取不同波束指向下的天线方向图实测结果,与基于实测数据的天线方向图计算结果进行比对,在卫星发射前完成天线方向图模型地面实验验证,是改进天线方向图模型精度的有效途径。

地面验证主要分为3大步骤:

(1)子阵方向图和误差矩阵的获取。在天线的集成过程中,采用高精度测量系采集 T/R 或延时放大组件的误差数据以及其温度特性值。天线集成完成后,利用光学方法测量安装后的结构位移误差数据。

(2)利用高精度模型计算理论控制码以及天线方向图。

(3)输入高精度模型计算的理论波控码,采用平面近场测试系统获取天线近场数据,经傅里叶变换后得到远场天线方向图。将测试得到的方向图与基于模型计算得到的方向图进行对比,验证模型的精度。

详细验证流程如图6-9所示。NO1~NO4分别为模块阵中缝隙波导子阵

方向图测试、法向初始状态方向图测试、法向修调方向图测试以及验证波位方向图测试。根据 NO1 和 NO2 的测试数据，进行幅相数据的分析对比工作，优化幅度和相位修调参数。将幅相修调值通过波束控制系统发送至相应通道的 T/R 和延时放大组件，用于通道幅相补偿。在进行 NO4 方向图测试前，需要在 NO3 中完成法向校准波位的测试，使得方向图副瓣电平、波束指向精度满足指标要求。NO5 将理论激励系数代入模型后计算得到远场方向图，所需的数据主要是 NO1 测试得到的缝隙波导子阵方向图和 NO2 近场测试获取的各通道初态的幅度和相位值。

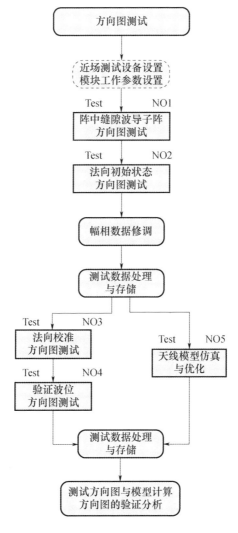

图 6-9　天线方向图地面验证流程

6.4 小结

天线方向图特性对 SAR 成像质量有着直接的影响。本章在构建一维和二维相控阵天线方向图模型的基础上,研究了天线色散和阵面平整度与分辨率等成像质量指标之间的映射关系,为天线设计指标的确定提供了理论依据。针对高分辨率 SAR 卫星天线方向图实测的困难,采用高精度天线模型预估天线方向图,给出了基于实测数据的高精度天线模型的构建和验证方法。

第 7 章

基于连续切线运动模型的高分辨率星载 SAR 成像补偿方法

星载 SAR 通过对回波数据进行相位补偿和相干叠加获得高分辨率图像。在成像处理的过程中,依据 SAR 卫星的运动模型和地球的自转模型,同时结合星历参数,才能获得在合成孔径时间内星载 SAR 和静止目标相对距离的变化情况,进而完成距离徙动校正和相位补偿等操作,产生聚焦图像。因此,运动模型的精度对于 SAR 成像质量有着至关重要的影响。

严格地讲,SAR 卫星沿椭圆轨道连续运动。但是,为了兼顾成像的精度和效率,通常用近似模型来描述 SAR 卫星的运动。停走模型是目前最为常用的一种星载 SAR 运动模型[50,72]。该模型包含了两个假设条件:①在孔径时间内,SAR 卫星相对观测目标的运动轨迹近似为直线,而不是严格意义上的曲线;②在一次完整的收发期间,即发射脉冲并完成相应回波的接收,SAR 卫星保持静止。实际情况中,如果 SAR 卫星运行在高度为 600km 的轨道上,完成一次收发的时间不短于 4×10^{-3}s。在此期间,卫星飞行了至少 30m。因此,停走模型与实际的运动状态存在差异,其使用有一定的限制条件。

对于星载 SAR,当孔径时间短至可以忽略真实运动轨迹和近似轨迹之间的差异,同时发射信号带宽小至卫星在收发期间的实际运动引起的斜距变化小于一个距离分辨单元,则停走模型被认为是有效的[50]。由于孔径时间和信号带宽分别是决定方位分辨率和距离分辨率的关键因素,因此,停走模型的应用受到分辨率的限制。

基于停走模型的成像算法,例如距离 – 多普勒算法[73-74]和 Chirp-Scaling 算法[21,75],在处理分辨率低于0.3m的X波段星载SAR数据时,都展现出了良好的性能。但是,当分辨率较高时,停走模型的有效性会随之降低。Prats-Iraola et al. 指出,为了获得X波段0.21m分辨率的星载SAR图像,必须考虑轨道的曲率和收发期间的卫星运动[76]。否则,由停走模型引入的残余相位无法忽略,将直接影响星载SAR的成像质量。

针对这一问题,通常有两种解决方法:第一种方法,构建新的SAR卫星运动模型,并在此基础上提出新的成像算法;第二种方法,利用场景中参考点(通常是场景中心)的斜距历程,对回波数据的残余相位进行补偿。第一种方法中,刘燕等对运动模型进行了修正,在直线假设的基础上考虑了卫星在信号收发过程中的位移,进而改进了成像算法,可以获取0.2m分辨率、8km(距离向)×4km(方位向)幅宽的图像[77]。对于第二种方法,由于回波数据存在空变性,即场景中不同位置的目标的相位历程并不相同,因此,参考点处的相位补偿效果最佳,场景边缘处最差。这使得第二种方法无法保证全场景成像质量的一致性,难以直接应用于大场景成像。

本章首先构造连续切线运动运动模型,将每个收发期间的星载SAR运动轨迹用轨道切线来近似,并假设SAR沿近似轨迹连续运动。然后给出基于连续切线运动模型的回波表达形式,更加充分地反映了SAR回波的空变特性。而后提出一种高分辨率星载SAR成像补偿方法,以实现分辨率优于0.3m、幅宽达到15km的星载SAR成像处理能力。最后与现有的成像算法进行仿真实验比对,验证所提出方法的有效性。

7.1 高精度连续切线运动模型

双程距离是指电磁波由星载SAR传播至目标并由目标反射回星载SAR所经过的路程距离之和。在星载SAR成像处理中,双程距离是进行距离徙动校正和相位补偿的重要参数。根据卫星的星历参数和观测场景的地理位置,常用停走模型来计算双程距离[72,76]。本节将构建连续切线运动模型,提高双程距离的计算精度,进而提升SAR成像的聚焦质量。

7.1.1 连续切线运动模型

图7-1(a)展示了星载SAR和目标之间相对运动的实际状况。星载SAR沿圆弧形轨道运动,发射脉冲,并接收回波。结合图7-1(b),可以更为清晰地

第 7 章 基于连续切线运动模型的高分辨率星载 SAR 成像补偿方法

了解信号的收发时序以及双程距离的概念。A 和 B 是第 m 个发射脉冲波形中的两个点,且 A 是该脉冲波形的中心点。为了便于说明问题,将连续时间变量 t 表示为 $t = t_i + \tau$。其中,t_i 和 τ 分别代表方位向慢时间和距离向快时间。$t_i = i/f_p (i = 0,1,2,\cdots)$,$f_p$ 是脉冲重复频率(Pulse Repetition Frequency,PRF)。第 m 个发射周期中,方位向慢时间为 t_m、距离向快时间为 τ 时,由目标至 SAR 卫星的相对距离矢量定义为 $\boldsymbol{R}_s(t_m,\tau)$;第 n 个接收周期中,方位向慢时间为 t_n、距离向快时间为 τ 时,相对距离矢量定义为 $\boldsymbol{R}_r(t_n,\tau)$。假设发射脉冲宽度为 T,A 的发射时刻是 t_m,则第 m 个脉冲波形的发射持续时间为 $[t_m - T/2, t_m + T/2]$。若点 A 经孤立点目标反射到达接收机的时刻为 $t_n + \Delta\tau$,则经历的双程距离为 $|\boldsymbol{R}_s(t_m)| + |\boldsymbol{R}_r(t_n,\Delta\tau)|$;若另一 B 点的发射时刻是 $t_m + \tau_s$,并在 $t_n + \Delta\tau + \tau_r$ 时刻被雷达接收,则对应的双程距离为 $|\boldsymbol{R}_s(t_m,\tau_s)| + |\boldsymbol{R}_r(t_n,\Delta\tau + \tau_r)|$。

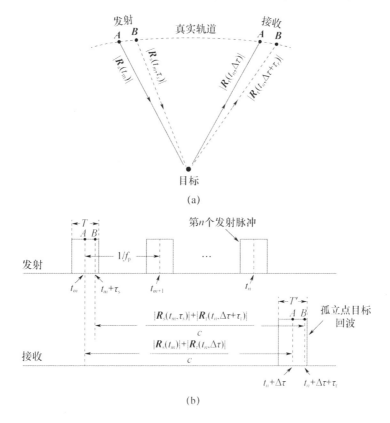

图 7-1 星地相对运动与收发时序

(a) 星载 SAR 与目标相对运动的实际情况;(b) 收发时序。

在如图 7-2 所示的停走模型中，星载 SAR 和目标在合成孔径时间内的相对运动轨迹被近似为一条直线，并且假设发射和接收是在同一位置完成。这意味着：发射脉冲波形中的任意两点对应的双程距离都是相同的，即

$$|\boldsymbol{R}_s(t_m)| + |\boldsymbol{R}_r(t_n,\Delta\tau)| = |\boldsymbol{R}_s(t_m,\tau_s)| + |\boldsymbol{R}_r(t_n,\Delta\tau+\tau_r)| = 2|\boldsymbol{R}_s(t_m)|$$

同时，发射脉冲的波形宽度和孤立点目标的回波宽度也是相等的。

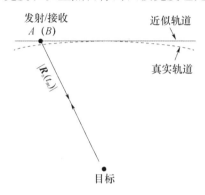

图 7-2 停走模型

连续直线运动模型最初用于机载调频连续波星载 SAR 成像[78]，也曾应用于高速运动平台高分辨率 SAR 成像[77]。图 7-3 中，连续直线运动模型假设星载 SAR 沿着直线连续运动，并将星载 SAR 运动分为两种：一种是 SAR 在发射脉冲间的运动，这意味着发射脉冲和接收相应的回波可能在不同的脉冲重复周期内；另一种是星载 SAR 在单个发射脉冲内的运动，这使得位于同一个发射波形中不同位置的点所经历的发射和接收路径是不同的。

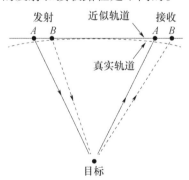

图 7-3 连续直线运动模型

连续直线运动模型并没有考虑轨道的弯曲效应，仍将星载 SAR 与目标的相对运动轨迹近似为直线[77]。随着空间分辨率的提高，合成孔径长度逐渐增加，

第 7 章　基于连续切线运动模型的高分辨率星载 SAR 成像补偿方法

这个近似在孔径边缘引入的误差也会越来越大。连续切线运动模型则有效地缓解了这一问题。如图 7-4 所示,连续切线运动模型继承了连续直线运动模型的优势,并且分别将每个发射周期和接收周期内的相对运动轨迹近似为切线。与现有的停走模型和连续直线运动模型相比,连续切线运动模型更加准确地描述了星载 SAR 和目标的相对运动轨迹。因此,采用连续切线运动模型,可以更加精确地计算回波中每个采样点对应的双程距离。

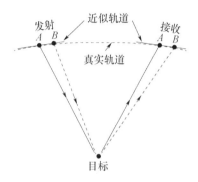

图 7-4　连续切线运动模型

基于连续切线运动模型,图 7-1 中的 $\boldsymbol{R}_s(t_m,\tau)$ 和 $\boldsymbol{R}_r(t_n,\Delta\tau+\tau)$ 可以分别近似表示为

$$\boldsymbol{R}_s(t_m,\tau) \approx \boldsymbol{R}_s(t_m) + \boldsymbol{V}_m\tau, \quad \tau \in \left[-\frac{T}{2},\frac{T}{2}\right] \tag{7-1}$$

$$\boldsymbol{R}_r(t_n,\Delta\tau+\tau) \approx \boldsymbol{R}_r(t_n,\Delta\tau) + \boldsymbol{V}_r\tau, \quad \tau \in \left[\frac{T}{2}-\Delta\tau,\frac{1}{f_p}-\Delta\tau-\frac{T}{2}\right] \tag{7-2}$$

式中:$\boldsymbol{V}_m$、$\boldsymbol{V}_r$ 分别为在 t_m 和 $t_n+\Delta\tau$ 时刻卫星相对目标的速度矢量。

7.1.2　双程距离

图 7-1 和图 7-4 中,点 A 对应的双程距离 $R_A(t_m,t_n+\Delta\tau)$ 为

$$R_A(t_m,t_n+\Delta\tau) = |\boldsymbol{R}_s(t_m)| + |\boldsymbol{R}_r(t_n,\Delta\tau)| = c \cdot [(n-m)/f_p + \Delta\tau] \tag{7-3}$$

式中:c 为光速。

在发射脉冲和接收回波期间,星载 SAR 的移动距离不超过 100m。相对于星载 SAR 的轨道高度而言,移动距离对应的弧度非常小。因此,可得

$$\boldsymbol{R}_r(t_n,\Delta\tau) - \boldsymbol{R}_s(t_m) \approx \boldsymbol{V}_m \cdot [\Delta\tau+(n-m)/f_p] \tag{7-4}$$

$|\boldsymbol{R}_r(t_n,\Delta\tau)| - |\boldsymbol{R}_s(t_m)|$ 满足

$$|\boldsymbol{R}_r(t_n,\Delta\tau)| - |\boldsymbol{R}_s(t_m)| \approx |\boldsymbol{R}_s(t_m) + \boldsymbol{V}_m \cdot [\Delta\tau + (n-m)/f_p]| - |\boldsymbol{R}_s(t_m)|$$

$$\approx \frac{\boldsymbol{R}_s(t_m) \cdot \boldsymbol{V}_m}{|\boldsymbol{R}_s(t_m)|}[\Delta\tau + (n-m)/f_p] \qquad (7-5)$$

由式(7-3),可得

$$|\boldsymbol{R}_r(t_n,\Delta\tau)| - |\boldsymbol{R}_s(t_m)| \approx \frac{2 \cdot \boldsymbol{R}_s(t_m) \cdot \boldsymbol{V}_m}{c} \qquad (7-6)$$

$$\boldsymbol{R}_s(t_m) = \boldsymbol{R}_s(t_0) + \frac{\sum_{i=0}^{m-1} \boldsymbol{V}_i}{f_p} = \boldsymbol{R}_s(t_0) + \boldsymbol{V}_a \cdot t_m \qquad (7-7)$$

$$\boldsymbol{V}_a = \sum_{i=0}^{m-1} \boldsymbol{V}_i \Big/ m \qquad (7-8)$$

式中:$\boldsymbol{V}_i$ 为 t_i 时刻卫星相对目标的速度矢量。

因此,$|\boldsymbol{R}_r(t_n,\Delta\tau)| - |\boldsymbol{R}_s(t_m)|$ 可以近似为

$$|\boldsymbol{R}_r(t_n,\Delta\tau)| - |\boldsymbol{R}_s(t_m)| = 2\Delta V_m t_m + 2\Delta r_m \qquad (7-9)$$

其中,收发斜率因子 ΔV_m 和收发常数因子 Δr_m 分别为

$$\Delta V_m = \frac{\boldsymbol{V}_a \cdot \boldsymbol{V}_m}{c} \qquad (7-10)$$

$$\Delta r_m = \frac{\boldsymbol{R}_s(t_0) \cdot \boldsymbol{V}_m}{c} \qquad (7-11)$$

式中:$\boldsymbol{V}_a$ 为在 $[t_0, t_{m-1}]$ 期间平均相对速度矢量。

对于图 7-1 和图 7-4 中的点 B,相应的双程距离为

$$R_B(t_m + \tau_s, t_n + \Delta\tau + \tau_r) = |\boldsymbol{R}_s(t_m,\tau_s)| + |\boldsymbol{R}_r(t_n,\Delta\tau + \tau_r)|$$
$$= R_A(t_m) + c \cdot (\tau_r - \tau_s)$$
$$= 2|\boldsymbol{R}_s(t_m)| + 2\Delta V_m t_m + 2\Delta r_m + c \cdot (\tau_r - \tau_s) \qquad (7-12)$$

根据图 7-1,可得

$$\begin{cases} |\boldsymbol{R}_s(t_m)| + |\boldsymbol{R}_r(t_n,\Delta\tau)| = c \cdot [\Delta\tau + (n-m)/f_p] \\ |\boldsymbol{R}_s(t_m,\tau_s)| + |\boldsymbol{R}_r(t_n,\Delta\tau + \tau_r)| = c \cdot [\Delta\tau + \tau_r - \tau_s + (n-m)/f_p] \end{cases} \qquad (7-13)$$

因此,有

$$|\boldsymbol{R}_s(t_m,\tau_s)| + |\boldsymbol{R}_r(t_n,\Delta\tau + \tau_r)| - |\boldsymbol{R}_s(t_m)| - |\boldsymbol{R}_r(t_n,\Delta\tau)| = c \cdot (\tau_r - \tau_s) \qquad (7-14)$$

第7章 基于连续切线运动模型的高分辨率星载 SAR 成像补偿方法

也可以表示为

$$|\boldsymbol{R}_s(t_m) + \boldsymbol{V}_m \tau_s| + |\boldsymbol{R}_r(t_n, \Delta\tau) + \boldsymbol{V}_r \tau_r| - |\boldsymbol{R}_s(t_m)| - |\boldsymbol{R}_r(t_n, \Delta\tau)| = c \cdot (\tau_r - \tau_s) \quad (7-15)$$

由式(7-15)可知,τ_s 和 τ_r 满足

$$\tau_s = \frac{c - k_1}{c + k_2} \tau_r \quad (7-16)$$

其中

$$k_1 = \boldsymbol{V}_r \cdot \boldsymbol{R}_r(t_n, \Delta\tau) / |\boldsymbol{R}_r(t_n, \Delta\tau)| = |\boldsymbol{V}_r| \cdot \cos\theta_r \quad (7-17)$$

$$k_2 = \boldsymbol{V}_m \cdot \boldsymbol{R}_s(t_m) / |\boldsymbol{R}_s(t_m)| = |\boldsymbol{V}_m| \cdot \cos\theta_s \quad (7-18)$$

式中:θ_r 为矢量 $\boldsymbol{V}_r$ 和 $\boldsymbol{R}_r(t_n, \Delta\tau)$ 之间的夹角;θ_s 为矢量 $\boldsymbol{V}_m$ 和 $\boldsymbol{R}_s(t_m)$ 之间的夹角。

由于发射和接收之间的时间差非常小,可得 $|\boldsymbol{V}_r| \approx |\boldsymbol{V}_m|$,$\theta_r \approx \theta_s$,$k_1 \approx k_2$。式(7-12)的最后一项可以近似为

$$c \cdot (\tau_r - \tau_s) = m_t \tau_r \quad (7-19)$$

$$m_t = c \cdot (k_1 + k_2) / (c + k_2) \approx 2|\boldsymbol{V}_m|\cos\theta_s \quad (7-20)$$

应用表 7-1 中的仿真参数,可以得到 $|\boldsymbol{V}_m|\cos\theta_s$ 随方位向慢时间和视角的变化情况。如图 7-5 所示,三条线分别对应低视角 15°、中视角 35°和高视角 55°。可以看出,对于固定视角,$|\boldsymbol{V}_m|\cos\theta_s$ 随方位向慢时间线性变化。因此,m_t 可以近似为

$$m_t = 2 k_m t_m \quad (7-21)$$

式中:k_m 为时间尺度因子。

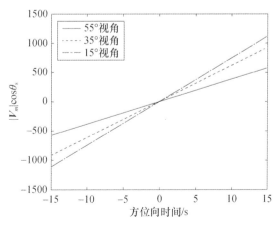

图 7-5　$|\boldsymbol{V}_m|\cos\theta_s$ 随方位向慢时间和视角的变化情况

表 7-1 双程距离仿真参数

仿真参数	数值
轨道倾角	98.06°
轨道高度	680km
轨道偏心率	0.001
观测视角	35°
斜视角	±6.21°
波束偏扫速度	0.42(°)/s
信号带宽	1.0GHz
波长	0.03m

根据式(7-12)、式(7-19)和式(7-21),对于接收时刻为 $t_n + \tau$ 的采样点,其双程距离 $R_w(t_n, \tau)$ 可以表示为

$$R_w(t_n, \tau) = 2|\boldsymbol{R}_s(t_m)| + 2\Delta V_m t_m + 2\Delta r_m +$$
$$2k_m t_m \{\tau + (n-m)/f_p - [2|\boldsymbol{R}_s(t_m)| + 2\Delta V_m t_m + 2\Delta r_m]/c\}$$
$$\approx 2|\boldsymbol{R}_s(t_m)| + 2\Delta V_m t_m + 2\Delta r_m + 2k_m t_m \left[\hat{\tau} - \frac{2|\boldsymbol{R}_s(t_m)|}{c}\right] \quad (7-22)$$

式中:

$$\hat{\tau} = \tau + (n-m)/f_p$$

7.2 基于连续切线运动模型的星载 SAR 回波信号表达

忽略天线方向图对回波的加权,孤立点目标的回波信号可以表示为

$$S(t_i, \hat{\tau}) = \sigma \cdot a\left[\hat{\tau} - \frac{R_w(t_i, \hat{\tau})}{c}\right] \cdot \exp\left\{j\varphi\left[\hat{\tau} - \frac{R_w(t_i, \hat{\tau})}{c}\right]\right\} \cdot \exp\left[-j\frac{2\pi}{\lambda}R_w(t_i, \hat{\tau})\right]$$
$$(7-23)$$

式中:σ 为目标的后向散射截面积;$a(\hat{\tau})$ 为矩形幅度调制;$R_w(t_i, \hat{\tau})$ 为双程距离;λ 为波长。通常采用 Chirp 信号作为发射信号,即 $\varphi(\hat{\tau}) = -\pi b \hat{\tau}^2$,其中 b 为线性调频率。

将式(7-22)代入式(7-23),在 $t_m + \hat{\tau}$ 时刻接收的回波可以表示为

$$S(t_m, \hat{\tau}) = \sigma \cdot a\left[\left(1 - \frac{2k_m t_m}{c}\right)\left[\hat{\tau} - \frac{2|\boldsymbol{R}_s(t_m)|}{c}\right] - \frac{2}{c}(\Delta V_m t_m + \Delta r_m)\right] \cdot$$
$$\exp\left\{-j\pi b\left[\hat{\tau} - \frac{2|\boldsymbol{R}_s(t_m)|}{c} - \frac{2}{c}(\Delta V_m t_m + \Delta r_m)\right]^2 + j\varphi_1(t_m) + j\varphi_2(t_m^2)\right\} \cdot$$

第7章 基于连续切线运动模型的高分辨率星载 SAR 成像补偿方法

$$\exp\left\{-\mathrm{j}\frac{4\pi}{\lambda}\left[\left(1-\frac{2k_m t_m}{c}\right)|\boldsymbol{R}_s(t_m)|+k_m\hat{\tau}t_m+\Delta V_m t_m+\Delta r_m\right]\right\}$$

(7-24)

式中:

$$\varphi_1(t_m)=\frac{4\pi b k_m t_m}{c^2}\cdot\left[\hat{\tau}-\frac{2|\boldsymbol{R}_s(t_m)|}{c}\right]\cdot\left\{c\left[\hat{\tau}-\frac{2|\boldsymbol{R}_s(t_m)|}{c}\right]-2\Delta r_m\right\}$$

(7-25)

$$\varphi_2(t_m^2)=-\frac{4\pi b k_m t_m^2}{c^2}\left[\hat{\tau}-\frac{2|\boldsymbol{R}_s(t_m)|}{c}\right]\left\{k_m\left[\hat{\tau}-\frac{2|\boldsymbol{R}_s(t_m)|}{c}\right]+2\Delta V_m\right\}$$

(7-26)

对于 0.2m 分辨率星载 SAR 系统,$\varphi_1(t_m)$ 和 $\varphi_2(t_m^2)$ 两项均不会超过 1°,对成像聚焦质量的影响可以忽略。因此,式(7-24)可以简化为

$$S(t_m,\hat{\tau})\approx\sigma\cdot a\left\{\left(1-\frac{2k_m t_m}{c}\right)\left[\hat{\tau}-\frac{2|\boldsymbol{R}_s(t_m)|}{c}\right]-\frac{2}{c}(\Delta V_m t_m+\Delta r_m)\right\}\cdot$$

$$\exp\left\{-\mathrm{j}\pi b\left[\hat{\tau}-\frac{2|\boldsymbol{R}_s(t_m)|}{c}-\frac{2}{c}(\Delta V_m t_m+\Delta r_m)\right]^2\right\}\cdot$$

$$\exp\left\{-\mathrm{j}\frac{4\pi}{\lambda}\left[\left(1-\frac{2k_m t_m}{c}\right)|\boldsymbol{R}_s(t_m)|+k_m\hat{\tau}t_m+\Delta V_m t_m+\Delta r_m\right]\right\}$$

(7-27)

忽略其中的常系数,式(7-27)的距离向傅里叶变换为

$$S(t_m,f_\tau)=\exp\left[-\mathrm{j}4\pi\left(\frac{1}{\lambda}+\frac{f_\tau}{c}\right)|\boldsymbol{R}_s(t_m)|\right]\cdot$$

$$\exp\left(\mathrm{j}\pi\frac{f_\tau^2}{b}\right)\cdot\exp\left[\mathrm{j}\pi\left(\frac{4k_m t_m f_\tau}{\lambda b}+\frac{4k_m^2 t_m^2}{\lambda^2 b}\right)\right]\cdot$$

$$\exp\left[-\mathrm{j}4\pi\left(\frac{1}{\lambda}+\frac{f_\tau}{c}\right)\Delta V_m t_m\right]\cdot\exp\left[-\mathrm{j}4\pi\left(\frac{f_\tau}{c}\right)\Delta r_m\right] \quad (7-28)$$

式中:f_τ 为距离向频率。

为了方便对比,下面分别给出基于停走模型[72]和连续直线运动模型[77]的回波信号表达形式,即

$$S_s(t_i,f_\tau)=\exp\left[-\mathrm{j}4\pi\left(\frac{1}{\lambda}+\frac{f_\tau}{c}\right)|\boldsymbol{R}_s(t_m)|\right]\cdot\exp\left(\mathrm{j}\pi\frac{f_\tau^2}{b}\right) \quad (7-29)$$

$$S_a(t_i,f_\tau)=\exp\left[-\mathrm{j}4\pi\left(\frac{1}{\lambda}+\frac{f_\tau}{c}\right)|\boldsymbol{R}_s(t_m)|\right]\cdot\exp\left(\mathrm{j}\pi\frac{f_\tau^2}{b}\right)\cdot$$

$$\exp\left[j\pi\left(\frac{4V^2 t_m f_\tau}{\lambda b |\boldsymbol{R}_s(t_m)|} + \frac{4V^4 t_m^2}{\lambda^2 b |\boldsymbol{R}_s(t_m)|^2}\right)\right] \cdot \exp\left(-j\frac{4\pi V^2}{c\lambda} t_m\right)$$

(7-30)

式中:V 为飞行速度。

对比式(7-28)至式(7-30),将三种回波信号模型的差异总结如下:

(1)相对于式(7-29),式(7-28)新增了三个相位项,即式(7-28)中的第三、四、五项。这三项对于成像聚焦质量的影响各不相同。第三项会引起旁瓣的非对称畸变。第四项将导致多普勒中心频率偏移,进而使得成像结果发生方位向偏移。第五项是距离向频率 f_τ 的线性项,会产生附加的距离徙动量,影响距离徙动校正的精度和方位匹配滤波的效果,导致方位向散焦。

(2)相对于式(7-30),式(7-28)引入了三个新的因子:ΔV_m、Δr_m 和 k_m;更加全面地反映了星载 SAR 回波的空变特性。由式(7-10)、式(7-11)和式(7-21)可知,这些因子会随着目标在观测带中位置的不同而变化。因此,式(7-28)所示的回波模型更适于描述宽观测带的回波。7.4 节的仿真结果也表明:与基于式(7-30)的成像算法相比,基于式(7-28)的算法在观测场景中心区域的成像性能与之几乎相同,但是在场景边缘的聚焦质量更好。鉴于 ΔV_m、Δr_m 和 k_m 的重要性,下面重点分析它们的空变特性和对聚焦质量的影响。

7.2.1 时间尺度因子

假设 $k_{m,\mathrm{p}}$ 和 $k_{m,\mathrm{c}}$ 分别代表观测场景中某一点 P_T 和场景中心对应的时间尺度因子。在对点 P_T 的回波进行处理时,若用场景中心的时间尺度因子 $k_{m,\mathrm{c}}$ 代替 P_T 的时间尺度因子 $k_{m,\mathrm{p}}$,则在成像补偿后引起的残余相位为

$$\Delta\psi_{k_m}(f_\eta, f_\tau) = \left(\frac{4k_{m,\mathrm{p}}\pi}{\lambda b}\right) \cdot \left(f_\tau t_{k,\mathrm{p}} + \frac{k_{m,\mathrm{p}}}{\lambda} t_{k,\mathrm{p}}^2\right) - \left(\frac{4k_{m,\mathrm{c}}\pi}{\lambda b}\right) \cdot \left(f_\tau t_{k,\mathrm{c}} + \frac{k_{m,\mathrm{c}}}{\lambda} t_{k,\mathrm{c}}^2\right)$$

(7-31)

式中:

$$t_{k,\mathrm{p}} \approx \frac{R_\mathrm{p}}{V_\mathrm{p}}\cos\varphi_\mathrm{p} - \frac{\lambda R_\mathrm{p} f_\eta \sin\varphi_\mathrm{p}}{V_\mathrm{p}\sqrt{4V_\mathrm{p}^2 - \lambda^2 f_\eta^2}}$$

(7-32)

$$t_{k,\mathrm{c}} \approx \frac{R_\mathrm{c}}{V_\mathrm{c}}\cos\varphi_\mathrm{c} - \frac{\lambda R_\mathrm{c} f_\eta \sin\varphi_\mathrm{c}}{V_\mathrm{c}\sqrt{4V_\mathrm{c}^2 - \lambda^2 f_\eta^2}}$$

(7-33)

式中:f_η 为方位向频率;V_p、φ_p 和 R_p 分别为点 P_T 对应的等效速度、等效斜视角和参考距离;V_c、φ_c 和 R_c 分别为场景中心对应的等效速度、等效斜视角和参考

第 7 章 基于连续切线运动模型的高分辨率星载 SAR 成像补偿方法

距离。等效速度和等效斜视角可表示为

$$\begin{cases} V_\mathrm{p} = \sqrt{\dfrac{\lambda R_\mathrm{p} f_\mathrm{r}}{2} + \left(\dfrac{\lambda f_\mathrm{d}}{2}\right)^2} \\ V_\mathrm{c} = \sqrt{\dfrac{\lambda R_\mathrm{c} f_\mathrm{r}}{2} + \left(\dfrac{\lambda f_\mathrm{d}}{2}\right)^2} \end{cases} \tag{7-34}$$

$$\begin{cases} \varphi_\mathrm{p} = \arccos\left(\dfrac{-\lambda f_\mathrm{d}}{-2 V_\mathrm{p}}\right) \\ \varphi_\mathrm{c} = \arccos\left(-\dfrac{\lambda f_\mathrm{d}}{2 V_\mathrm{c}}\right) \end{cases} \tag{7-35}$$

式中:f_d 为多普勒中心频率;f_r 为多普勒调频率。

采用表 7-1 中的仿真参数,可以得到残余相位 $\Delta\psi_{k_m}(f_\eta,f_\tau)$ 在二维频域中的分布情况。图 7-6 表明,在距场景中心 7.5km 的距离向和方位向边缘处,残余相位 $\Delta\psi_{k_m}(f_\eta,f_\tau)$ 分别小于 0.1°和 1°。它们也代表了 $\Delta\psi_{k_m}(f_\eta,f_\tau)$ 沿距离向和方位向的最大值。由于两者均远远小于 $\pi/4$[79],因此,可以忽略由时间尺度因子引起的残余相位对成像性能的影响。这也就意味着完全可以采用场景中心对应的时间尺度因子 $k_{m,c}$ 来处理全场景回波,没有必要在成像过程中沿距离向和方位向更新时间尺度因子。

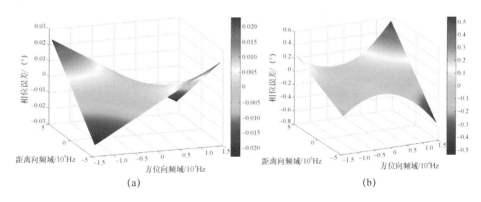

图 7-6 由时间尺度因子 k_m 引起的残余相位(见彩图)
(a)距离向边缘残余相位;(b)方位向边缘残余相位。

7.2.2 收发斜率因子

若用场景中心对应的发收斜率因子 $\Delta V_{m,c}$ 处理全场景回波,产生的残余相位为

$$\Delta\psi_{\Delta V_m}(f_\eta, f_\tau) = 4\pi\left(\frac{1}{\lambda} + \frac{f_\tau}{c}\right)t_{k,p}(\Delta V_{m,p} - \Delta V_{m,c}) \qquad (7-36)$$

式中：$\Delta V_{m,p}$ 为场景中某一位置对应的收发斜率因子。

采用表 7-1 中的仿真参数，可以得到残余相位 $\Delta\psi_{\Delta V_m}(f_\eta, f_\tau)$ 在二维频域中的分布情况。图 7-7(a) 中，距离向边缘（距场景中心 7.5km）的残余相位小于 1.5°，并不影响聚焦质量。图 7-7(b) 中，方位向边缘（距场景中心 7.5km）的残余相位达到了 110°。但是，由于该残余相位与方位向频率是线性关系，因此，方位向边缘的成像结果不存在散焦问题，仅仅会沿方位向发生偏移，偏离目标的真实位置，影响几何定位精度。分析可知，这个偏移量小于 0.14m。综上所述，对于 15km×15km 的观测场景，采用 $\Delta V_{m,c}$ 处理全场景回波，仅仅会造成场景边缘的轻微几何畸变，并不会恶化聚焦质量。

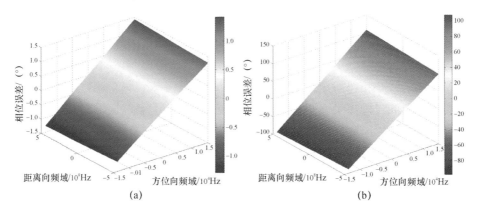

图 7-7 由收发斜率因子 ΔV_m 引起的残余相位（见彩图）
(a) 距离向边缘残余相位；(b) 方位向边缘残余相位。

7.2.3 收发常数因子

根据式 (7-11)，可得收发常数因子 Δr_m 在全场景中的变化情况。如图 7-8 所示，Δr_m 在距离向上无变化，仅仅沿方位向线性变化。Δr_m 的最大值出现在方位向边缘处，小于 2m；最小值出现在方位向中心，为 0m。因此，根据式 (7-28)，Δr_m 会造成随方位向变化的距离徙动偏移。

由于 Δr_m 的存在，针对距离门 $R_p + \Delta r_m$ 设计的方位向匹配滤波器应当用于处理参考距离为 R_p 的目标的回波。然而，如果场景中心对应的收发常数因子（$\Delta r_m = 0$）被用于全场景回波的处理，同样的方位匹配滤波器将被用于处理参考

距离为 $R_p + \Delta r_m$ 的目标的回波。此时,将产生方位向二次相位误差,即

$$\Delta \psi_{\Delta r_m} = \frac{\pi \lambda \Delta r_m}{8 \rho_a^2 \sin^2 \varphi} \tag{7-37}$$

式中:ρ_a 为方位向分辨率。

相位误差 $\Delta \psi_{\Delta r_m}$ 将引起方位向失配。由式(7-37)可知,$\Delta \psi_{\Delta r_m}$ 随着 Δr_m 的增长而增长。因此,随着目标沿方位向逐渐偏离场景中心,成像结果的散焦程度会越来越大。为了获得聚焦质量良好的图像,必须沿方位向分割回波数据,采用不同的 Δr_m 处理不同数据段。

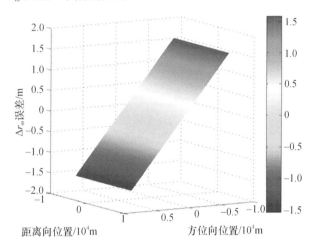

图 7-8 Δr_m 在全场景中的变化情况(见彩图)

7.3 高分辨率星载 SAR 成像补偿方法

基于式(7-27)所示的回波信号模型,本节提出一种高分辨率星载 SAR 成像补偿方法。主要包含以下步骤:

(1)根据包含 SAR 卫星位置信息的星历数据,获取星载 SAR 相对目标的位置矢量和速度矢量,并由式(7-11)计算 Δr_m 在整个观测场景上的分布情况。

如图 7-9 所示,沿方位向对回波数据进行分割,每段回波数据对应一块方位向积累完整的观测场景。若用每块场景中心的收发常数因子来处理对应的回波数据段,会在每块场景的边缘处产生二次相位误差。显然,回波数据段的方位向长度越大,二次相位误差越大。因此,回波数据段的大小应保证该二次相位误差满足聚焦成像的精度需求。

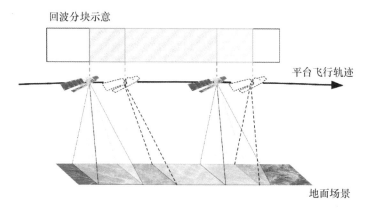

图 7-9 回波数据切分示意图

对于第 l 块观测场景,可以根据式(7-10)和式(7-11)计算得到收发常数因子 $\Delta r_{m,l}$ 和收发斜率因子 $\Delta V_{m,l}$,并根据式(7-21)对 m_l 进行线性拟合得到时间尺度因子 k_m。

(2)对第 l 段回波数据进行方位向 Deramping 处理[22,80] 和距离向傅里叶变换,得到 $S_E(t_i,f_\tau)$ 与式(7-28)具有相同的形式。

(3)将 $S_E(t_i,f_\tau)$ 与一次补偿因子 $\Delta_1(t_i,f_\tau)$ 相乘,再进行方位向傅里叶变换,得到 $S_F(f_\eta,f_\tau)$。其中,一次补偿因子 $\Delta_1(t_i,f_\tau)$ 为

$$\Delta_1(t_i,f_\tau) = \exp\left[j4\pi\left(\frac{1}{\lambda}+\frac{f_\tau}{c}\right)\Delta V_{m,l}t_i\right]\cdot\exp\left(j\frac{4\pi f_\tau}{c}\Delta r_{m,l}\right) \quad (7-38)$$

$S_F(f_\eta,f_\tau)$ 可表示为

$$S_F(f_\eta,f_\tau) = \exp\left(j\pi\frac{f_\tau^2}{b}\right)\cdot\exp\left(-j2\pi f_\eta\frac{R_0\cos\varphi}{V}\right)\cdot$$

$$\exp\left[-j\frac{4\pi(f_0+f_\tau)R_0\sin\varphi}{c}\sqrt{1-\frac{c^2 f_\eta^2}{4V^2(f_0+f_\tau)^2}}\right]\cdot$$

$$\exp\left\{j\left(\frac{4k_{m,l}\pi}{\lambda b}\right)\cdot\left(\frac{R_0\cos\varphi}{V}-\frac{\lambda R_0 f_\eta\sin\varphi}{V\sqrt{4V^2-\lambda^2 f_\eta^2}}\right)\cdot\right.$$

$$\left.\left[f_\tau+\frac{k_{m,l}}{\lambda}\left(\frac{R_0\cos\varphi}{V}-\frac{\lambda R_0 f_\eta\sin\varphi}{V\sqrt{4V^2-\lambda^2 f_\eta^2}}\right)\right]+j\frac{k_{m,l}\pi\lambda^2 R_0^2}{cV^4\sin^2\varphi}f_\eta^3\right\}$$

$$(7-39)$$

(4)构造二次补偿因子 $\Delta_2(f_\eta,f_\tau)$,即

$$\Delta_2(f_\eta,f_\tau) = \exp\left\{-j\left(\frac{4k_{m,l}\pi}{\lambda b}\right)\cdot\left(\frac{R_0\cos\varphi}{V}-\frac{\lambda R_0 f_\eta\sin\varphi}{V\sqrt{4V^2-\lambda^2 f_\eta^2}}\right)\cdot\right.$$

第 7 章 基于连续切线运动模型的高分辨率星载 SAR 成像补偿方法

$$\left[f_\tau + \frac{k_{m,1}}{\lambda} \left(\frac{R_0 \cos\varphi}{V} - \frac{\lambda R_0 f_\eta \sin\varphi}{V \sqrt{4V^2 - \lambda^2 f_\eta^2}} \right) \right] - j \frac{k_{m,1}}{cV^4} \frac{\pi \lambda^2 R_0^2}{\sin^2\varphi} f_\eta^3 \right\} \quad (7-40)$$

将 $S_F(f_\eta, f_\tau)$ 与 $\Delta_2(f_\eta, f_\tau)$ 相乘,再进行方位向逆变换,得

$$S_K(t_i, f_\tau) = \text{IFFT}_{f_\eta} [S_F(f_\eta, f_\tau) \cdot \Delta_2(f_\eta, f_\tau)]$$

$$= \exp\left[-j4\pi \left(\frac{1}{\lambda} + \frac{f_\tau}{c} \right) |\boldsymbol{R}_s(t_i)| \right] \cdot \exp\left(j\pi \frac{f_\tau^2}{b} \right) \quad (7-41)$$

(5) $S_K(t_i, f_\eta)$ 与基于停走模型的回波信号表达式(7-29)相同。因此,可以采用基于停走模型的滑动聚束模式成像算法(例如,Deramping ωk 算法[76,81])对 $S_K(t_i, f_\eta)$ 进行处理,获得第 l 段回波数据对应的高分辨率图像。

图 7-10 给出了每个回波数据段的成像补偿流程。在对每段回波数据成像后,沿方位向进行图像拼接,可得到全场景成像结果。

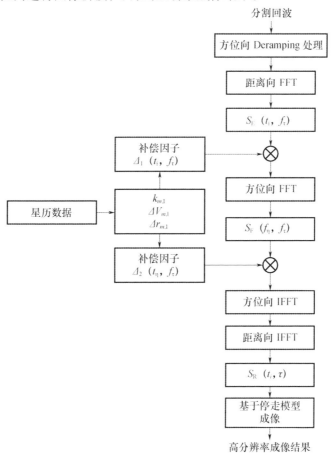

图 7-10 基于连续切线运动模型的星载 SAR 高分辨成像补偿方法

7.4 仿真实验验证

7.4.1 仿真方法与参数

经典的 SAR 回波仿真方法都是基于停走模型的。为了验证基于连续切线运动模型的成像补偿算法,这里采用一种考虑了星载 SAR 连续运动的回波仿真方法,如图 7-11 所示。该方法的关键在于:根据每个采样时刻准确地估计发射时刻,然后计算发射和接收距离,代入回波信号表达式中生成仿真回波。

图 7-1 中,在 $[t_n, t_n + 1/f_p]$ 期间,第 i 个采样点的接收时刻 δ_i 为

$$\delta_i = t_n + \tau_g + \frac{i}{F_s} \quad i = 0,1,2,\cdots \quad (7-42)$$

式中:τ_g 为采样起始时间;F_s 为采样率。

根据接收时刻 δ_i,可以通过迭代运算计算发射时刻,具体步骤如图 7-11 所示。

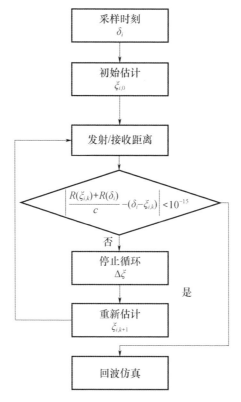

图 7-11 仿真方法流程图

第7章 基于连续切线运动模型的高分辨率星载SAR成像补偿方法

（1）根据δ_i，发射时刻的初始估计$\zeta_{i,0}$为

$$\zeta_{i,0} = \delta_i - 2R(\delta_i)/c \tag{7-43}$$

式中：$R(\delta_i)$为在δ_i时刻SAR与目标之间的相对距离。

（2）如果$\zeta_{i,k}(k=0,1,2,\cdots)$时刻SAR与目标的相对距离$R(\zeta_{i,k})$满足

$$\left| \frac{R(\zeta_{i,k}) + R(\delta_i)}{c} - (\delta_i - \zeta_{i,k}) \right| < 10^{-15} \tag{7-44}$$

则$R(\zeta_{i,k})$为发射距离，否则继续执行后续步骤。

（3）令$\zeta_{i,k+1} = \zeta_{i,k} - \Delta\zeta$。其中，$\Delta\zeta$为

$$\Delta\zeta = \frac{[R(\zeta_{i,k}) + R(\delta_i)]/c - (\delta_i - \zeta_{i,k})}{2} \tag{7-45}$$

（4）令$k = k+1$，返回步骤（2）。

对每个回波采样点执行迭代运算，可以精确地计算该采样点对应的发射距离和接收距离。代入式（7-23），形成仿真回波。

仿真场景如图7-12所示。观测场景大小为15km×15km。P_1、P_2和P_3分别位于场景中心、距离向边缘和方位边缘，P_2、P_3和P_1的距离均为7.5km。仿真参数见表7-2。

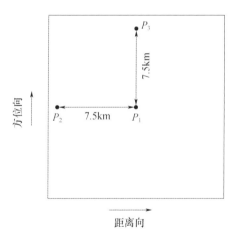

图7-12 仿真场景示意

表7-2 成像仿真参数

仿真参数	数值
轨道倾角	98.06°
轨道高度	680km

续表

仿真参数	数值
轨道偏心率	0.001
观测视角	35°
波长	0.03m
方位向波束宽度	0.0053°
斜视角	±6.21°
波束旋转速度	0.42(°)/s
信号带宽	1.0GHz
脉冲宽度	40μs
脉冲重复频率	4000Hz

7.4.2 仿真结果

图 7-13 至图 7-15 展示了点目标 P_1、P_2 和 P_3 的成像结果。其中,距离向和方位向剖面反映了一维聚焦质量,等高线图代表了二维聚焦质量。在每幅图中,都有三类结果。

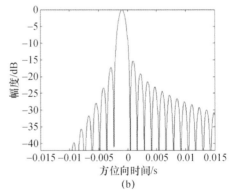

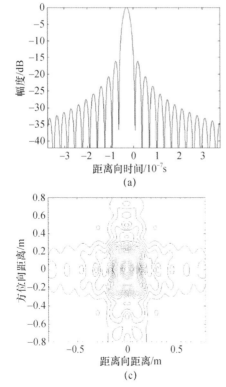

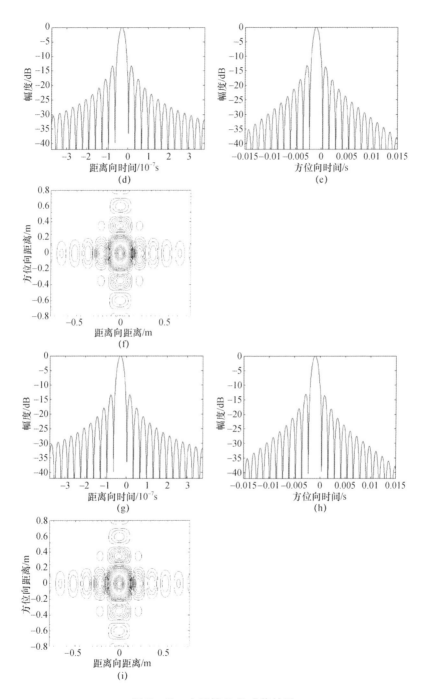

图 7-13 点目标 P_1 的成像结果

(a)、(b)、(c) 基于停走模型的 Deramping ωk 算法;(d)、(e)、(f) 基于连续直线运动模型的成像算法;(g)、(h)、(i) 基于连续切线运动模型的成像算法。

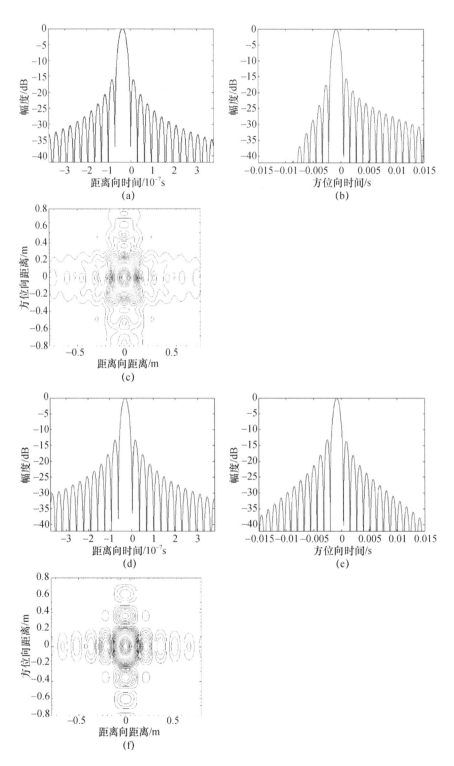

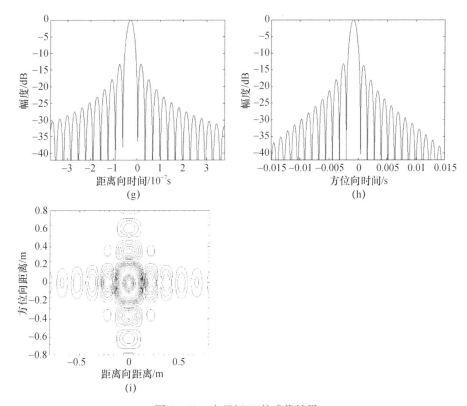

图 7-14 点目标 P_2 的成像结果

(a)、(b)、(c)基于停走模型的 Deramping ωk 算法;(d)、(e)、(f)基于连续直线运动模型的成像算法;(g)、(h)、(i)基于连续切线运动模型的成像算法。

采用分辨率、峰值旁瓣比(Peak to Side Lobe Ratio, PSLR)和积分旁瓣比(Integrated Side Lobe Ratio, ISLR)作为评价指标对图 7-13 至图 7-15 进行评估。距离向和方位向成像质量评价结果分别见表 7-3 和表 7-4。

(1)基于停走模型的 Deramping ωk 算法性能最差。无论是方位向,还是距离向,每个点目标的主瓣都有所展宽,这意味着空间分辨率有所下降。尽管相对其他两种方法,Deramping ωk 算法能够获得更好的 PSLR 和 ISLR,但这是以分辨率的损失为代价的。此外,由于这种算法未能完全补偿二次相位和高阶相位,方位向旁瓣出现了明显的非对称现象。

(2)基于连续直线运动模型的成像算法,能够获得更窄的主瓣宽度。与第一种算法相比,距离向分辨率提升 6.35% ~ 7.06%,方位向分辨率提升 6.26% ~ 7.59%。然而,与场景中心点 P_1 的成像结果相比,方位向边缘点 P_3 的方位向分辨率、PSLR 和 ISLR 都有明显的恶化迹象,如图 7-15 所示和表 7-4 所列。

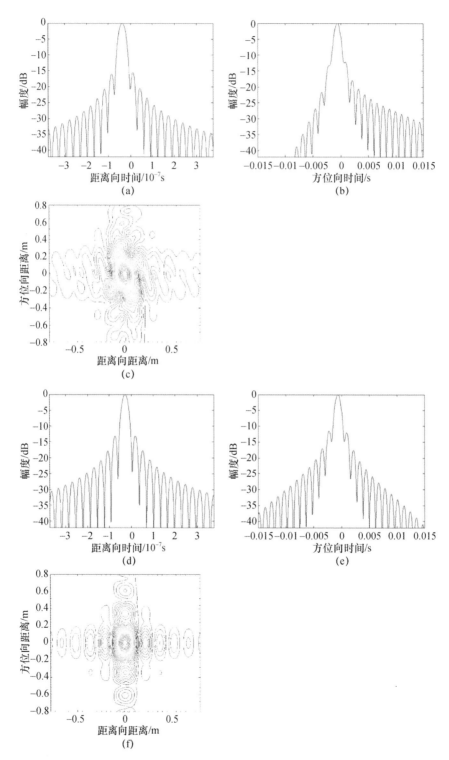

第7章 基于连续切线运动模型的高分辨率星载SAR成像补偿方法

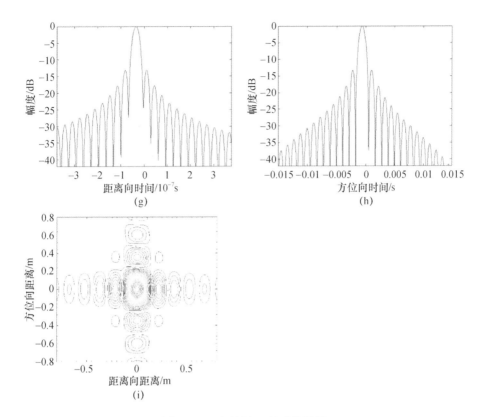

图7-15 点目标 P_3 的成像结果

(a)、(b)、(c) 基于停走模型的 Deramping ωk 算法;(d)、(e)、(f) 基于连续直线运动模型的成像算法;(g)、(h)、(i) 基于连续切线运动模型的成像算法。

表7-3 距离向成像质量评价结果

运动模型	目标	分辨率/m	PSLR/dB	ISLR/dB
停走模型	P_1	0.1444	-16.49	-13.54
	P_2	0.1433	-16.10	-13.10
	P_3	0.1444	-15.42	-12.51
连续直线运动模型	P_1	0.1342	-13.25	-9.96
	P_2	0.1342	-13.26	-9.96
	P_3	0.1342	-13.05	-9.77
连续切线运动模型	P_1	0.1342	-13.25	-9.96
	P_2	0.1342	-13.25	-9.95
	P_3	0.1342	-13.13	-9.80

表7-4 方位向成像质量评价结果

运动模型	目标	分辨率/m	PSLR/dB	ISLR/dB
停走模型	P_1	0.2333	-15.64	-13.35
	P_2	0.2350	-15.29	-13.05
	P_3	0.2420	-11.98	-9.79
连续直线运动模型	P_1	0.2156	-13.07	-10.39
	P_2	0.2203	-13.11	-10.40
	P_3	0.2250	-11.53	-8.63
连续切线运动模型	P_1	0.2156	-13.08	-10.39
	P_2	0.2203	-13.11	-10.41
	P_3	0.2170	-13.32	-10.41

（3）基于连续切线运动模型的算法，能够在场景中心和距离向边缘处获得与第二种算法相同的成像性能，并且进一步提升了场景方位向边缘的聚焦质量。点目标P_3的方位向分辨率、PSLR和ISLR分别提升了约3.56%、1.79dB和1.78dB。此外，P_1、P_2和P_3的成像质量基本一致，说明该算法具有良好的全场景成像一致性。

为了进一步验证算法的性能，基于真实机载SAR图像进行了仿真实验。原始图像的分辨率为0.1m，大小为66m×66m，如图7-16（a）所示。将图像布设在图7-12所示的仿真场景的左上角，分别采用基于停走模型、基于连续直线运动模型和基于连续切线运动模型的算法对仿真回波进行处理，得到如图7-16（c）、（e）、（g）所示的结果。图7-16（b）、（d）、（f）、（h）分别是图7-16（a）、（c）、（e）、（g）中所选区域的放大图。在图7-16（b）下部的红框中，有三个散射中心。基于停走模型的方法性能最差，因此图7-16（d）中仅能识别出两个散射中心，而图7-16（f）和（h）中都能够区分出三个散射中心。在图7-16（b）上部的红框中，仅存在一个散射中心的边缘。由于成像处理过程中会产生旁瓣，图7-16（h）中上部的框中有一个孤立点。与基于连续切线运动模型的方法相比，基于连续直线运动模型的方法具有较差的PSLR和ISLR，使得图7-16（f）中相同位置的点与散射中心相连。图7-16（f）和（h）中部矩形框也呈现出同样的现象。因此，相比其他两种方法，本章提出的方法具有更好的聚焦性能。

第 7 章 基于连续切线运动模型的高分辨率星载 SAR 成像补偿方法

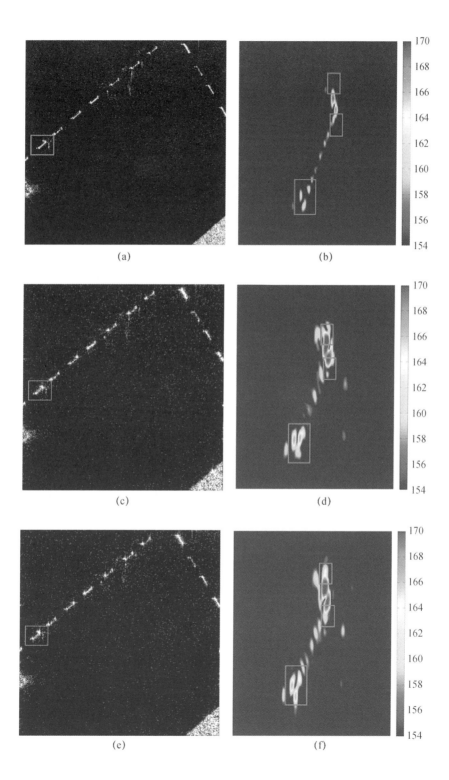

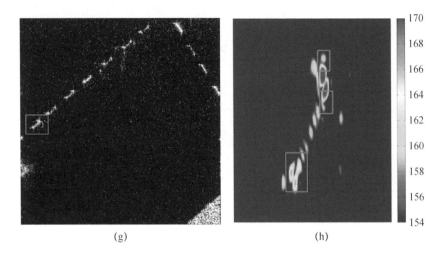

图 7-16 基于真实图像的仿真处理结果(见彩图)
(a)、(b) 场景示意图;(c)、(d) 停走模型;(e)、(f) 连续直线运动模型;
(g)、(h) 连续切线运动模型。

7.5 小结

本章在构建连续切线运动模型的基础上,提出了一种新的成像补偿方法。与基于停走模型的方法相比,新方法将距离向和方位向分辨率分别提升了 6.35% ~ 7.06% 和 6.26% ~ 10.33%;与基于连续直线运动模型的方法相比,新方法进一步将场景方位向边缘处的方位向分辨率、PSLR 和 ISLR 分别提升了约 3.56%、1.79dB 和 1.78dB,能够获得更优异和更一致的全场景成像性能。

在工程实现方面,新方法适合对现有的基于停走模型设计的星载 SAR 成像处理器进行升级。只需增加图 7-10 中一次和二次补偿模块,对回波数据进行预处理,再应用现有的成像处理器就可以获得聚焦良好的图像。此外,新方法与现有方法的输入参数完全相同,在处理器升级过程无须对人机交互界面进行修改。

第 8 章
对流层延迟效应补偿方法

在经典的星载 SAR 成像理论中,通常假设电磁信号以光速在大气中直线传播。然而,电磁信号的传播速度会随着大气折射率的增加而下降,形成折射。因此,与直线传播相比,电磁信号的实际传播路径会存在一个附加的传输延迟。对于星载 SAR 而言,这个附加延迟量主要由电离层和对流层特性决定。电离层是色散介质,造成的延迟与星载 SAR 采用的工作频段有关[82]。当总电子含量(total electron content,TEC)为 100 TECU 时,电离层对频率为 9.65GHz 的电磁波造成的单程延迟约为 0.43m。对流层传输特性则与电磁频率无关。它在天顶方向造成的延迟量为 1.5~2.7m,在偏离天顶方向有所增加[83-84]。无论是电离层延迟,还是对流层延迟,都需要在成像处理的过程中进行补偿,否则会引起聚焦质量的衰退。本章将主要讨论适用于星载 SAR 的对流层延迟效应补偿方法。

对流层延迟是指在对流层中电磁波实际传播路径与直线传播路径的距离之差。其对 SAR 成像会产生两种影响:定位误差和图像散焦。当星载 SAR 分辨率大于某一阈值时,对流层延迟的影响主要是定位误差[85]。不同波段对应的阈值有所不同。对于 X 波段星载 SAR,该阈值为 0.3m。自 1978 年第一颗 SAR 卫星(SEASAT)升空[86],至 2011 年,星载 SAR 的最佳分辨率是 1m[87]。在此期间,关于对流层的研究主要聚焦于定位误差校正。M. Eineder 等应用大气折射方程和角反射器对 TerraSAR-X 的图像数据实施几何校正,获得了厘米级的定位精度[88-89]。在定位误差校正的过程中,通常假设在合成孔径时间内的对流层延迟是恒定的,即脉冲间的对流层延迟变化可以忽略。

2012 年,TerraSAR-X 凝视聚束模式(staring spotlight,ST)在星载 SAR 历史上首次获得了 0.21m 分辨率数据[90]。由于先前的 SAR 成像算法没有考虑对流层延迟的影响,因此,附加相位未能得到很好的补偿,以至于在成像结果中存在残余相位。Pau Prats-Iraola 等指出,该残余相位可达 100°,不可避免地造成图像散焦[90]。他们采用指数函数描述对流层延迟效应,提出了一种适用于 ST 模式的成像算法,对残余相位进行补偿,使得方位向分辨率和方位向场景幅宽分别达到了 0.21m 和 3～5km[76]。然而,对于更大幅宽的观测场景,星载 SAR 的斜视角随之增加,需要采用更加精确的模型来描述对流层延迟效应对回波信号的影响。

本章将给出一种对流层延迟补偿方法,能够实现 10km×10km 幅宽的高分辨成像。8.1 节将基于实际测量数据验证现有的对流层延迟模型,包括天顶延迟模型和映射函数。通过比对模型之间的精度和实用性,选择 EGNOS(European Geo-stationary Navigation Overlay Service)模型和 NMF(Niell Mapping Function)来描述对流程延迟效应。8.2 节对星载 SAR 和目标之间的实际传播路径进行近似,构建改进的星载 SAR 回波信号模型。8.3 节将给出由距离补偿、经典成像和方位补偿三步构成的成像补偿方法,并在 8.4 节中进行了仿真验证。

8.1 对流层电磁信号传播模型

由于对流层的介电特性随着时间和空间变化,因此,电磁波在对流层中会发生折射,信号的传播速度也会小于光速。图 8-1 中,SAT 和直线 SBT 分别代表信号的实际传播路径和几何直线路径。由于本章仅讨论对流层延迟,图 8-1 忽略了大气中其他部分发生的折射。同时,为了更加清晰地展示折射效果,AT 的弯曲程度比实际情况夸张得多。电离层延迟定义为

$$\Delta\delta = \int_{SAT} n(s) \times 10^{-6} ds - \int_{SBT} ds \qquad (8-1)$$

式中:$n(s)$ 为大气折射率;右侧第一项代表实际的传播路径延迟;右侧第二项代表几何直线路径的长度。

通常,对流层延迟 $\Delta\delta$ 也可以表示为天顶延迟 $\Delta\delta_z$ 和映射函数 $m(E,\boldsymbol{p})$ 的乘积,即[91]

$$\Delta\delta = \Delta\delta_z \cdot m(E,\boldsymbol{p}) \qquad (8-2)$$

式中:E 为水平方向和观测视线方向的夹角,即高度角;$\boldsymbol{p}$ 为气象和地理位置等参数的集合;天顶延迟 $\Delta\delta_z$ 为天顶方向的对流层延迟量。由式(8-2)可知,为了准确地计算对流层延迟,必须确定天顶延迟模型和映射函数。

第 8 章　对流层延迟效应补偿方法

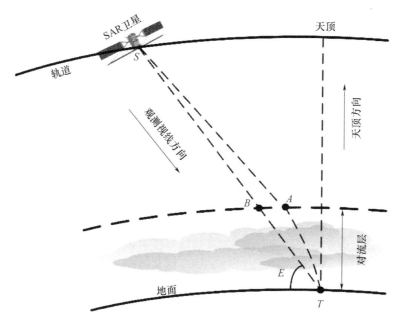

图 8-1　对流层延迟效应示意图

8.1.1　天顶延迟模型

常用的天顶延迟模型包括 Hopfield 模型、Saastamoinen 模型和 EGNOS 模型。Hopfield 可以表示为[84]

$$\Delta\delta_{z,\text{Hopfield}} = 155.2 \times 10^{-7} \cdot \frac{4810}{T_s^2} e_s (11000 - h_s) + \\ 155.2 \times 10^{-7} \cdot \frac{P_s}{T_s} [40136 + 148.72(T_s - 273.16) - h_s]$$

(8-3)

式中：P_s、T_s、e_s 和 h_s 分别为观测区域所对应的大气气压、温度、水气压和高程。

Saastamoinen 模型为[92]

$$\Delta\delta_{z,\text{Saastamoinen}} = \frac{0.002277 \left[P_s + \left(0.05 + \frac{1255}{T_s} \right) e_s \right]}{1 - 0.00266\cos(2\psi) - 0.00028 h_s}$$

(8-4)

式中：ψ 为观测区域的纬度。

EGNOS 模型为[93-94]

$$\Delta\delta_{z,\text{EGNOS}} = \frac{10^{-6} k_1 R_d P_0}{g_m} \left(1 - \frac{\beta h_s}{T_0} \right)^{\frac{g}{R_d \beta}} + \frac{10^{-6} k_2 R_d}{g_m (\lambda + 1) - \beta R_d} \cdot \frac{e_0}{T_0} \left(1 - \frac{\beta h_s}{T_0} \right)^{\frac{(\lambda+1)g}{R_d \beta} - 1}$$

(8-5)

式中：R_d、k_1、k_2、g_m 和 g 均为常数；P_0、T_0、e_0、β 和 λ 分别为平均海平面处的大气气压、温度、水气压、温度梯度和水汽梯度。

P_0、T_0、e_0、β 和 λ 可表示为[93-94]

$$\xi(\psi, D) = \xi_0(\psi) - \Delta\xi(\psi) \cdot \cos\left[\frac{2\pi(D - D_{\min})}{365.25}\right] \quad (8-6)$$

式中：$\xi(\psi, D)$ 为 P_0、T_0、e_0、β 或 λ；D 为年积日；$\xi_0(\psi)$ 为 $\xi(\psi, D)$ 的年平均值，$\Delta\xi(\psi)$ 为 P_0、T_0、e_0、β 或 λ 的季节变化率；$D_{\min}$ 为各气象参数达到年度最小值的日期。$\xi_0(\psi)$、$\Delta\xi(\psi)$ 和 $D_{\min}$ 可由历史气象数据拟合得到。

为了分析 3 种模型的精度，图 8-2 对各个模型的计算结果与实测数据进行了比对。这些测量数据来源于 4 个观测站：土耳其 Ankara 站、中国 Lhasa 站、格陵兰 Thule 站和俄罗斯 Zeck 站[83,95]，测量精度都优于 4mm[83]。如表 8-1 所列，这些观测站位于不同的纬度和高度。它们提供的数据具有非常典型的意义。

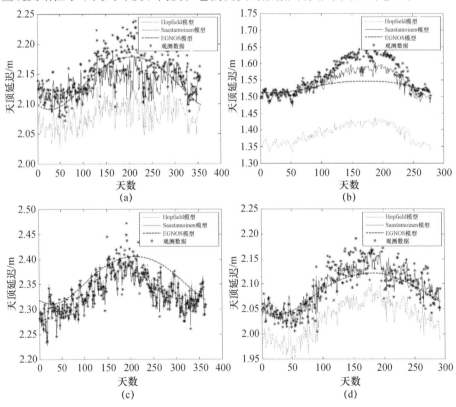

图 8-2　模型精度比对结果

(a) Ankara 站；(b) Lhasa 站；(c) Thule 站；(d) Zeck 站。

第8章 对流层延迟效应补偿方法

表 8-1 观测站信息

观测站	纬度/(°)	高程/m
Ankara	39.8875	974.8
Lhasa	29.6573	3622.0
Thule	76.5370	36.1
Zeck	43.2844	1166.8

模型精度定义为

$$D_\delta = \sqrt{\frac{1}{365}\sum_{d=1}^{365}(\Delta\delta_d - Z_d)^2} \quad (8-7)$$

式中：$\Delta\delta_d$ 为由 Hopfield 模型、Saastamoinen 模型和 EGNOS 模型计算得到的天顶延迟量；Z_d 为实测天顶延迟量；d 为年积日。

各模型的精度如表 8-2 所列。总体来看，Saastamoinen 模型的精度最高，EGNOS 模型次之，Hopfield 模型最差。只有在格陵兰 Thule 站，Hopfield 模型优于其他两个模型。其原因在于，Hopfield 模型与低海拔地区的情况更加吻合，但这也限制了 Hopfield 模型的使用。因此，在对流层延迟效应补偿的研究中，不建议采用 Hopfield 模型。Saastamoinen 模型和 EGNOS 模型的精度相差小于 0.03m。这个差异只会在 SAR 回波信号中产生一个可忽略的相位。因此，就 SAR 成像补偿的精度而言，采用 Saastamoinen 模型和 EGNOS 模型是等效的。

表 8-2 天顶延迟模型精度

观测站	Hopfield 模型/m	Saastamoinen 模型/m	EGNOS 模型/m
Ankara	0.0740	0.0303	0.0283
Zeck	0.0623	0.0198	0.0261
Thule	0.0139	0.0149	0.0378
Lhasa	0.1525	0.0246	0.0420

表 8-3 列出了各个天顶延迟模型所需的输入参数（"√"为输入参数，"×"为非输入参数）。Saastamoinen 模型要求观测日期当天的大气气压、温度和水气压测量值作为输入。然而，与星载 SAR 观测同步的气象参数难以实时获取。相比之下，EGNOS 模型仅需要对气象历史数据进行拟合，得到 $\xi_0(\psi)$ 和 $\Delta\xi(\psi)$，同时结合观测场景的纬度、高程信息和观测日期，就可以计算得到天顶延迟量。

表 8-3 天顶延迟模型输入参数要求

天顶延迟模型	T_s	P_s	e_s	Ψ	h_s	D
Hopfield 模型	√	√	√	×	√	×
Saastamoinen 模型	√	√	√	√	√	×
EGNOS 模型	×	×	×	√	√	√

因此,综合考虑精度和实用性,EGNOS 模型更适于估计天顶延迟量,并用于星载 SAR 回波相位的补偿。在本章后续的分析中,将采用 EGNOS 模型。

8.1.2 映射函数

映射函数将天顶方向的对流层延迟量映射到波束指向上。常用的映射函数包括 CfA2.2[97]、MTT[97]、Ifadis[98] 和 NMF[99]。它们所需的输入参数如表 8-4 所列。与 EGNOS 模型类似,NMF 中的参数也可以通过对历史数据的拟合得到,仅需要输入高度角、纬度、高程和观测日期。相比之下,CfA2.2、MTT 和 Ifadis 则需要实时测量的大气参数作为输入。

表 8-4 映射函数输入参数

映射函数	E	T_s	P_s	r_h	Ψ	h_s	D
CfA2.2	√	√	√	√	×	×	×
MTT	√	√	×	×	√	√	×
Ifadis	√	√	√	√	×	×	×
NMF	√	×	×	×	×	√	√

NMF 和其他映射函数的相对误差定义为

$$\Delta\phi = \Delta\delta_z \cdot (m_p - m_{\text{NMF}}) \quad (8-8)$$

式中:m_{NMF} 为 NMF 所得的对流层延迟映射量;m_p 为 CfA2.2、MTT 或 Ifadis 所得的映射量。

根据式(8-8),分别计算 CfA2.2、MTT、Ifadis 与 NMF 之间的相对误差。依据平均海平面的标准气象参数,假设温度、大气气压、大气湿度和年积日分别为 293.15K、991.4mbar、90% 和 28,相对误差随高度角、纬度和高程的变化情况如图 8-3 所示。图 8-4 则展示了相对误差随温度、大气气压和大气湿度的变化情况,其中的高度角、纬度、高程和年积日分别为 30 度、30 度、91.2887m 和 28。

图 8-3 和图 8-4 表明,在上述条件下,NMF 和其他任意一种映射函数的相对对流层延迟误差不超过 0.01m,远小于表 8-2 所列的天顶延迟模型所引入的误差。因此,任何一种映射函数均可以用于对流层延迟效应的分析和补偿。鉴于实时获取气象数据的难度,NMF 是更为合适的选择。

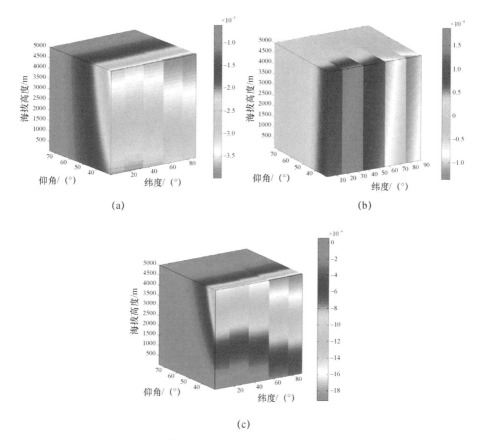

图 8-3 相对映射误差随高度角、纬度和高程的变化(见彩图)

(a) CFa2.2 和 NMF 的相对误差;(b) MTT 和 NMF 的相对误差;
(c) Ifadis 和 NMF 的相对误差。

综上所述,EGNOS 模型和 NMF 的精度可以满足星载 SAR 高分辨成像的需求,并且不需要实时测量大气参数。因此,本章将基于 EGNOS 模型和 NMF 推演成像补偿方法,校正对流层延迟。当然,也可以采用其他方法计算对流层延迟[100]。尤其是当分辨率更高、场景幅宽更大时,应当采用更加复杂的模型,例如 WRF(Weather Research and Forecasting)模型。

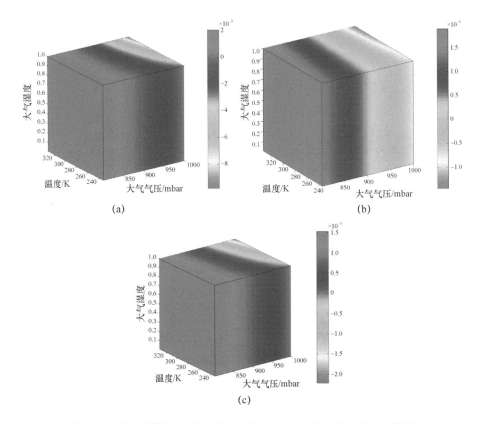

图 8-4 相对映射误差随温度、大气气压和大气湿度的变化（见彩图）
(a) CFa2.2 和 NMF 的相对误差；(b) MTT 和 NMF 的相对误差；(c) Ifadis 和 NMF 的相对误差。

8.2 对流层延迟效应对星载 SAR 成像质量的影响

忽略天线方向图等加权因子，点目标的星载 SAR 回波信号可以表示为

$$S(t,\tau) = \sigma \cdot a\left[\tau - \frac{2R'(t)}{c}\right] \cdot \exp\left\{j\Phi\left[\tau - \frac{2R'(t)}{c}\right]\right\} \cdot \exp\left[-j\frac{4\pi R'(t)}{\lambda}\right]$$

(8-9)

式中：t 和 τ 分别为方位向慢时间和距离向快时间；常数 σ 与目标的后向散射截面积有关；$a(\tau)$ 为矩形幅度调制；$R'(t)$ 为星载 SAR 与目标之间的实际传播路径延迟；c 为自由空间中的光速；λ 为波长。本章中，发射信号采用 Chirp 信号，即 $\Phi(\tau) = -\pi k \tau^2$，其中 k 为线性调频率。

SAR 聚焦成像的基本思路是：根据式(8-9)设计二维匹配滤波器，对回波

信号进行处理。因此,为了研究和补偿对流层延迟对 SAR 聚焦性能的影响,首先要对实际的传播路径延迟进行分析。

8.2.1 星载 SAR 与目标之间的实际传播路径延迟

由于对流层延迟的存在,实际的传播路径延迟 $R'(t)$ 满足

$$R'(t) = R(t) + \Delta\delta \tag{8-10}$$

式中:$R(t)$ 为直线传播路径的距离。

基于 EGNOS 模型和 NMF,结合表 8 – 5 所列的参数,图 8 – 5 给出了 15°、35°和 55°观测视角下 $\Delta\delta$ 和 $R(t)$ 的相对关系。分析结果表明,在星载 SAR 视角范围和孔径时间内,$\Delta\delta$ 和 $R(t)$ 基本呈线性关系。因此,$\Delta\delta$ 可以近似表示为

$$\Delta\delta \approx m_R \cdot R(t) + \Delta m \tag{8-11}$$

其中,对于确定的距离门,Δm 和 m_R 为常数。在本章中,m_R 称为距离延迟系数。

表 8 – 5 $\Delta\delta$ 计算参数

参数	数值
轨道高度	630km
波长	0.03m
分辨率	0.21m
大气气压	991.4mbar
温度	293.15K
湿度	90%
纬度	55°
高程	33m
年积日	28

对流层延迟的近似误差,即实际的对流层延迟和式(8 – 11)之间的差值,可以表示为

$$\delta_R = \Delta\delta - [m_R \cdot R(t) + \Delta m] \tag{8-12}$$

依据表 8 – 5 中的参数,图 8 – 6 展示了 δ_R 随方位向时间和视角的变化情况。图中,5 条曲线分别代表了在 15°、25°、35°、45°和 55°视角下对流层延迟的近似误差。这些曲线表明,δ_R 的绝对值小于 4×10^{-7} m。相应地,由 δ_R 引起的相位误差将小于 0.01°,不会影响 SAR 聚焦性能。因此,由式(8 – 11)引入的对流层近似误差可以忽略。采用式(8 – 10)和式(8 – 11)即可描述电磁信号在星载 SAR 与目标之间的实际传播路径延迟。

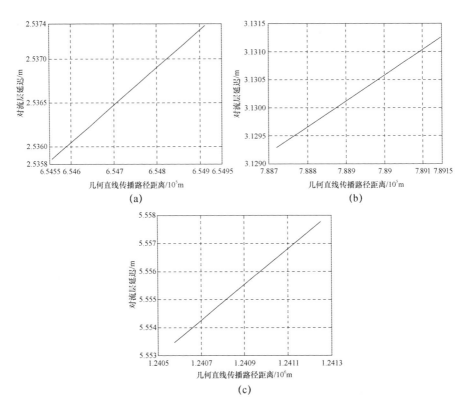

图 8-5 $\Delta\delta$ 和 $R(t)$ 之间的相对关系

(a) 15°视角;(b) 35°视角;(c) 55°视角。

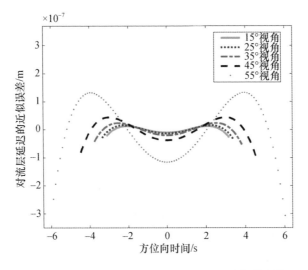

图 8-6 实际的对流层延迟和式(8-11)之间的差值

8.2.2 改进的回波信号模型

基于式(8-10)和式(8-11),星载 SAR 回波信号模型可以修正为

$$S(\tau,t) = \sigma \cdot a\left\{\tau - \frac{2}{c}[R(t) + m_R R(t) + \Delta m]\right\} \cdot$$

$$\exp\left\{-\mathrm{j}\pi k\left[\tau - \frac{2}{c}(R(t) + m_R R(t) + \Delta m)\right]^2\right\} \cdot$$

$$\exp\left\{-\mathrm{j}\frac{4\pi}{\lambda}[R(t) + m_R R(t) + \Delta m]\right\} \quad (8-13)$$

忽略复常数,式(8-13)的距离向傅里叶变换为

$$S(f_\tau,t) = \exp\left(\mathrm{j}\pi\frac{f_\tau^2}{k}\right) \cdot \exp\left[-\mathrm{j}4\pi m_R' R(t)\left(\frac{1}{\lambda} + \frac{f_\tau}{c}\right)\right] \quad (8-14)$$

$$m_R' = m_R + 1$$

式中:f_τ 为距离向频率。$S(f_\tau,t)$ 的方位向傅里叶变换为

$$S(f_\tau,f_\eta) = \int S(f_\tau,t)\exp(-\mathrm{j}2\pi f_\eta t)\mathrm{d}t \quad (8-15)$$

根据式(8-14),式(8-15)傅里叶积分中的相位为

$$\theta(t) = \pi\frac{f_\tau^2}{k} - 4\pi m_R' R(t)\left(\frac{1}{\lambda} + \frac{f_\tau}{c}\right) - 2\pi f_\eta t \quad (8-16)$$

$$R(t) = \sqrt{R_0^2 + V^2 t^2 - 2R_0 V t\cos\varphi} \quad (8-17)$$

式中:R_0 为孔径中心时刻 SAR 与目标之间的几何直线距离。

应用驻定相位原理,$S(f_\tau,f_\eta)$ 为

$$S(f_\tau,f_\eta) = \exp\left(\mathrm{j}\pi\frac{f_\tau^2}{k}\right) \cdot \exp\left(-\mathrm{j}\frac{2\pi f_\eta R_0 \cos\varphi}{V}\right) \cdot$$

$$\exp\left[-\mathrm{j}\frac{2\pi R_0 \sin\varphi}{V}\sqrt{4(m_R')^2\left(\frac{1}{\lambda}+\frac{f_\tau}{c}\right)^2 V^2 - f_\eta^2}\right] \quad (8-18)$$

$$V = \sqrt{\frac{\lambda R_0 f_R}{2} + \left(\frac{\lambda f_D}{2}\right)^2}$$

$$\varphi = \arccos\left(-\frac{\lambda f_D}{2V}\right)$$

式中:f_η 为多普勒频率;f_D 为多普勒中心频率;f_R 为多普勒调频率。

式(8-18)中的根式可展开为 f_τ 的级数,即

$$\sqrt{4(m_R')^2\left(\frac{1}{\lambda}+\frac{f_\tau}{c}\right)^2 V^2 - f_\eta^2} \approx \frac{2m_R' V}{\lambda}\left\{D(f_\eta) + \frac{f_\tau}{f_0 D(f_\eta)} + \frac{f_\tau^2[D^2(f_\eta)-1]}{2f_0^2 D^3(f_\eta)}\right\}$$

$$(8-19)$$

$$D(f_\eta) = \sqrt{1 - (\lambda f_\eta/2m'_R V)^2}$$

式中:f_0 为载频。因此,$S(f_\tau, f_\eta)$ 可重新写为

$$\begin{aligned}S(f_\tau, f_\eta) &= \exp\left(j\pi \frac{f_\tau^2}{k}\right) \cdot \exp\left(-j\frac{2\pi f_\eta R_0 \cos\varphi}{V}\right) \cdot \\ &\exp\left\{-j\frac{2\pi\lambda m'_R R_0 \sin\varphi [D^2(f_\eta) - 1] f_\tau^2}{c^2 D^3(f_\eta)}\right\} \cdot \\ &\exp\left[-j\frac{4\pi m'_R R_0 \sin\varphi}{\lambda} D(f_\eta)\right] \cdot \exp\left(-j\frac{4\pi m'_R R_0 \sin\varphi f_\tau}{c D(f_\eta)}\right)\end{aligned}$$

(8-20)

8.2.3 对流层延迟对聚焦性能的影响

式(8-20)中,m'_R 体现了对流层延迟对回波信号的影响。在第三项中,对流层延迟造成了距离向调频率的变化,引入的相位误差小于1°。由于该相位误差并不影响距离向聚焦质量,对流层延迟对距离向聚焦质量的影响可以忽略。第四项和第五项则反映了对流层延迟对方位向聚焦的影响。如果忽略对流层延迟效应,$m'_R R_0$ 将被认为是孔径中心时刻的几何直线距离,而不是实际的传播路径延迟。此时,若设计方位向匹配滤波器,则有

$$\theta_H(f_\eta) = \exp\left[j\frac{4\pi m'_R R_0 \sin\varphi}{\lambda}\sqrt{1 - \left(\frac{\lambda f_\eta}{2V}\right)^2}\right] \quad (8-21)$$

方位滤波结果为

$$\begin{aligned}\theta_F(f_\eta) &= \exp\left[j\frac{4\pi m'_R R_0 \sin\varphi}{\lambda}\sqrt{1-\left(\frac{\lambda f_\eta}{2V}\right)^2} - j\frac{4\pi m'_R R_0 \sin\varphi}{\lambda}\sqrt{1-\left(\frac{\lambda f_\eta}{2m'_R V}\right)^2}\right] \\ &\approx \exp\left[-j\frac{2\pi m'_R R_0 \sin\varphi}{\lambda} \cdot \left(\frac{\lambda f_\eta}{2V}\right)^2 + j\frac{2\pi m'_R R_0 \sin\varphi}{\lambda} \cdot \left(\frac{\lambda f_\eta}{2m'_R V}\right)^2\right] \\ &= \exp\left[-j\frac{\pi\lambda R_0 \sin\varphi}{2V^2} \cdot \left(m'_R - \frac{1}{m'_R}\right) \cdot f_\eta^2\right]\end{aligned}$$

(8-22)

基于驻定相位原理,式(8-22)的逆傅里叶方位向变换 $\theta_F(t)$ 为

$$\theta_F(t) = \exp\left[-j\frac{2\pi V^2}{\lambda R_0 \sin\varphi}\left(m'_R - \frac{1}{m'_R}\right)t^2\right] \quad (8-23)$$

对于场景中心点,$\varphi = \pi/2$。因此,场景中心处的方位向残余二次相位为

$$\Delta\varphi(t) = \frac{2\pi(m'_R - 1/m'_R)V^2}{\lambda R_0}t^2 \quad (8-24)$$

根据表 8-5 所列的参数,图 8-7 给出了 15°、35°和 55°视角下的残余相位 $\Delta\varphi(t)$。在 55°视角下,残余相位的最大值可达到 175°。

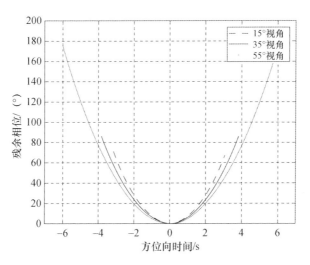

图 8-7 方位向残余二次相位

表 8-6 列出了对流层延迟对方位向成像质量指标(分辨率、峰值旁瓣比和积分旁瓣比)的影响情况。总体而言,随着视角的增大,对流层延迟对方位向聚焦性能的影响越来越严重,分辨率和峰值旁瓣比逐渐变差。这与图 8-7 残余相位的分析结果是一致的。积分旁瓣比方面,尽管 55°视角下的积分旁瓣比优于其他视角下的积分旁瓣比,但这是因为残余相位过大,以至于成像后的主瓣、第一旁瓣和第二旁瓣共同融合成一个新的主瓣,使得主瓣内的能量远远大于其他视角下的主瓣能量。因此,尽管此时的积分旁瓣比更佳,但这是以分辨率的严重损失为代价的。

表 8-6 对流层延迟对方位向聚焦性能的影响

视角/(°)	理论分辨率/m	实际分辨率/m	实际峰值旁瓣比/dB	实际积分旁瓣比/dB
15	0.2105	0.2188	-11.72	-7.21
25	0.2105	0.2188	-10.30	-6.85
35	0.2105	0.2215	-9.46	-6.22
45	0.2105	0.2324	-7.66	-5.11
55	0.2105	0.5305	-2.94	-9.72

根据式(8-24),方位向残余二次相位的最大值 $\Delta\varphi_{max}$ 和方位分辨率 ρ 之间的关系为

$$\Delta\varphi_{\max} = \frac{0.886^2 \pi (m'_R - 1/m'_R) \lambda R_0}{8\rho^2}$$

如果 $\Delta\varphi_{\max}$ 小于 $\pi/4$，残余相位对于聚焦性能的影响可以忽略。显然，方位分辨率越好，这一条件越难以满足。对于 X 波段星载 SAR，当方位向分辨率 ρ 大于 0.3m 时，该条件基本可以满足。

8.3 对流层延迟效应成像补偿方法

观测场景中每个点目标对应的信号传播路径都不一样。由于无法从整个观测场景的回波信号中单独提取各个点目标的回波信号，因此，即便能够实时获得对流层延迟量的空间分布，也无法逐点对观测场景进行对流层延迟校正。本节介绍一种基于 EGNOS 模型和 NMF 的对流层延迟成像补偿方法，如图 8-8 所示。具体步骤如下：

(1) 将观测场景的纬度、高程、观测年积日和高度角代入 EGNOS 模型和 NMF。根据式(8-2)和星历信息，计算不同距离门(即不同 R_0)对应的 $\Delta\delta$，拟合得到其中的系数 m_R。

(2) 对原始回波数据依次进行方位向 Deramping 处理和距离向傅里叶变化，得到如式(8-14)所示的信号 $S_E(f_\tau, t)$。

(3) 在距离向频域、方位向时域对 $S_E(f_\tau, t)$ 进行补偿。距离补偿因子 Φ_R 为

$$\Phi_R = \exp\left[j\frac{4\pi(m'_R - 1)R_{ref}f_\tau}{c}\right] \quad (8-25)$$

式中：R_{ref} 为孔径中心时刻星载 SAR 和场景中心的几何直线距离。

经距离向补偿后的信号可以表示为

$$S_R(f_\tau, t) = S_E(f_\tau, t) \cdot \Phi_R = \exp\left(j\pi\frac{f_\tau^2}{k}\right) \cdot \exp\left[-j\frac{4\pi R(t)f_\tau}{c}\right] \cdot$$
$$\exp\left[-j\frac{4\pi m'_R R(t)}{\lambda}\right] \cdot \exp\left\{-j\frac{4\pi(m'_R - 1)[R(t) - R_{ref}]f_\tau}{c}\right\}$$

$$(8-26)$$

当场景幅宽小于 10km 时，$(m'_R - 1)$ 小于 1×10^{-5}，$R(t) - R_{ref}$ 小于 5km。因此，$(m'_R - 1)$ 与 $R(t) - R_{ref}$ 的乘积将小于 5cm。相应地，式(8-26)中的最后一项仅仅会造成小于 1/4 分辨单元的几何偏移，并不会影响聚焦成像质量。在此

第 8 章 对流层延迟效应补偿方法

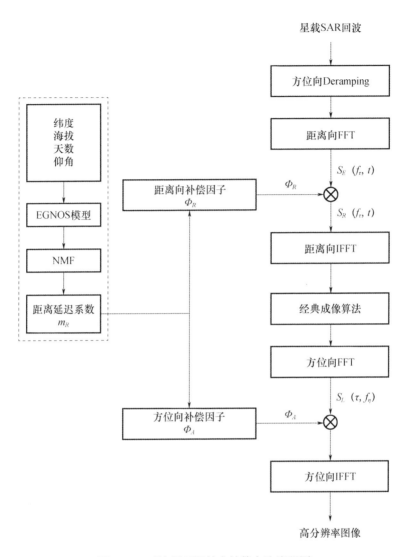

图 8-8 对流层延迟效应补偿方法流程图

条件下，$S_R(f_\tau,t)$ 可以近似为

$$S_R(f_\tau,t) \approx \exp\left(j\pi\frac{f_\tau^2}{k}\right) \cdot \exp\left[-j\frac{4\pi R(t)f_\tau}{c}\right] \cdot \exp\left[-j\frac{4\pi m_R' R(t)}{\lambda}\right]$$

(8-27)

当然，对于更大的场景幅宽和更好的空间分辨率，式(8-26)最后一项造成的几何偏移有可能超过 1/4 个分辨单元，聚焦成像质量会随之退化。因此，本节所给出的对流层延迟补偿方法是受到分辨率和观测场景幅宽限制的。

对式(8-27)进行方位向傅里叶变换,可得

$$S_R(f_\tau,f_\eta) = \exp(j\pi f_\tau^2/k) \cdot \exp(-j2\pi f_\eta R_0 \cos\varphi/V) \cdot$$
$$\exp\{-j2\pi\lambda R_0 \sin\varphi[D^2(f_\eta)-1]f_\tau^2/[m_R'c^2 D^3(f_\eta)]\} \cdot$$
$$\exp[-j4\pi m_R' R_0 \sin\varphi D(f_\eta)/\lambda] \cdot \exp\{-j4\pi R_0 \sin\varphi f_\tau/[cD(f_\eta)]\}$$
$$(8-28)$$

$S_R(f_\tau,f_\eta)$ 的逆距离向傅里叶变换为

$$S_D(\tau,f_\eta) = \frac{1}{2\pi}\int S_R(f_\tau,f_\eta)\exp(j2\pi f_\tau \tau)\mathrm{d}f_\tau \qquad (8-29)$$

基于驻定相位原理,式(8-29)可进一步表示为

$$S_D(\tau,f_\eta) = \exp\left\{-j\pi k_r(f_\eta,R_0)\left[\tau-\frac{2R_f(f_\eta,R_0)}{c}\right]^2\right\} \cdot$$
$$\exp\left(-j\frac{2\pi f_\eta R_0 \cos\varphi}{V}\right) \cdot \exp\left[-j\frac{4\pi m_R' R_0 \sin\varphi}{\lambda}D(f_\eta)\right]$$
$$= S_C(\tau,f_\eta) \cdot \exp\left\{-j\frac{4\pi m_R' R_0 \sin\varphi}{\lambda}\left[D(f_\eta)-\frac{1}{m_R'}\sqrt{1-\left(\frac{\lambda f_\eta}{2V}\right)^2}\right]\right\}$$
$$(8-30)$$

$$S_C(\tau,f_\eta) = \exp\left\{-j\pi k_r(f_\eta,R_0)\left[\tau-\frac{2R_f(f_\eta,R_0)}{c}\right]^2\right\} \cdot$$
$$\exp\left(-j\frac{2\pi f_\eta R_0 \cos\varphi}{V}\right) \cdot \exp\left[-j\frac{4\pi R_0 \sin\varphi}{\lambda}\sqrt{1-\left(\frac{\lambda f_\eta}{2V}\right)^2}\right]$$

$$k_r(f_\eta,R_0) = \frac{k}{1+2\lambda k R_0 \sin\varphi\left(\frac{\lambda f_\eta}{2V}\right)^2 / \left\{c^2\left[\sqrt{1-\left(\frac{\lambda f_\eta}{2V}\right)^2}\right]^3\right\}}$$

$$R_f(f_\eta,R_0) = \frac{R_0 \sin\varphi}{\sqrt{1-\left(\frac{\lambda f_\eta}{2V}\right)^2}}$$

若在式(8-9)中用$R(t)$替换$R'(t)$,则$S_C(\tau,f_\eta)$与式(8-9)所示的回波信号的距离多普勒形式是完全相同的。因此,可以采用未考虑对流层延迟补偿的经典SAR成像方法处理信号$S_R(f_\tau,t)$。此时,式(8-30)中仅第2项会残余下来。

(4) 对$S_R(f_\tau,t)$进行距离向逆变、经典SAR成像处理和方位向傅里叶变换,可得$S_L(\tau,f_\eta)$。忽略复常数,$S_L(\tau,f_\eta)$可以表示为

$$S_L(\tau,f_\eta) = \exp\left\{-j\frac{4\pi m_R' R_0 \sin\varphi}{\lambda}\left[D(f_\eta)-\frac{1}{m_R'}\sqrt{1-\left(\frac{\lambda f_\eta}{2V}\right)^2}\right]\right\}$$
$$(8-31)$$

式(8-31)表明,通过经典的 SAR 成像处理,距离徙动校正和距离向补偿均已完成,每个孤立点目标的回波能量都集中在相应的距离门内。

(5) 将 $S_{\mathrm{L}}(\tau, f_\eta)$ 与方位补偿因子 Φ_{A} 相乘,并进行方位向逆傅里叶变换,可以得到高分辨率图像。其中,方位补偿因子 Φ_{A} 为

$$\Phi_{\mathrm{A}} = \exp\left\{ j \frac{4\pi m'_{\mathrm{R}} R_0 \sin\varphi}{\lambda} \left[D(f_\eta) - \frac{1}{m'_{\mathrm{R}}} \sqrt{1 - \left(\frac{\lambda f_\eta}{2V}\right)^2} \right] \right\}$$

8.4 仿真验证与分析

8.4.1 仿真参数

依据北京地区的年平均参数,本节采用三段模型描述大气折射率[101-102],即

$$N(h) = \begin{cases} 320 - 41(h - 0.033), & 0.033 \leq h \leq 0.033 + 1 \\ 279\mathrm{e}^{-0.1225(h - 0.033)}, & 1.033 < h \leq 9 \\ 107.8\exp[0.1435(h - 9)], & 9 < h \leq 60 \end{cases}$$

(8-32)

式中:h 为高程。基于大气折射率模型,采用射线追踪法确定电磁信号在大气中的实际传播路径,可以模拟对流层延迟效应对星载 SAR 回波的影响,进而计算观测场景中每个点目标在每个方位向时刻对应的实际传播路径延迟 $R'(t)$,并代入式(8-9),生成仿真回波数据。

表 8-7 列出了其他仿真参数。仿真场景的大小为 10km×10km,如图 8-9 所示。其中,三个点目标 P_1、P_2 和 P_3 分别布置于距离向边缘、场景中心和方位向边缘。在距离向上,P_1 和 P_2 相距 5km;在方位向上,P_3 和 P_2 相距 5km。

表 8-7 成像仿真参数

参数	数值
轨道高度	668.9km
波长	0.03m
视角	53°
信号带宽	1000MHz
采样率	1100MHz
脉冲重复频率	3400Hz
斜视角	-4.72°~4.72°
波束旋转速度	0.005rad/s

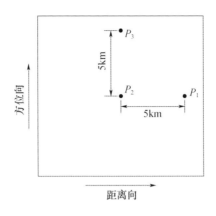

图 8-9 仿真场景示意图

8.4.2 处理结果与分析

成像处理中所用的 EGNOS 模型和 NMF 的参数如表 8-8 所列。图 8-10 给出了 P_1、P_2 和 P_3 的成像结果。正如 8.2 节所讨论的,对流层延迟对距离向聚焦性能的影响可以忽略。因此,图 8-10 中仅给出了对流层延迟补偿前后的方位向剖面图。相应的指标评估结果列于表 8-9。

图 8-10 中,第 1 行、第 2 行和第 3 行分别对应于 P_1、P_2 和 P_3 的成像结果。图 8-10(a)、(d) 和 (g) 是未对对流层延迟进行补偿的结果;图 8-10(b)、(e) 和 (h) 是采用 P. Prats-Iraola 方法补偿后的结果;图 8-10(c)、(f) 和 (i) 是采用本章方法补偿后的结果。显然,补偿之前,主瓣和第一旁瓣融合成为一个更"胖"的主瓣,导致分辨率、峰值旁瓣比和积分旁瓣比的恶化。补偿之后,成像质量得到了改善,主瓣和旁瓣能够清晰地区分开来,并且主瓣的宽度更窄。

但是,采用不同的补偿方法,成像质量的改善程度是不同的。P. Prats-Iraola 方法将分辨率、峰值旁瓣比和积分旁瓣比分别提升了 8.0%~11.15%、3.52~5.01dB 和 2.87~3.76dB。本章所提出的方法则将分辨率、峰值旁瓣比和积分旁瓣比分别提升了 10.40%~15.56%、6.36~7.54dB 和 5.36~5.87dB。无论是图 8-10,还是表 8-9,都表明本章所提出的补偿方法具有更好的聚焦成像性能。

造成两种算法性能差异的原因主要有:①方法本身的结构问题。P. Prats-Iraola 方法仅对对流层延迟进行了一次校正。而本章所提出的方法则进行了多次对流层延迟补偿,从而实现了更高精度的距离徙动校正和方位向聚焦。②映射函数的选择问题。本章采用了 NMF,而不是 P. Prats-Iraola 方法所使用的三角函数。为了表明两种映射函数对聚焦成像质量的影响,依旧采用图 8-8 所示的算法对同样的回波数据进行处理,只是将其中的 NMF 替换为三角函数。场景中心点 P_2 对应的处理结果如图 8-11 所示,分辨率、峰值旁瓣比和积分旁瓣比分别为 0.226m、-11.80dB 和 -9.12dB。与图 8-10(f) 和表 8-9 相比,三角函数会在补偿中引入二次和高阶相位误差,而采用 NMF 能够获得更好的峰值旁瓣比和积分旁瓣比。

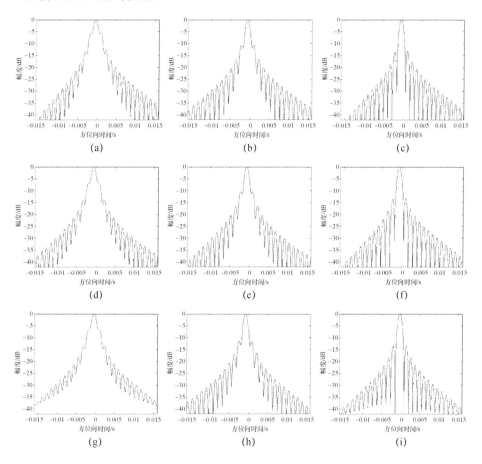

图 8-10 成像结果的方位向剖面图

(a)、(d)、(g) 未对流层延迟进行补偿;(b)、(e)、(h) 采用 P. Prats - Iraola 方法补偿;
(c)、(f)、(i) 采用基于 EGNOS 模型和 NMF 的方法进行补偿。

表 8-8　EGNOS 模型和 NMF 的参数

参数	数值
纬度	39.9°
高程	33m
年积日	180

表 8-9　对流层延迟补偿前后的成像质量指标

	点目标	分辨率/m	峰值旁瓣比/dB	积分旁瓣比/dB
补偿前	P_1	0.257	-5.64	-4.65
	P_2	0.250	-6.83	-5.14
	P_3	0.260	-6.40	-4.89
P. Prats-Iraola 补偿方法	P_1	0.235	-10.65	-8.17
	P_2	0.230	-10.35	-8.01
	P_3	0.231	-11.40	-8.65
本章补偿方法	P_1	0.217	-13.18	-10.52
	P_2	0.224	-13.19	-10.50
	P_3	0.222	-13.17	-10.46

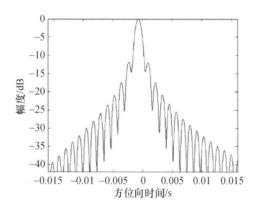

图 8-11　场景中心点 P_2 处理结果的方位向剖面

8.5　小结

本章给出了一种适用于高分辨星载 SAR 的对流层延迟效应成像补偿方法。

该方法基于观测场景的纬度、高度角、高程数据和观测日期等参数,通过 EGNOS 模型获取对流层天顶延迟量,利用 NMF 映射函数拟合得到本次观测的对流层影响因子,进一步计算距离向补偿因子与方位向补偿因子,并分别在成像处理的前段和末段进行距离向和方位向补偿,得到对流层延迟效应补偿后的成像结果。

  为了验证成像方法,本章采用可以精确地反映对流层延迟效应的射线追踪法,生成了仿真回波数据。处理结果表明,本章提出的补偿方法能够显著提升高分辨星载 SAR 的成像聚焦性能。并且,与其他天顶延迟模型和映射函数相比,EGNOS 模型和 NMF 的输入参数不需要实时测量。这使得所提出的方法具有更好的工程实用性。

第 9 章
星载多通道 SAR 误差补偿技术

9.1 多通道 SAR 误差产生机理

对于方位多通道宽覆盖高分辨率星载 SAR,数字波束形成是实现多普勒频谱重构,完成高精度成像处理的重要方式[103-106]。然而,由于太空空间环境因素(辐射,温度等)、设备加工工艺的影响以及测量精度的限制,方位各接收通道不可避免地存在不一致误差。这些误差包括通道间幅度不一致性、相位不一致性、时延不一致性和相位中心位置不一致性。其中,幅度不一致性误差能够通过信道均衡[107]方位进行补偿,时延误差能够利用图像配准[108]和相位相关[109]进行估计并补偿,同时理论分析表明沿航迹向的相位中心位置误差可以忽略[110],而沿视线方向的位置不一致性误差可以等效为通道间的相位不一致性误差[111]。因此,本章将重点研究通道相位不一致性误差。

为了解决相位不一致误差带来的问题,国内外提出了多种相位不一致性误差估计方法。文献[112]首先将多信号分类(Multiple Signal Classification,MUSIC)技术引入相位不一致性误差估计中。该类方法将混叠的多普勒频谱作为已知的"虚拟定标源",通过构造代价函数,完成相位不一致性误差的估计。基于 MUSIC 理论,正交子空间法(Orthogonal Subspace Method,OSM)[112]、信号子空间比较法(Signal Subspace Comparison Method,SSCM)[107]和共轭法(Conjugate Method,CM)[113](在本文中合并称为 MUSIC 方法)先后被提出。遗憾的是,这些方法都没有考虑信噪比(Signal-Noise-Rate,SNR)的影响,因此估计精度有限。为了提高估计精度,文献[114]提出了一种自适应加权最小二乘(Adaptive Weighted Least Squares,AWLS)算法,该方法基于相位不一致误差对主带宽外频谱的影响进行优化求解。虽然该方法考虑了SNR,但当发生采样重合[115-117]时,其估计性能会严重下降。除此之外,MUSIC方法和AWLS还存在另一个缺点,当等效采样率(M·PRF)只比信号的3dB带宽稍大一点时,能够用来估计的多普勒单元数量将很少,从而影响估计的精度。与该方法类似,文献[118]提出了一种基于主带宽频谱功率最大化的多普勒频谱优化(Doppler Spectrum Optimization,DSO)算法。该方法虽然可以利用足够的多普勒单元作为校准源,但它仍然没能解决"采样重合"的问题,并且该方法需要迭代处理,因此计算量较大。此外,上述的多种方法都要求已知多普勒中心频率来选择合适的多普勒单元作为标定源,但在多通道SAR系统中由于存在多普勒模糊,多普勒中心频率并不容易得到。为解决这一问题,文献[119]提出了基于方位干涉测量的空间相关系数法(Spatial Cross-Correlation Coefficient,SCCC)。该方法能够对多普勒中心频谱和相位不一致性误差进行联合估计,但它需要系统设计时满足奈奎斯特采样定律,即PRF需要足够大来保证脉冲间的相关性。而这种估计方法的精度比其他方法差,这也限制了它的应用。通过以上分析,针对相位不一致性误差的估计,需要考虑四个因素,包括低信噪比下的估计精度、对采样均匀性的鲁棒性、计算效率以及联合估计多普勒中心频率的能力。

  本章首先总结方位多通道宽覆盖高分辨率星载SAR通道不一致性误差形成因素,建立相应的误差模型,然后分析了其对成像质量影响,最后重点介绍两种多通道相位不一致性误差估计方法。一种是基于旋转不变技术(Estimating Signal Parameters via Rotational Invariance Techniques,ESPRIT)[120]的相位不一致性误差估计方法。该方法首先推导了理想阵列条件下信号传递矩阵的旋转不变性。利用这一性质,通过最小化理想情况下和含误差情况下的特征值的距离来估计相位不一致性误差。同时该方法能够同时估计出多普勒中心频率,适用性强,估计效率高。另一种是基于重构频谱熵的估计方法,该方法克服了AWLS方法和DSO方法的缺点,通过最小化频谱熵(Minimum Doppler Spectrum Entropy,MDSE)实现高精度估计。

  本章组织结构如下:9.2节总结方位多通道宽覆盖高分辨率星载SAR通道不一致性误差形成因素并建立误差模型;9.3节分析多通道不一致性误差对成像质量影响;9.4节提出两种多通道相位不一致性误差估计方法,即ESPEIR法和频谱最小熵法;9.5节总结本章内容。

9.2 多通道阵列误差模型

多通道系统存在多种阵列误差,文献[121]将通道误差按照来源分为通道自身误差、卫星姿态误差、卫星速度误差和卫星位置误差,并通过分析指出通道间幅相不一致性误差对成像质量影响较大,但并未涉及通道采样时延误差。文献[111,122]从信号处理的角度讲通道误差划分为幅相不一致性误差、采样时延误差和通道位置不一致性误差,并建立了相应的数学模型,将相位误差进一步划分为固定的相位误差和沿距离空变的相位误差。但它们未深入分析各种误差对成像质量的影响。本书在总结前人的基础上,将通道误差按照直接误差和间接误差进行划分,然后分析它们之间的传递关系,最后得出统一的方位多通道不一致性误差模型。

9.2.1 通道误差因素及其关系

首先,方位多通道系统通常共用一个发射通道,采用多个分置通道接收回波信号,因此各通道本身的特性差异必然会带来通道幅不一致性误差,相位不一致性误差和距离向的采样时延不一致性误差。由于通道特性相对固定,且卫星工作时空间环境变化不大,因此这部分误差在一次成像观测过程中可以认为是固定的。

其次,通道之间还存在位置误差。位置误差可以分解为沿航迹向的位置误差和垂直航迹向的位置误差。沿航迹向的位置误差会影响各通道等效天线相位中心的位置,从而影响各通道方位向的等效采样时间间隔。而垂直航迹向的位置误差会影响卫星与目标之间的斜距历程,从而引入沿距离空变的相位误差,并且当垂直航迹向的位置误差较大时,还会进一步引入新的距离向的采样延时误差。

最后,卫星的姿态误差能够间接引入通道的不一致性误差。显然,姿态误差会引起通道位置误差。俯仰误差和偏航误差会引入沿航迹向的位置误差和垂直航迹向的位置误差,滚转误差会引入垂直航迹向的位置误差。需要指出的是,姿态误差引起的位置误差沿通道存在线性变化关系,从而使得这部分带来的相位误差分量也存在一定的线性变化关系。

图 9-1 展示了通道误差因素及其关系。

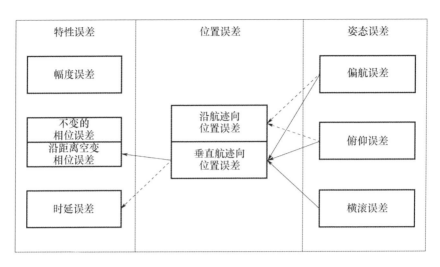

图 9-1 通道误差因素及其关系

（实线表示强影响，虚线表示弱影响）

9.2.2 通道误差模型

方位多通道宽覆盖高分辨率星载 SAR 几何模型如图 9-2 所示。其中，直角坐标系 $O-XYZ$ 的原点设在 0 时刻时卫星的星下点位置，Y 轴指向卫星平台运动方向，Z 轴为远离地心方向，X 轴的指向符合右手坐标系。图中 v 表示卫星飞行速度，r 为天线参考通道相位中心（位于天线中心位置）到场景中任一点目标 P 的斜距，ϕ 为斜视角，α 为下视角，β 为方位角，h 为直线几何中的卫星高度。则 P 点的坐标 $(x_p, y_p, z_p) = (r\cos\phi\sin\alpha, r\sin\phi, 0)$。假设存在 N 个方位接收通道，相对于参考通道的间隔为 $d_i = [i-(N+1)/2]d, i=1,2,\cdots,N$，其中 d 为常数。因此各通道接收到回波的双程斜距表示为

$$R^{(i)}(t;r,y_p) = R\left(t - \frac{y_p}{v};r\right) + R\left(t + \frac{d_i}{v} - \frac{y_p}{v};r\right)$$

$$\approx 2R\left(t + \frac{d_i}{2v} - \frac{y_p}{v};r\right) + \frac{f_r d_i^2}{8v^2} \quad (9-1)$$

$$R(t;r) = \sqrt{r^2 + (vt)^2 - 2rvt\sin\phi}$$

式中：t 为方位慢时间；f_r 为方位调频率。在实际处理时，式（9-1）中最后一项相位通常先被补偿掉，这样各通道的接收回波就能够被看作相位中心位置间隔减半的单通道 SAR 信号。因此第 i 个接收通道的回波完成距离压缩后在距离

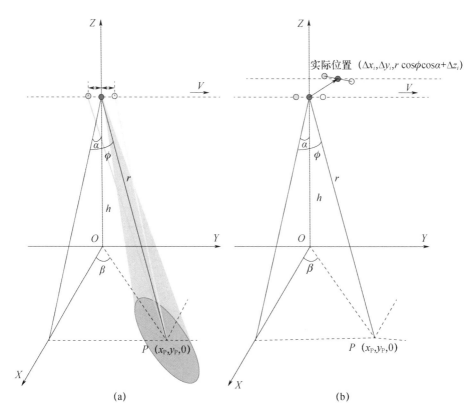

(a)　　　　　　　　　　　(b)

图 9-2　多通道星载 SAR 几何模型

频域方位时域的表达式为

$$S^{(i)}(f_\tau, t) = W_r(f_r) w_a\left(t - \frac{y_p - d_i/2}{v}\right) \cdot$$

$$\exp\left[-j\frac{4\pi}{c}(f_c + f_\tau) R\left(t + \frac{d_i}{2v} - \frac{y_p}{v}; r\right)\right] \quad (9-2)$$

式中：f_r 为距离频率；f_c 为载频频率；c 为光速；$W_r(f)$ 为距离频率包络；$w_a(t)$ 为方位天线方向图。这里隐去了与分析无关的距离向相位项。

对式（9-2）进行方位向傅里叶变换，变换到二维频域，由于单一通道方位向存在欠采样，所以二维频域信号会发生模糊现象，即

$$S^{(i)}(f_\tau, f_a) = \sum_{k=K_{\min}}^{K_{\max}} U_0(f_\tau, f_a + k \cdot f_{\text{prf}}) \exp\left[j2\pi \frac{d_i}{2v}(f_a + k \cdot f_{\text{prf}})\right] \quad (9-3)$$

$$U_0(f_\tau, f_a) = W_r(f_\tau) W_a(f_a) \cdot \exp\left[-j4\pi r \sin\phi \sqrt{\left(\frac{f_c + f_r}{c}\right)^2 - \left(\frac{f_a}{2v}\right)^2} - j2\pi f_a \frac{y_p}{v}\right]$$

$$(9-4)$$

式中:f_a 为方位频谱;k 为模糊索引;$U_0(f_\tau,f_a)$ 为无模糊的参考的单通道 SAR 的二维频域信号;$W_a(f_a)$ 为 $w_a(t)$ 的傅里叶变换。

当存在通道阵列误差时,方位多通道 SAR 信号在距离频域方位时域的表达式为

$$S_e^{(i)}(f_\tau,t) = g_i \mathrm{e}^{\mathrm{j}\delta_i} W_r(f_r) w_a\left(t - \frac{y_\mathrm{p} - d_i/2 - \Delta x_i}{v}\right) \cdot$$

$$\exp\left[-\mathrm{j}\frac{4\pi}{c}(f_c + f_\tau)R^e\left(t + \frac{d_i}{2v} - \frac{y_\mathrm{p}}{v};r\right)\right]\exp(-\mathrm{j}2\pi f_\tau \Delta\tau_i)$$

$$(9-5)$$

$$R^e\left(t + \frac{d_i}{2v} - \frac{y_\mathrm{p}}{v};r\right) = \sqrt{(\Delta x_i - x_\mathrm{p})^2 + \left(vt + \frac{d_i}{2v} + \Delta y_i - y_\mathrm{p}\right)^2 + (h + \Delta z_i - z_\mathrm{p})^2}$$

$$(9-6)$$

式中:g_i 为通道幅度不一致性误差;δ_i 为通道相位不一致性误差;$\Delta\tau_i$ 为通道时延误差;Δx_i,Δy_i,Δz_i 为各通道相位中心测量误差和由姿态误差造成的各通道相位中心位置误差的总和。由于卫星平台在一次观测过程中能够进行较稳定的姿态控制,因为这部分误差可以看作不随时间发生变化。

将式(9-6)展开,并整理可得[111,122]

$$R^e\left(t + \frac{d_i}{2v} - \frac{y_\mathrm{p}}{v};r\right) = R\left(t + \frac{d_i}{2v} - \frac{y_\mathrm{p} + \Delta y_i}{v};r\right) + \Delta R_i \quad (9-7)$$

$$\Delta R_i = \Delta z_i \cos\alpha\cos\phi - \Delta x_i \sin\alpha\cos\phi \quad (9-8)$$

注意式(9-7)中,下视角 α 随着场景目标的位置不同而变化,因此,ΔR_i 存在距离空变性,分析可知 ΔR_i 可以分解为参考斜距出的空不变误差 $\Delta R_{i,1}$ 和随斜距变化的空变误差 $\Delta R_{i,2}$。

对式(9-5)进行方位向傅里叶变换,变换到二维频域,可得

$$S_e^{(i)}(f_\tau,f_a) = g_i \exp\left(\mathrm{j}\delta_i - \mathrm{j}\frac{4\pi}{\lambda}\Delta R_{i,1}\right)\exp\left[-\mathrm{j}2\pi f_\tau\left(\Delta\tau_i + \frac{2\Delta R_i}{c}\right)\right] \cdot$$

$$\sum_{k=K_{\min}}^{K_{\max}} U_0(f_\tau,f_a + k \cdot f_{\mathrm{prf}})\exp\left[\mathrm{j}2\pi\left(\frac{d_i}{2v} - \frac{\Delta y_\mathrm{p}}{v}\right)(f_a + k \cdot f_{\mathrm{prf}})\right] \cdot$$

$$\exp\left(-\mathrm{j}\frac{4\pi}{\lambda}\Delta R_{i,2}\right)$$

$$(9-9)$$

式中:第一个指数项表示合成的相位误差非空变分量;第二个指数项表示合成的时延误差,由于距离向对时延误差容忍度相对较高,因此由 ΔR_i 空变分量引入的时延误差对距离信号包络的影响可以忽略,但当在较大误差或高分辨率条

件下,这部分误差会引起图像的几何畸变;第三个指数项表示沿航迹向的相位中心位置误差,该误差通常较小,一般情况下可以忽略,严重时需要进行估计;第四项表示相位误差空变分量。因此,在一般情况下,方位多通道阵列误差模型表示为

$$S_e^{(i)}(f_\tau, f_a) = g_i \exp\left(j\delta_i - j\frac{4\pi}{\lambda}\Delta R_i\right) \exp\left[-j2\pi f_\tau\left(\Delta\tau_i + \frac{2\Delta R_{i,1}}{c}\right)\right] \cdot \sum_{k=K_{\min}}^{K_{\max}} U_0(f_\tau, f_a + k \cdot f_{\mathrm{prf}}) \exp\left[j2\pi \frac{d_i}{2v}(f_a + k \cdot f_{\mathrm{prf}})\right] \quad (9-10)$$

9.3 多通道方位信号重构与相位不一致性误差校正方法

方位多通道宽覆盖高分辨率星载 SAR 系统由于系统脉冲重复频率低于方位向信号带宽,因此在进行聚焦成像前,需要将非均匀采样的方位向信号重构为均匀采样信号。文献[103,104,123]提出的传递函数法和文献[106,112]提出的空时自适应(Space Time Adaptive Processing,STAP)法是两种经典的处理方法,对于采样均匀度较高的情况均能取得不错的估计效果。但它们对采样非均匀度高的情况,处理性能下降很快,因此,文献[115-117]提出了适用于高非均匀采样度的多通道方位信号重构方法。由于这些方位重构算法比较成熟,且本章专注于误差估计与校正,因此这里简单介绍传递函数法。

9.3.1 通道方位信号重构

传递函数法是利用各通道信号与无模糊的信号频谱的传递关系,通过矩阵求逆恢复出无模糊的均匀采样信号。根据式(9-3),方位多通道宽覆盖高分辨率星载 SAR 信号在距离时域方位频域的表达式为

$$S^{(i)}(\tau, f_a) = \sum_{k=K_{\min}}^{K_{\max}} U_0(\tau, f_a + k \cdot f_{\mathrm{prf}}) \exp\left[j2\pi \frac{d_i}{2v}(f_a + k \cdot f_{\mathrm{prf}})\right]$$

$$(9-11)$$

式中:$U_0(\tau, f_a + k \cdot f_{\mathrm{prf}})$ 为无模糊的参考的单通道 SAR 信号。

将各个通道信号进行组合,得

$$\mathbf{S}(\tau, f_a) = \mathbf{H}(f) \mathbf{U}_0(\tau, f) \quad (9-12)$$

$$\mathbf{S}(\tau, f_a) = [S^{(1)}(\tau, f_a), S^{(2)}(\tau, f_a), \cdots, S^{(N)}(\tau, f_a)]^T \quad (9-13)$$

$$\mathbf{U}_0(f_a, r) = [U_0(\tau, f_a - K_{\min} \cdot f_{\mathrm{prf}}), U_0(\tau, f_a + (-K_{\min}+1) \cdot f_{\mathrm{prf}}), \cdots, U_0(\tau, f_a + K_{\max} \cdot f_{\mathrm{prf}})]^T$$

$$(9-14)$$

$$H(f_a) = [h_{K_{\min}}(f_a), h_{K_{\min}+1}(f_a), \cdots, h_{K_{\max}}(f_a)] \quad (9-15)$$

$$h_k(f) = [e^{j\pi(f+k\cdot f_{prf})d_1/v}, e^{j\pi(f+k\cdot f_{prf})d_2/v}, \cdots, e^{j\pi(f+k\cdot f_{prf})d_N/v}]^T \quad (9-16)$$

式中:$[\cdot]^T$为矩阵转置。为了能够恢复得到$U_0(\tau,f_a)$,根据矩阵理论,可以构建重构矩阵,即

$$P(f_a) = H(f_a)^{-1} = [P_{K_{\min}}(f_a), P_{K_{\min}+1}(f_a), \cdots, P_{K_{\max}}(f_a)]^T \quad (9-17)$$

式中:$[\cdot]^{-1}$为矩阵求逆。需要注意的是,式(9-17)成立的前提是频谱模糊数$K = K_{\max} - K_{\min} + 1$与系统通道数相等。在重构滤波时,通过合理计算频谱宽度可以令$K = N$。当系统参数不能满足条件时,有改进的频谱滤波器[115-117]可以使用。但在利用 MUSIC 算法进行相位不一致性误差估计时,要求$K < N$。

通过滤波器$P(f)$,参考信号能够无失真地恢复出来,即

$$\hat{U}_0(\tau,f_a) = P(f_a)S(\tau,f_a) \quad (9-18)$$

9.3.2 经典相位不一致性误差校正方法

相位不一致性误差对方位多通道宽覆盖星载 SAR 高精度成像有很大影响。为保证成像质量,本节简单介绍经典的相位不一致性误差校正方法。首先,考虑相位不一致性误差和噪声的信号模型为

$$S(\tau,f_a) = \Gamma H(f) U_0(\tau,f_a) + N(\tau,f_a) \quad (9-19)$$

$$\Gamma = \text{diag}\{x\} = \text{diag}\{e^{j\delta_1}, e^{j\delta_2}, \cdots, e^{j\delta_N}\} \quad (9-20)$$

式中:Γ为相位误差矢量,$N(\tau,f_a)$表示高斯白噪声。这里暂时只考虑空不变的相位不一致性误差。对于空变的相位误差,可以通过距离分块估计,利用拟合的方法进行估计,详细内容在第 10 章介绍。

在存在相位不一致性误差情况下,重构滤波器应该表示为

$$\hat{U}_0(\tau,f_a) = P(f_a)YS(\tau,f_a) \quad (9-21)$$

其中,理论上$Y = \text{diag}(y) = \Gamma^{-1}$。

1. 正交子空间法(OSM)

正交子空间法是利用信号协方差矩阵的特征分解,将特征向量划分为信号子空间和噪声子空间。基于谱估计的理论,信号子空间与噪声子空间相互正交。基于此,可以估计出相位不一致性误差。

含有相位不一致性误差的方位多通道宽覆盖高分辨率星载 SAR 回波信号的协方差矩阵为

$$R = E_\tau[S(\tau,f_a)S(\tau,f_a)^H]$$

$$= \Gamma H(f_a) E_\tau [U_0(\tau, f_a) U_0(\tau, f_a)^H] H(f_a)^{-1} \Gamma^{-1} \quad (9-22)$$

对 R 进行特征值分解,有

$$R = \sum_{i=1}^{K} \alpha_i g_i g_i^H + \sum_{K}^{N} \alpha_i g_i g_i^H \quad (9-23)$$

其中,$\alpha_1 > \alpha_2 > \cdots > \alpha_K \gg \alpha_{K+1} = \cdots = \alpha_N = \sigma_n^2$。

根据矩阵理论可知,带有误差的空间导向矢量张成的子空间同表征信号的特征向量组张成的子空间是一致的,定义 $G = [u_1, \cdots, u_K]$,即

$$\text{span}\{\Gamma h_{K_{\min}}(f_a), \cdots, \Gamma h_{K_{\max}}(f_a)\} = \text{span}\{G\} = \text{span}\{g_1, \cdots, g_K\}$$
$$(9-24)$$

再定义噪声向量组 $V = [u_{K+1}, \cdots, u_N]$,利用信号子空间和噪声子空间的正交性,定义代价函数

$$J = \sum_k \| V^H \Gamma h_k(f_a) \|_2 \quad (9-25)$$

式中:$\| \cdot \|_2$ 为 l_2 范数,理论上存在一个 $\hat{\Gamma}$ 使得 $J = 0$,但由于噪声和系统误差,并不存在解。因此我们可取代价函数最小来求取可行解,将 J 展开为

$$\min_{\hat{\Gamma}} J = \min_{\hat{\Gamma}} \{\sum_k h_k(f_a)^H \Gamma^H V V^H \Gamma h_k(f_a)\}$$
$$= \min_x \{\sum_k x^H Q_k^H(f_a) V V^H Q_k(f_a) x\} \quad (9-26)$$

其中,$Q_k(f_a) = \text{diag}\{h_k(f_a)\}$,令 $Z(f_a) = \sum_k Q_k^H(f_a) V V^H Q_k(f_a)$,这样问题转为为一个带有约束条件的二次规划问题。根据矩阵理论,可知最小二乘解可以表示为

$$x(f_a) = \frac{Z^{-1}(f_a) w}{w^T Z^{-1}(f_a) w} \quad (9-27)$$

其中 $w = [1, 0, 0, \cdots, 0]^T$。

2. 信号空间匹配法(SSCM)

信号空间匹配法是根据式(9-24)推导得到的,带有误差的空间导向矢量张成的子空间同表征信号的特征向量组张成的子空间是一致的,因此有

$$G(G^H G)^{-1} G^H = \Gamma H(f_a)(H^H(f_a) \Gamma^H \Gamma H(f_a))^{-1} H^H(f_a) \Gamma^H \quad (9-28)$$

另 $B = G G^H$,$W(f_a) = H(f_a)(H^H(f_a) H(f_a))^{-1} H^H(f_a)$,同时又有 $\Gamma^H \Gamma = I_N$,$G^H G = I_K$,则有

$$B = \Gamma W(f_a) \Gamma^H \quad (9-29)$$

取 B 中第一列,可得

第9章 星载多通道SAR误差补偿技术

$$B_{i1} - \Gamma_{ii} W(f_a)_{i1} \Gamma_{11}^* = B_{i1} - W(f_a)_{i1} e^{j(\delta_i - \delta_1)} = 0 \quad (9-30)$$

因此有

$$\delta_i - \delta_1 = \angle \frac{B_{i1}}{W(f_a)_{i1}}, i = 1, 2, \cdots, N \quad (9-31)$$

3. 自适应加权最小二乘法(AWLS)

为保证方位信号模糊度满足系统指标,在完成方位向信号重构后,等效信号带宽需要小于 $N \cdot \text{PRF}$。因此可以找到某些多普勒单元 $f_a + k_0 \cdot f_{\text{prf}}$,在重构后位于等效带宽之外。理论上,这部分除噪声外信号能量近似为0。但当存在相位不一致性误差时,会有部分信号能量会泄露到有效带宽之外。因此,可以通过最小化有效带来外的信号能量估计相位不一致性误差。

重构后多普勒单元 $f_a + k_0 \cdot f_{\text{prf}}$ 处的信号能量表示为

$$|U_0(\tau, f_{a,0} + k_0 \cdot f_{\text{prf}})|^2 = |\boldsymbol{P}_{k_0}(f_a) \boldsymbol{Y} \boldsymbol{S}(\tau, f_a)|^2 \quad (9-32)$$

重写 $\boldsymbol{S}_D(\tau, f_a) = \text{diag}\{\boldsymbol{S}(\tau, f_a)\}$ 并注意 $\boldsymbol{Y} = \text{diag}\{\boldsymbol{y}\}$,则上述思路可以表示为一个优化问题,即

$$\hat{\boldsymbol{y}} = \min_{\boldsymbol{y}} |\boldsymbol{P}_{k_0}(f_a) \boldsymbol{S}_D(\tau, f_a) \boldsymbol{y}|^2 = \min_{\boldsymbol{y}} \boldsymbol{y}^H \boldsymbol{A}^H \boldsymbol{A} \boldsymbol{y}$$

$$\text{s.t.} \quad |y_i| = 1, \quad i = 1, 2, \cdots, N \quad (9-33)$$

其中,$\boldsymbol{A} = \boldsymbol{P}_{k_0}(f_a) \boldsymbol{S}_D(\tau, f_a)$。该式是一个二次横模问题,可以通过半正定松弛法和特征值松弛法求解。

还有一种多普勒频谱优化的方法与AWLS法类似,这种方法通过最大化有效带宽内的能量进行估计,这里不再赘述。

4. 相关法

将相邻通道数据进行相关处理,由式(9-2)可知,忽略方位包络的差异,在方位时域相关处理的信号存在一个与通道等效间隔有关的相位,即

$$E_t[S^{(i-1)}(f_\tau, t)^* S^{(i)}(f_\tau, t)] = \exp\left[j2\pi f_d \frac{d_i - d_{i-1}}{2v}\right] \quad (9-34)$$

再考虑相位不一致性误差,则式(9-34)变为

$$E_t[S^{(i-1)}(f_\tau, t)^* S^{(i)}(f_\tau, t)] = \exp\left(j2\pi f_d \frac{d_i - d_{i-1}}{2v}\right) \exp[j(\delta_i - \delta_{i-1})]$$

$$(9-35)$$

因此只需已知多普勒中心频谱,及通道相位中心间隔,即可求出通道间的相位不一致性误差校正方法。如果将某个脉冲的最后一个通道数据和相邻下一个脉冲的数据也进行相关处理,通过消循环项,也可以估计出多普勒中心频

率。由此可见,该种方法对参数精度要求较多,且需要通道间有良好的相关性,对场景变化比较敏感。

9.3.3 相位不一致性误差校正新方法

本节提出两种新的相位不一致性误差校正方法。一种是基于传递矩阵 $\boldsymbol{H}(f)$ 的旋转不变特性,利用旋转因子在存在相位不一致误差时的扰动来建模,从而估计出相位不一致性误差。该方法与 MUSIC 算法相比,不需要确定准确的模糊数来划分可利用的多普勒单元,具有很高的鲁棒性。同时,该算法经过适当扩展,能够同时估计出多普勒中心频率误差。另一种方法是基于频谱最小熵的估计算法。由于相位不一致性误差会影响重构后频谱的分布特性,致使频谱熵增大,因此可以通过优化的思想估计出相位不一致性误差。该方法与其他频谱优化相比,利用了全部的多普勒单元,同时采用自适应的加权策略,能够取得良好的估计精度。尽管该方法需要进行迭代处理,但最小熵的优化函数存在一种快速收敛算法能够保证较好的估计效率。

1. 基于旋转不变技术的相位不一致性误差估计方法

方位多通道信号的协方差矩阵在实际处理中由采样协方差代替。观察式(9-22)可知,沿距离向信号进行统计平均计算统计协方差。这样,对于不同的多普勒单元,均需要分别计算。在进行方位多普勒谱重构时,重构矩阵 $\boldsymbol{P}(f_a)$ 也需要沿多普勒单元分别计算。这种计算方式,降低了处理效率,而且不利于相位不一致性误差的估计。为解决这一问题,传递矩阵可以分解为

$$\boldsymbol{H}(f) = \boldsymbol{T}(f)\boldsymbol{H} \tag{9-36}$$

$$\boldsymbol{T}(f_a) = \mathrm{diag}\{e^{j\pi f_a d_1/v}, e^{j\pi f_a d_2/v}, \cdots, e^{j\pi f_a d_N/v}\} \tag{9-37}$$

$$\boldsymbol{H} = [\boldsymbol{h}_{K_{\min}}, \boldsymbol{h}_{K_{\min}+1}, \cdots, \boldsymbol{h}_{K_{\max}}] \tag{9-38}$$

$$\boldsymbol{h}_k = [e^{j\pi k \cdot f_{\mathrm{prf}} d_1/v}, e^{j\pi k \cdot f_{\mathrm{prf}} d_2/v}, \cdots, e^{j\pi k \cdot f_{\mathrm{prf}} d_N/v}]^{\mathrm{T}} \tag{9-39}$$

通过乘以 $\boldsymbol{T}(f)^{-1}$,传递函数能够抛离对多普勒频率的依赖,转化为一个常数矩阵。那么,式(9-19)将变为

$$\boldsymbol{S}_0(\tau, f_a) = \boldsymbol{T}(f)^{-1}\boldsymbol{S}(\tau, f_a) = \boldsymbol{T}(f)^{-1}\boldsymbol{\Gamma}\boldsymbol{H}(f)\boldsymbol{U}_0(\tau, f_a) + \boldsymbol{T}(f)^{-1}\boldsymbol{N}(\tau, f_a)$$
$$= \boldsymbol{\Gamma}\boldsymbol{H}\,\boldsymbol{U}_0(\tau, f_a) + \boldsymbol{N}_0 \tag{9-40}$$

观察通道间隔 d_i 的定义,可知矩阵 $\boldsymbol{H}$ 中每列的导向矢量是几何级数,因此矩阵 $\boldsymbol{H}$ 是范德蒙矩阵。那么可以应用 ESPRIT 技术,为了方便后续推导,我们把每列的几何级数比提取出来,写成一个矩阵,称作旋转矩阵,即

$$\boldsymbol{D} = \mathrm{diag}\{e^{j2\pi K_{\min} \cdot f_{\mathrm{prf}} \Delta d/v}, e^{j2\pi(K_{\min}+1) \cdot f_{\mathrm{prf}} \Delta d/v}, \cdots, e^{j2\pi K_{\max} \cdot f_{\mathrm{prf}} \Delta d/v}\} \tag{9-41}$$

提取式(9-40)的前 $N-1$ 行和后 $N-1$ 行,并暂时不考虑相位不一致性误差,可以得到两个方程,即

$$S_1 = H_1 U + N_1 \qquad (9-42)$$

$$S_2 = H_2 U + N_2 \qquad (9-43)$$

根据定义,易知

$$H_2 = H_1 D \qquad (9-44)$$

将式(9-42)和式(9-43)组合成一个新的矩阵方程,即

$$\overline{S} = \begin{bmatrix} S_1 \\ S_2 \end{bmatrix} = \begin{bmatrix} H_1 \\ H_1 D \end{bmatrix} U + \begin{bmatrix} N_1 \\ N_2 \end{bmatrix} = \overline{H} U + \overline{N} \qquad (9-45)$$

接下来计算相应的协方差矩阵为

$$RR = \underset{t,f_a}{E}[\overline{S}\,\overline{S}^H] = \overline{H}\underset{t,f_a}{E}[U U^H]\overline{H}^H + R_N \qquad (9-46)$$

式中:R_N 为噪声协方差。由式(9-46)中 $\overline{H}$ 与多普勒频率无关,因此计算期望时,不仅可以沿距离单元进行,还可以沿多普勒单元进行,这样能够提高效率和精度。

依据谱估计的子孔径理论,对协方差矩阵 RR 进行特征值分解,能够分解出 K 个大特征值和 $2N-2-K$ 个小特征值及其相应的特征向量。而且,与 K 个大特征值相应的特征向量组 G 张成的子孔径和导向矢量 $\overline{H}$ 张成的子空间,表示为

$$\text{span}\{G\} = \text{span}\{\overline{H}\} \qquad (9-47)$$

因此,存在一个非奇异矩阵 F,使得

$$G = \overline{H} F \qquad (9-48)$$

式(9-48)可以分解为

$$G = \begin{bmatrix} G_1 \\ G_2 \end{bmatrix} = \begin{bmatrix} H_1 \\ H_1 D \end{bmatrix} F \qquad (9-49)$$

式中:G_1 和 G_2 分别为 S_1 和 S_2 的信号向量组。从式(9-49)中很容易得

$$G_2 = H_1 D F = G_1 T^{-1} D F = G_1 \boldsymbol{\Phi} \qquad (9-50)$$

$$\boldsymbol{\Phi} = F^{-1} D F \qquad (9-51)$$

在达波方向(DOA)估计中,旋转矩阵 D 是未知的,而且信源的来波方向隐藏在其中。但旋转矩阵 D 可以通过矩阵 $\boldsymbol{\Phi}$ 求解。根据式(9-50),有

$$\boldsymbol{\Phi} = G_1^+ G_2 \qquad (9-52)$$

式中:$[\,\cdot\,]^+$ 为矩阵的广义逆。不同的是,在方位多通道 SAR 中,旋转矩阵 D 是已知的,因此,根据(9-51)可以,矩阵 $\boldsymbol{\Phi}$ 的特征根矩阵与旋转矩阵 D 相等,即

$$\lambda\{\boldsymbol{\Phi}\} = \boldsymbol{D} \quad (9-53)$$

由于上述推导过程与 ESPRIT 类似,因此将该性质称为多通道 SAR 的"旋转不变性",需要指出的是可以放宽对模糊数 K 的限制。对于 DOA 的研究,数组元素数(通道数 N)应该大于信号源数(模糊数 K),以确保能找到所有 DOA。但在 SAR 中,DOA 不是需要关心的问题。如果通道数小于模糊数,那么矩阵 $\boldsymbol{\Phi}$ 的特征根将仅对应旋转矩阵 $\boldsymbol{D}$ 的 $N-1$ 个特征值,即

$$\lambda\{\boldsymbol{\Phi}\} = \boldsymbol{D}_{\text{sub}} \quad (9-54)$$

在上述推导中,可以看出,方位多通道星载 SAR 信号的旋转不变性基于范德蒙矩阵 $\boldsymbol{H}$。如果考虑到相位不一致性误差,上述特性将不再成立,那么矩阵 $\boldsymbol{\Phi}$ 的特征根矩阵与旋转矩阵 $\boldsymbol{D}$ 将不再相等,即

$$\boldsymbol{D} \neq \Lambda\{\boldsymbol{\Phi}\} \quad (9-55)$$

为了说明相位不一致性误差对旋转矩阵的影响,图 9-3 给出了一个方位五通道数据的协方差矩阵的分布示意图,图中三角形表示旋转矩阵 $\boldsymbol{D}$ 的分布,可以看到它均匀分布在单位圆上,方块表示的矩阵 $\boldsymbol{\Phi}$ 的特征根分布,由于受到相位不一致性误差的影响,它的分布受到干扰,分散在单位圆内外。

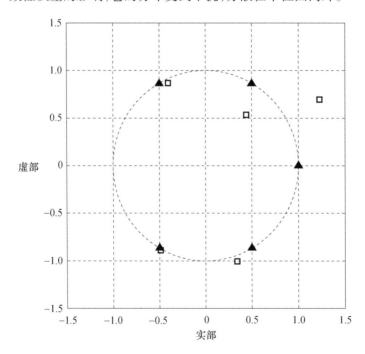

图 9-3 旋转矩阵 $\boldsymbol{D}$ 与矩阵 $\boldsymbol{\Phi}$ 的特征根的分布

从图 9-3 中可以看出,旋转矩阵 $\boldsymbol{D}$ 的特征值均匀分布在单位圆上,而由于相位不一致性误差的影响,矩阵 $\boldsymbol{\Phi}$ 的特征根的杂乱地分布在单位圆附近。因此,可以通过最小化矩阵 $\boldsymbol{\Phi}$ 的特征根矩阵与旋转矩阵 $\boldsymbol{D}$ 的差异来估计来估计相位不一致性误差。该优化问题可以写为

$$\hat{\boldsymbol{\delta}} = \arg\min_{\boldsymbol{\delta}} \| \boldsymbol{D} - \lambda(\boldsymbol{\Phi}) \|_2 \qquad (9-56)$$

在实际处理中,各个特征值之间存在串扰,因此在使用循环坐标梯度下降法时会收敛到错误的结果。为解决这个问题,一个有效的方法是每次仅用两个相邻通道的数据进行估计,得出相邻通道的相位误差。

2. 基于多普勒谱最小熵的相位不一致性误差估计方法

由于相位不一致性误差的影响,重构后的多普勒频谱存在畸变,能量分布发生变化。其中一个重要的变化是能量的分布不再集中在信号主值带宽内,而是向有效带宽外发生扩散,因此利用这个特性,可以进行相位不一致性误差的估计。上述的 AWLS 法和 DSO 法均是基于此理论,但这两种方法有两个缺陷:①仅仅利用了有效带宽内或有效带宽外的信号,但有效带宽划分没有明确的理论依据,在实际处理中也很难区分信号能量增加和减少的分界点;②没有考虑重构后噪声功率的变化,由于方位多通道的非均匀采样,噪声能量会被放大,造成信噪比损失,尤其是当非均匀采样度很高时,重构信号频带边缘的信噪比急遽恶化,验证影响它们的估计精度,甚至使方法失效。

本节提出基于多普勒谱最小熵的相位不一致性误差估计方法能够克服上述两个问题。首先,本方法利用全部信号频谱进行估计,利用熵来评估频谱的集中程度,误差越小,频谱越接近 sinc^2 的钟形分布,频谱越锐利,熵越小。其次,为了降低信噪比恶化带来的问题,本方法中采用一种自适应加权来抑制噪声,大大提高了算法的估计精度和稳定度。最后,为降低算法计算复杂度,采用了一种快速的迭代方法进行求解,能够实现较快的估计。

用 l 和 m 分别表示方位频率和距离时间的采样索引,将式(9-19)重写为离散形式,即

$$\boldsymbol{S}(l,m) = \boldsymbol{\Gamma}\boldsymbol{H}(m)\boldsymbol{U}_0(l,m) \qquad (9-57)$$

相应地,式(9-21)重写为

$$\boldsymbol{U}_0(l,m) = \boldsymbol{P}(m)\boldsymbol{\Gamma}^{-1}\boldsymbol{S}(l,m) \qquad (9-58)$$

那么,无模糊的频谱分量 $\boldsymbol{U}_0(l, m + k \cdot f_{\text{prf}})$ 可以重新表示为

$$\boldsymbol{U}_0(l, m + k \cdot f_{\text{prf}}) = \boldsymbol{x}^{\text{H}} \text{diag}\{\boldsymbol{h}_k(m)\}\boldsymbol{S}(l,m) \qquad (9-59)$$

根据熵的定义,重构后距离时域方位频域信号熵表示为

$$\Theta = -\sum_l \sum_m \sum_{k=K_{\min}}^{K_{\max}} \left[\frac{\boldsymbol{U}_0(m+k\cdot f_{\mathrm{prf}},l) \cdot \boldsymbol{U}_0^{\mathrm{H}}(m+k\cdot f_{\mathrm{prf}},l)}{E_z} \cdot \ln \frac{\boldsymbol{U}_0(m+k\cdot f_{\mathrm{prf}},l) \cdot \boldsymbol{U}_0^{\mathrm{H}}(m+k\cdot f_{\mathrm{prf}},l)}{E_z} \right]$$

$$= -\sum_l \sum_m \sum_{k=K_{\min}}^{K_{\max}} \frac{\boldsymbol{x}^{\mathrm{H}} \cdot \boldsymbol{\Omega} \cdot \boldsymbol{x}}{E_z} \ln \frac{\boldsymbol{x}^{\mathrm{H}} \cdot \boldsymbol{\Omega} \cdot \boldsymbol{x}}{E_z} \quad (9-60)$$

$$\boldsymbol{\Omega} = \mathrm{diag}\{\boldsymbol{h}_k(m)\} \boldsymbol{S}(l,m) \boldsymbol{S}(l,m)^{\mathrm{H}} \mathrm{diag}\{\boldsymbol{h}_k(m)^*\} \quad (9-61)$$

$$E_z = \sum_{l,m,k} \boldsymbol{x}^{\mathrm{H}} \cdot \boldsymbol{\Omega} \cdot \boldsymbol{x} \quad (9-62)$$

因此,可以通过转化为一个最优化问题,即

$$\hat{x} = \arg\min_x -\sum_l \sum_m \sum_{k=K_{\min}}^{K_{\max}} \frac{\boldsymbol{x}^{\mathrm{H}} \cdot \boldsymbol{\Omega} \cdot \boldsymbol{x}}{E_z} \ln \frac{\boldsymbol{x}^{\mathrm{H}} \cdot \boldsymbol{\Omega} \cdot \boldsymbol{x}}{E_z} \quad (9-63)$$

求解这个问题,可以使用循环坐标梯度下降法。在利用其中一个通道相位误差最小化目标函数的时候固定其他通道误差不变。在每次迭代过程中,可以采用梯度下降法或拟牛顿法等。为了实现快速聚焦,文献[111]给出了一种算法,通过构架一个上边界函数,求出了边界函数的解析解,能够高效估计。迭代的终止条件为

$$\Delta \Phi = \Phi_{q+1} - \Phi_q < \Delta \Phi_{\mathrm{th}} \quad (9-64)$$

式中:Φ_q 为第 q 次迭代后的熵值;$\Delta \Phi_{\mathrm{th}}$ 为设定的精度阈值。

如前所述,重构过程会使噪声能量分布发生变化并降低信噪比,具体的影响大小与方位采样的均匀度有关。方位采样均匀度定义为

$$F_u = \frac{f_{\mathrm{prf}}}{f_{\mathrm{prf,uni}}} = N \cdot d/(v/f_{\mathrm{prf}}) \quad (9-65)$$

式中:$f_{\mathrm{prf,uni}}$ 为均匀采样时的 PRF。一般使用信噪比尺度因子来描述重构前后信噪比变化程度,即

$$\Phi_{\mathrm{bf}} = \frac{\dfrac{\mathrm{SNR}_{\mathrm{in}}}{\mathrm{SNR}_{\mathrm{out}}}}{\left.\dfrac{\mathrm{SNR}_{\mathrm{in}}}{\mathrm{SNR}_{\mathrm{out}}}\right|_{\mathrm{PRF}_{\mathrm{uni}}}} = \frac{1}{\sigma_1^2} + \frac{1}{\sigma_2^2} + \cdots + \frac{1}{\sigma_N^2} \quad (9-66)$$

式中:$\mathrm{SNR}_{\mathrm{in}}$ 和 $\mathrm{SNR}_{\mathrm{out}}$ 为重构前后的信噪比;$\sigma_1,\sigma_2,\cdots,\sigma_N$ 为矩阵 $\boldsymbol{H}(f_a)$ 的奇异值。对于均匀采样的情况($Fu=1$),SNR 尺度因子为 1。当系统工作在非均匀 PRF 时,由于矩阵 $\boldsymbol{H}(f_a)$ 中每列的相关性会增加,造成了一些小的奇异值,使得 SNR 尺度因子变大。相关知识可以参考文献[103]。进一步理论分析,可知重

构后归一化的噪声谱密度表示为

$$S_{\text{noise}}(f_a + k \cdot f_{\text{prf}}) = \| h_k(f) \|_2^2 \qquad (9-67)$$

为了能够抵消噪声谱在频谱边缘的抬升,一个自然的滤波器可以构造为

$$F_1(f_a) = \frac{1}{S_{\text{noise}}(f_a)} \qquad (9-68)$$

使用式(9-68)进行滤波,噪声频谱理论上能够被拉平。但在频带边缘,噪声依然会高于信号,为了进一步抑制噪声,可以在 $F_1(f_a)$ 的基础上进一步进行加窗处理,构建滤波器为

$$F_2(f_a) = \frac{\text{win}(f_a)}{S_{\text{noise}}(f_a)} \qquad (9-69)$$

式中:$\text{win}(f_a)$ 可以采用汉明窗、布拉克曼窗等常见窗函数。选择窗函数的一个准则是窗的边缘部分不能为0,这是为了在计算熵函数时保留频谱边缘部分的信号。通过这样的加窗处理,相位不一致性误差的估计精度能够得到很大提升。

基于多普勒谱最小熵的相位不一致性误差估计方法处理流程如图9-4所示。

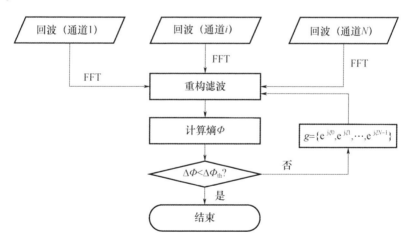

图9-4 基于多普勒谱最小熵的相位不一致性误差估计方法处理流程

3. 实验验证

本节将依据建立的多通道阵列误差模型进行仿真,对提出的两种相位不一致性误差校正方法进行验证。仿真参数如表9-1所列。

表9-1　多通道仿真参数

天线长度	斜距	平台速度	PRF	波长
9m	770km	7236m/s	1500Hz	0.03m

加入表9-2所列的误差,利用本章提出的基于旋转不变技术与多普勒谱最小熵的相位不一致性误差估计方法进行误差估计,相应的估计结果也列在表中:估计结果1表示正交子空间法估计的结果;估计结果2表示加权最小二乘法的估计结果;估计结果3表示基于旋转不变技术的相位不一致性误差估计结果;估计结果4表示基于多普勒谱最小熵的相位不一致性误差估计结果。从表9-2中可以看出本章所提两种方法均能取得很好的估计效果,大幅优于正交子空间法与加权最小二乘法。

表9-2　通道间相位不一致性误差估计结果

添加误差	通道1	通道2	通道3	通道4	通道5	通道6
添加误差	0°	30°	-24°	24°	10°	5°
估计结果1	0°	28.76°	-27.04°	26.08°	-8.13°	4.47°
估计结果2	0°	22.70°	-12.40°	20.75°	-4.51°	3.00°
估计结果3	0°	30.35°	-23.57°	24.86°	-10.44°	4.53°
估计结果4	0°	29.89°	-23.85°	23.92°	-9.98°	4.89°

利用以上4种估计方法估计的结果对相位不一致性误差进行补偿,点目标的成像结果方位向剖面如图9-5所示。从图9-5可以看出,利用OSM和AWLS方法估计的误差进行补偿,最终成像方位剖面还存在明显的虚假目标,而本章所提的基于ESPRIT技术估计方法和MEDS方法能够很好地抑制虚假目标的能量,提升图像质量。

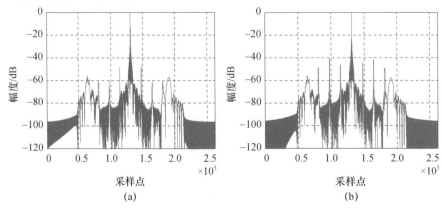

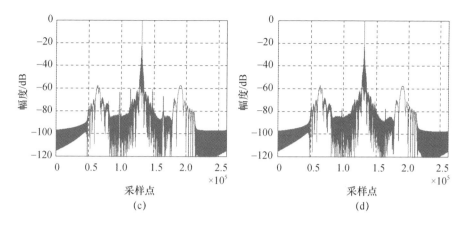

图9-5 利用4种相位不一致性误差估计方法补偿误差后成像方位剖面图
(a) OSM；(b) AWLS；(c) ESPRIT；(d) MDSE。

9.4 小结

本章针对方位多通道宽覆盖高分辨率星载SAR的阵列误差开展研究，具体包括以下方面：

（1）总结了方位多通道宽覆盖高分辨率星载SAR通道不一致性误差形成因素，将其按照对成像质量的影响分为直接误差和间接误差，并阐述了间接误差传递的路径和关系。依据分析，建立了相应的误差模型。

（2）依据建立的方位多通道宽覆盖高分辨率星载SAR通道不一致性误差模型，通过理论和仿真，分析了各误差对成像质量的影响。

（3）基于对相位不一致误差估计方法的深入分析，提出了两种多通道相位不一致性误差估计方法。基于信号传递矩阵的旋转不变性在有无相位不一致性误差条件下的变化这一性质，通过最小化理想情况下和含误差情况下的特征值的距离来估计相位不一致性误差。该方法不需要已知频谱模糊数，适用性强，估计效率高。基于重构频谱熵的估计方法克服了AWLS方法和DSO方法的不能准确划分频谱和对非均匀采样度下估计精度下降甚至失效的缺点，通过最小化频谱熵(Minimum Doppler Spectrum Entropy，MDSE)实现了相位不一致误差高精度估计。

第 10 章
星载 SAR 高精度几何校正技术

几何校正技术是 SAR 图像处理当中较为关键的一项技术,其目的是用以修正原始 SAR 图像的几何畸变,从而产生某种符合图形表达要求的新图像,具有重要的应用价值。通常当需要确切获取 SAR 影像上地物特征的空间位置信息时,就必须对 SAR 图像进行精确的几何校正处理,它通常将图像重新采样到新的坐标系中。"几何校正"可以只对像元进行地理参考定位,而不对观测地形的几何畸变进行校正;也可以既对影像像元进行精确的地理定位,又对地形几何畸变进行校正。前者通常是指地理参考编码,后者是正射校正。地理编码是一种特殊的几何校正,它根据已知的几何属性将图像重采样变换到一些特殊的具有代表性的工程坐标系。

10.1 星载 SAR 几何定位基本原理

几何定位(Geometric Location)是指计算 SAR 图像中像素点相对于某一个参考坐标系的坐标位置,例如不动地心坐标系。几何校正技术中均采用了像素级别的几何定位技术,由于几何定位的精度将直接影响几何校正的精度,因此几何定位是几何校正中的最为核心也最为关键的技术。其与传统干涉 SAR 高程测量手段不同,干涉 SAR 主要利用主辅图像干涉相位信息提取高程,而几何定位通过求解定位方程确定地面场景点坐标值[124-125]。

SAR 图像几何定位方法主要归结为由 SAR 图像处理算法及系统开发领域专家提出的基于距离-多普勒(Range-Doppler)定位模型的方法,其算法完全从 SAR 系统的成像的机理出发,构建雷达与目标之间的距离方程、地球模型方程及多普勒方程三个方程,从而求解地面定位点的三维坐标,完成地面目标的坐标解算。距离—多普勒模型从理论上来讲能获取精确的几何定位结果,但用于解算坐标的斜距—多普勒方程组是三个非线性方程组成的,无法得到解析解,需要正确迭代求解方法才能正确求解出方程组。通常需要进行非线性方程组的迭代计算,解算过程往往也会引入一定的误差,计算效率较为低下。它不需要参考点辅助定位,仅仅需要星历参数与SAR图像的采样信息,就能够得到图像中任意像素点的绝对几何位置关系。下面将详细分析RD模型的三个解算方程及其数学模型。

10.1.1 基于RD的星载SAR几何定位数学模型

根据距离—多普勒模型,SAR图像上任意一点的三维空间的坐标确定需要求解三个方程:

斜距方程为

$$R = |\boldsymbol{R}_s - \boldsymbol{R}_t| \qquad (10-1)$$

多普勒中心频率方程为

$$f_d = -\frac{2}{\lambda R}(\boldsymbol{R}_s - \boldsymbol{R}_t) \cdot (\boldsymbol{V}_s - \boldsymbol{V}_t) \qquad (10-2)$$

地球模型方程为

$$\frac{x_t^2 + y_t^2}{R_e^2} + \frac{z_t^2}{R_p^2} = 1 \qquad (10-3)$$

$$R_j = R_0 + jc/2f_s$$

式中:R为卫星平台和目标之间的斜距,可以根据回波数据得到;j为距离向的像素号;R_0为距离向第一像素代表的斜距;c为光速;f_s为采样频率;$\boldsymbol{R}_s$为卫星平台位置矢量,且有$\boldsymbol{R}_s = (x_s, y_s, z_s)^T$;$\boldsymbol{R}_t$为目标点位置矢量,且有$\boldsymbol{R}_t = (x_t, y_t, z_t)^T$;$\boldsymbol{V}_s$为卫星平台速度矢量,且有$\boldsymbol{V}_s = (v_{xs}, v_{ys}, v_{zs})^T$;$\boldsymbol{V}_t$为目标点速度矢量。在惯性坐标系下,$\boldsymbol{V}_t = \omega_e \boldsymbol{R}_t$($\omega_e$表示地球自转角速度);$f_d$表示多普勒中心频率;$R_e$与$R_p$表示理想地球椭球模型的长半轴和短半轴。下面分别对3个方程进行详细介绍。

(1)地球模型方程。

地球表面是一个非常复杂的曲面,因此不可能直接用一个几何模型来描述。但为了将目标定位于地球表面,必须寻求一个在形状和大小上与地球球体非常接近,并且与地球球体有固定关系的数学地球模型来代替真正的地球体。长期研究和实测结果证明旋转椭球体是能够模拟地球的最简单的数学地球模型,该模型称为地球椭球模型,如图 10-1 所示。

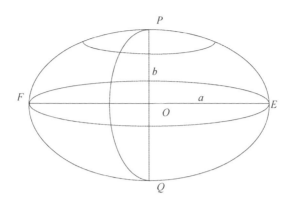

图 10-1 地球模型的椭圆近似

作为地球体模型的地球椭球具有几何和物理两方面特性。几何特性是指地球椭球的形状和大小,描述地球椭球几何特性的参数包括椭球长半径 a 和椭球扁率 f。扁率 f 与椭球长半径 a 和椭球短半径 b 之间关系为

$$f = \frac{a-b}{a} \tag{10-4}$$

地球上的任意一点坐标位置均符合地球模型方程,由旋转椭球体的几何特性可知,地球的椭球模型方程可以表示为

$$\frac{x_t^2 + y_t^2}{R_e^2} + \frac{z_t^2}{R_p^2} = 1 \tag{10-5}$$

式中:(x_t, y_t, z_t) 为目标在地球参考坐标系中坐标;R_e 为赤道上的地球半径;R_p 为在极地的地球半径。实际应用过程中,假设测绘区域地形高度有先验条件高度 h 的情况下,可以通过地球半径与地形高度列出该测绘区域的地球模型方程,即

$$\frac{x_t^2 + y_t^2}{(R_e + h)^2} + \frac{z_t^2}{R_p^2} = 1 \tag{10-6}$$

$$R_p = (1-f)(R_e + h) \tag{10-7}$$

(2)斜距方程。

根据星载 SAR 回波信号的信号处理过程,经过 SAR 成像处理后的图像为斜距平面上的图像,图像中具体某一点满足斜距方程。成像完成后,对图像中某个坐标点,星载 SAR 图像中像素点 (i,j) 所代表的斜距方程表示为

$$R(i,j) = |\boldsymbol{R}_s - \boldsymbol{R}_t| \tag{10-8}$$

式中:R_s 为卫星平台位置矢量;R_t 为目标点位置矢量。该方程表示像素点所对应的卫星位置与地面点之间的距离。

（3）多普勒方程。

由于地球存在自转,因此雷达的回波信号的多普勒频谱存在着一定的偏移,该偏移量定义为多普勒中心频率。对于星载情况而言,多普勒中心频率与目标的相对位置及速度存在着正比关系,其表达式为

$$f_d = -\frac{2}{\lambda R}(V_s - V_t) \cdot (R_s - R_t) \quad (10-9)$$

式中:f_d 为回波信号的多普勒中心频率;R 为目标与传感器之间的距离;λ 为雷达工作波长;V_s 为卫星的速度矢量;R_s 为卫星的位置矢量;R_t 为目标的位置矢量;V_t 为目标的速度矢量。该方程的求解精确程度依赖于多普勒中心频率 f_d 的估计,通常可以通过雷达的星历参数计算得到,也能够通过多普勒中心频率估计技术精确获取多普勒中心频率参数。多普勒中心频率的估计与成像几何一致性越高,方程解算的精度相应地也会越高。

定位点坐标可以通过联立方程组求解相应的位置坐标,由于方程组是由3个非线性方程组组成的,因此需要适当的迭代求解算法才能够正确地求解方程组。通常情况下,牛顿迭代法能够得到满足精度要求的数值解。

10.1.2 基于 RD 方程的星载 SAR 定位几何精度分析

假设地面上某个点在场景中的位置表示为 (x_t, y_t),其定位误差表示为 σ_r。假设该点在 x、y 方向上的定位误差分别表示为 σ_{x_t}、σ_{y_t},其斜距上的定位误差表示为

$$\sigma_r^2 = \sigma_{x_t}^2 + \sigma_{y_t}^2 \quad (10-10)$$

根据地面经纬度与地面场景坐标系间的转换关系,得到 x、y 方向上的定位精度表示为

$$\begin{cases} \sigma_{x_t} = \dfrac{E_a E_b}{\sqrt{E_b^2 \cos^2 \Phi_0 + E_a^2 \sin^2 \Phi_0}} \sigma_\Phi \\ \sigma_{y_t} = \dfrac{E_a E_b \cos \Phi_0}{\sqrt{E_b^2 \cos^2 \Phi_0 + E_a^2 \sin^2 \Phi_0}} \sigma_\Lambda \end{cases} \quad (10-11)$$

同时对于地面上经纬度为 (Λ_t, Φ_t) 的点,经纬度与地球转动坐标系下的坐标之间的关系表示为

$$\begin{cases} \Lambda_t = \arctan(y_{go}/x_{go}) \\ \Phi_t = \arcsin(z_{go}/\sqrt{x_{go}^2+y_{go}^2+z_{go}^2}) \end{cases} \quad (10-12)$$

式中:(x_{go},y_{go},z_{go})为地面目标地球转动坐标系下的坐标。根据式(10-12),我们能够推算出地球转动坐标系下的坐标定位精度与地面经纬度的定位精度之间的关系[126]。

设σ_{xgo}、σ_{ygo}、σ_{zgo}分别为(x_{go},y_{go},z_{go})的定位精度。定义σ_{xgo}^Λ、σ_{ygo}^Λ、σ_{zgo}^Λ分别为(x_{go},y_{go},z_{go})的定位精度对经度Λ_t的定位精度的影响,定义σ_{xgo}^Φ、σ_{ygo}^Φ、σ_{zgo}^Φ分别为(x_{go},y_{go},z_{go})的定位精度对经度Φ_t的定位精度的影响。

地面目标在转动地心坐标系下的坐标对纬度定位精度的影响可表示为

$$\begin{cases} \sigma_{xgo}^\Phi = \dfrac{-x_{go}z_{go}}{(x_{go}^2+y_{go}^2+z_{go}^2)\sqrt{x_{go}^2+y_{go}^2}}\sigma_{xgo} = -\dfrac{\sqrt{E_b^2\cos^2\Phi_t+E_a^2\sin^2\Phi_t}}{E_aE_b}\cos\Lambda_t\sin\Phi_t\sigma_{xgo} \\ \sigma_{ygo}^\Phi = \dfrac{-y_{go}z_{go}}{(x_{go}^2+y_{go}^2+z_{go}^2)\sqrt{x_{go}^2+y_{go}^2}}\sigma_{ygo} = -\dfrac{\sqrt{E_b^2\cos^2\Phi_t+E_a^2\sin^2\Phi_t}}{E_aE_b}\sin\Lambda_t\sin\Phi_t\sigma_{ygo} \\ \sigma_{zgo}^\Phi = \left(\dfrac{-z_{go}^2}{(x_{go}^2+y_{go}^2+z_{go}^2)\sqrt{x_{go}^2+y_{go}^2}}+\dfrac{1}{\sqrt{x_{go}^2+y_{go}^2}}\right)\sigma_{zgo} = \dfrac{\sqrt{E_b^2\cos^2\Phi_t+E_a^2\sin^2\Phi_t}}{E_aE_b}\cos\Phi_t\sigma_{zgo} \end{cases}$$

$$(10-13)$$

地面目标在转动地心坐标系下的坐标对经度定位精度的影响可表示为

$$\begin{cases} \sigma_{xgo}^\Lambda = \dfrac{-y_{go}}{(x_{go}^2+y_{go}^2)}\sigma_{xgo} = -\dfrac{\sqrt{E_b^2\cos^2\Phi_t+E_a^2\sin^2\Phi_t}}{E_aE_b\cos\Phi_t}\sin\Lambda_t\sigma_{xgo} \\ \sigma_{ygo}^\Lambda = \dfrac{x_{go}}{(x_{go}^2+y_{go}^2)}\sigma_{ygo} = \dfrac{\sqrt{E_b^2\cos^2\Phi_t+E_a^2\sin^2\Phi_t}}{E_aE_b\cos\Phi_t}\cos\Lambda_t\sigma_{ygo} \\ \sigma_{zgo}^\Lambda = 0 \end{cases} \quad (10-14)$$

对应分量的精度综和得到地面目标点的坐标对经度与纬度的精度影响可以表示为

$$\begin{cases} \sigma_\Lambda = \sqrt{(\sigma_{xgo}^\Lambda)^2+(\sigma_{ygo}^\Lambda)^2+(\sigma_{zgo}^\Lambda)^2} \\ \sigma_\Phi = \sqrt{(\sigma_{xgo}^\Phi)^2+(\sigma_{ygo}^\Phi)^2+(\sigma_{zgo}^\Phi)^2} \end{cases} \quad (10-15)$$

根据地面场景点坐标与经纬度之间的转换关系,得到定位场景点坐标精度与经纬度之间的关系表示为

$$\begin{cases} \sigma_{x_t} = \sqrt{\dfrac{E_b^2 \cos^2 \Phi_t + E_a^2 \sin^2 \Phi_t}{E_b^2 \cos^2 \Phi_0 + E_a^2 \sin^2 \Phi_0}} \cdot \sqrt{\sin^2 \Phi_t (\cos^2 \Lambda_t \sigma_{xgo}^2 + \sin^2 \Lambda_t \sigma_{ygo}^2) + \cos^2 \Phi_t \sigma_{zgo}^2} \\ \sigma_{y_t} = \sqrt{\dfrac{E_b^2 \cos^2 \Phi_t + E_a^2 \sin^2 \Phi_t}{E_b^2 \cos^2 \Phi_0 + E_a^2 \sin^2 \Phi_0}} \cdot \left| \dfrac{\cos \Phi_0}{\cos \Phi_t} \right| \cdot \sqrt{\sin^2 \Lambda_t \sigma_{xgo}^2 + \cos^2 \Lambda_t \sigma_{ygo}^2} \end{cases}$$

$(10-16)$

影响 SAR 图像几何定位精度的影响因素主要包括斜距测量误差、SAR 平台速度的测量误差、平台位置的位置测量误差、地球椭球模型的近似所引入的误差等。下面着重分析以下因素对定位精度的影响。

（1）SAR 平台速度误差对几何定位精度的影响（$\boldsymbol{\sigma}_{R_p}^{V_s}$ 为平台速度分量对几何定位精度的不确定度）为

$$\boldsymbol{\sigma}_{R_p}^{V_s} = \begin{bmatrix} \dfrac{\partial R_{px}}{\partial V_{sx}} \sigma_{V_{sx}} & \dfrac{\partial R_{py}}{\partial V_{sx}} \sigma_{V_{sx}} & \dfrac{\partial R_{pz}}{\partial V_{sx}} \sigma_{V_{sx}} \\ \dfrac{\partial R_{px}}{\partial V_{sy}} \sigma_{V_{sy}} & \dfrac{\partial R_{py}}{\partial V_{sy}} \sigma_{V_{sy}} & \dfrac{\partial R_{pz}}{\partial V_{sy}} \sigma_{V_{sy}} \\ \dfrac{\partial R_{px}}{\partial V_{sz}} \sigma_{V_{sz}} & \dfrac{\partial R_{py}}{\partial V_{sz}} \sigma_{V_{sz}} & \dfrac{\partial R_{pz}}{\partial V_{sz}} \sigma_{V_{sz}} \end{bmatrix} = \begin{bmatrix} (R_{s1x} - R_{px}) \sigma_{V_{sx}} & 0 & 0 \\ (R_{s1y} - R_{py}) \sigma_{V_{sx}} & 0 & 0 \\ (R_{s1z} - R_{pz}) \sigma_{V_{sx}} & 0 & 0 \end{bmatrix} [\boldsymbol{D}_{RD}^{-1}]^T$$

$(10-17)$

$$\boldsymbol{D}_{RD} = \begin{bmatrix} V_{sx} & V_{sy} & V_{sz} \\ R_{s1x} - R_{px} & R_{s1y} - R_{py} & R_{s1z} - R_{pz} \\ (1-f)^2 R_e^2 R_{px} & (1-f)^2 R_e^2 R_{py} & R_e^2 R_{pz} \end{bmatrix} \quad (10-18)$$

（2）SAR 平台位置误差对几何定位精度的影响（$\boldsymbol{\sigma}_{R_p}^{R_{s1}}$ 为平台卫星位置分量对几何定位精度的不确定度）为

$$\boldsymbol{\sigma}_{R_p}^{R_{s1}} = \begin{bmatrix} \dfrac{\partial R_{px}}{\partial R_{s1x}} \sigma_{R_{s1x}} & \dfrac{\partial R_{py}}{\partial R_{s1x}} \sigma_{R_{s1x}} & \dfrac{\partial R_{pz}}{\partial R_{s1x}} \sigma_{R_{s1x}} \\ \dfrac{\partial R_{px}}{\partial R_{s1y}} \sigma_{R_{s1y}} & \dfrac{\partial R_{py}}{\partial R_{s1y}} \sigma_{R_{s1y}} & \dfrac{\partial R_{pz}}{\partial R_{s1y}} \sigma_{R_{s1y}} \\ \dfrac{\partial R_{px}}{\partial R_{s1z}} \sigma_{R_{s1z}} & \dfrac{\partial R_{py}}{\partial R_{s1z}} \sigma_{R_{s1z}} & \dfrac{\partial R_{pz}}{\partial R_{s1z}} \sigma_{R_{s1z}} \end{bmatrix}$$

$$= \begin{bmatrix} V_{sx}\sigma_{R_{s1x}} & (R_{s1x} - R_{px})\sigma_{R_{s1x}} & \left[R_{s1x}R_e^2(1-f)^2\left(1-\dfrac{r\cos\theta}{R_e+H}\right)\right]\sigma_{R_{s1x}} \\ V_{sy}\sigma_{R_{s1y}} & (R_{s1y} - R_{py})\sigma_{R_{s1y}} & \left[R_{s1y}R_e^2(1-f)^2\left(1-\dfrac{r\cos\theta}{R_e+H}\right)\right]\sigma_{R_{s1y}} \\ V_{sz}\sigma_{R_{s1z}} & (R_{s1z} - R_{pz})\sigma_{R_{s1z}} & \left[R_{s1z}R_e^2(1-f)^2\left(1-\dfrac{r\cos\theta}{R_e+H}\right)\right]\sigma_{R_{s1z}} \end{bmatrix} [\bm{D}_{RD}^{-1}]^T$$

$$(10-19)$$

（3）斜距测量误差对几何定位精度的影响（$\bm{\sigma}_{R_p}^r$ 为斜距测量值对几何定位精度的不确定度；且假设飞行平台以正侧视工作状态接收回波数据，即 $f_d = 0$）为

$$\bm{\sigma}_{R_p}^r = \begin{bmatrix} \dfrac{\partial R_{px}}{\partial r} & \dfrac{\partial R_{py}}{\partial r} & \dfrac{\partial R_{pz}}{\partial r} \end{bmatrix}\sigma_r = \begin{bmatrix} 0 & -r & (1-f)^2 R_e^2(r - H\cos\theta) \end{bmatrix}[\bm{D}_{RD}^{-1}]^T\sigma_r$$

$$(10-20)$$

（4）目标高度测量误差对几何定位精度的影响（$\bm{\sigma}_{R_p}^h$ 为目标高度测量值对几何定位精度的不确定度）为

$$\bm{\sigma}_{R_p}^h = \begin{bmatrix} \dfrac{\partial R_{px}}{\partial h}\sigma_h & \dfrac{\partial R_{py}}{\partial h}\sigma_h & \dfrac{\partial R_{pz}}{\partial h}\sigma_h \end{bmatrix}$$

$$= \begin{bmatrix} 0 & 0 & (1-f)^2 R_e^2(R_e + h) \end{bmatrix}[\bm{D}_{RD}^{-1}]^T\sigma_h \quad (10-21)$$

10.1.3 基于 RD 的星载 SAR 几何定位解算

在星载几何构成模型下，几何定位的基本原理是基于 SAR 图像上任意一点的三维空间坐标的确定需要求解距离—多普勒模型中的三个方程。理论上讲，几何定位所利用的斜距—多普勒方程组是由三个非线性方程组成的，非线性方程组无法得到解析表达式，因此需要选用适当的迭代计算方法来求解出对应方程组的数值解。常用的求解非线性方程组的迭代方法有两类：一类属于线性化方法，即用一个线性方程来近似非线性方程组，由此构造一种迭代格式，用来逐步逼近非线性方程组的解；另一类是求函数极小值点的方法，即由非线性方程组构造一个函数 $\varPhi$，然后以各种下降算法求 $\varPhi$ 的极小值点，而此极小值点正是非线性方程组的解。对于几何定位问题的求解，牛顿迭代法能够满足求解精度要求，因此常常选用牛顿迭代法来进行几何定位问题的地面目标高度解算。

由于星载体制情况下的 SAR 斜距、地球半径数值很大，为了满足计算机计算要求，将斜距—多普勒方程组进行如下改造。

(1) 斜距方程为

$$F_1 = \sqrt{(x_s - x_t)^2 + (y_s - y_t)^2 + (z_s - z_t)^2} - R \quad (10-22)$$

(2) 多普勒中心方程为

$$F_2 = 2(x_s - x_t)v_{sx} + 2(y_s - y_t)v_{sy} + 2(z_s - z_t)v_{sz} + \lambda R f_d \quad (10-23)$$

(3) 地球模型方程为

$$F_3 = x_t^2 + y_t^2 + \frac{R_e^2}{R_p^2} z_t^2 - R_e^2 \quad (10-24)$$

对式(10-22)、式(10-23)和式(10-24)改造得到3个函数,利用牛顿迭代法能够很好地求解出满足一定精度要求的方程数值解。牛顿迭代法是一种通过一系列的迭代运算使得最终得到的计算结果不断地逼近方程的解的数值计算方法,它的基本思想是利用线性方程不断地逼近非线性方程,又称为牛顿－拉弗森法,由牛顿在17世纪提出。

假设 x_k 是方程 $f(x) = 0$ 的一个近似解,将函数 $f(x)$ 在点 x_k 做泰勒展开可得

$$f(x) = f(x_k) + f'(x_k)(x - x_k) + \frac{f''(x_k)}{2!}(x - x_k)^2 + \cdots \quad (10-25)$$

通常取前两项作为函数 $f(x)$ 的线性化过程,则可以得到其近似的线性方程表示为

$$f(x) = f(x_k) + f'(x_k)(x - x_k) = 0 \quad (10-26)$$

在线性方程的导数存在的情况下,假设方程组解为 x_{k+1},得到迭代公式为

$$x_{k+1} = x_k - \frac{f(x_k)}{f'(x_k)} \quad (10-27)$$

迭代计算得到方程解,直到方程的近似解能够满足精度要求,进而得到非线性方程组的数值解。利用牛顿迭代法解算 F_1、F_2、F_3,当迭代计算满足系统定位误差的时候,即可得到地面定位点坐标。

10.2 星载SAR高效高精度几何定位模型

利用传统的距离—多普勒模型进行几何定位解算后,尽管其适用条件很宽泛,且能够获取一定精度的地形三维信息,但由于其利用了外部DEM数据或地球椭圆模型方程进行了近似,在解算过程中往往会有误差传递的影响,在对地形高精度的要求及约束情况下已经不能够称为高效高精度的处理算法。由此

在基本的 RD 方程的基础之上,又衍生出了不同的星载几何定位模型,这些方法往往摒弃了引入误差的地球椭球方程,从而寻找一种新的几何描述特征来代替传统的地球椭球方程,目前广泛采用的且较为流行的算法主要有两幅图像的立体定位算法、三星立体定位算法以及可见光卫星与 SAR 卫星的联合立体定位算法。下面将对相关的几何定位模型进行详细的分析。

10.2.1 星载 SAR 图像两星立体定位模型

与干涉合成孔径雷达测高类似,利用两颗不同的观测卫星所获取的主辅图像对,能够得到关于地面目标定位点的两组方程。在星载 SAR 图像两星定位方法中,可以利用两幅 SAR 图像作为输入进行解算处理。取主星的距离方程和多普勒方程以及辅星的距离方程,可以组成双星立体测量三维定位的联立求解方程组[127]。

假设主星位置为 (x_1,y_1,z_1),辅星位置为 (x_2,y_2,z_2),目标点坐标为 (x,y,z),主星斜距为 R_1,辅星斜距为 R_2,主星卫星速度为 (V_x,V_y,V_z),主星多普勒中心频率为 f_{d1},则立体测量三维定位的联立求解方程组,即

$$\begin{cases} (x-x_1)^2 + (y-y_1)^2 + (z-z_1)^2 = R_1^2 \\ (x-x_2)^2 + (y-y_2)^2 + (z-z_2)^2 = R_2^2 \\ (x-x_1)V_x + (y-y_1)V_y + (z-z_1)V_z = \dfrac{\lambda}{2}f_{d1}R_1 \end{cases} \quad (10-28)$$

由方程组可知,在对未知量 (x,y,z) 求解过程中,会引入误差的变量分别为主星位置 (x_1,y_1,z_1),辅星位置 (x_2,y_2,z_2),主星斜距 R_1,辅星斜距 R_2,主星卫星速度 (V_x,V_y,V_z)。误差源的引入会对立体测量三维定位结果的定位精度产生一定的影响。

不同测量参数对测量结果所造成的不确定度,需要根据具体情况进行相应的分析。在下面的误差分析中,主要考虑了卫星成像斜距误差、主星三维位置坐标大小以及卫星速度矢量因素的误差对目标点三维定位坐标 (x,y,z) 的影响,求取未知量目标地面点坐标对每个系统参数的偏导数并表示为矩阵形式。

(1) R_1 对定位结果的影响可表示为

$$\begin{bmatrix} \dfrac{\partial x}{\partial R_1} \\ \dfrac{\partial y}{\partial R_1} \\ \dfrac{\partial z}{\partial R_1} \end{bmatrix} = \begin{bmatrix} x-x_1 & y-y_1 & z-z_1 \\ x-x_2 & y-y_2 & z-z_2 \\ V_x & V_y & V_z \end{bmatrix}^{-1} \begin{bmatrix} R_1 \\ 0 \\ \dfrac{\lambda}{2}f_{d1} \end{bmatrix} \quad (10-29)$$

式中：偏导数 $\partial x/\partial R_1$、$\partial y/\partial R_1$、$\partial z/\partial R_1$ 分别为 R_1 对 x 定位、y 定位、z 定位结果的影响。

(2) R_2 对定位结果的影响可表示为

$$\begin{bmatrix} \dfrac{\partial x}{\partial R_2} \\ \dfrac{\partial y}{\partial R_2} \\ \dfrac{\partial z}{\partial R_2} \end{bmatrix} = \begin{bmatrix} x-x_1 & y-y_1 & z-z_1 \\ x-x_2 & y-y_2 & z-z_2 \\ V_x & V_y & V_z \end{bmatrix}^{-1} \begin{bmatrix} 0 \\ R_2 \\ 0 \end{bmatrix} \quad (10-30)$$

式中：$\partial x/\partial R_2$、$\partial y/\partial R_2$、$\partial z/\partial R_2$ 分别为 R_2 对 x 定位、y 定位、z 定位结果的影响。

(3) x_1 对定位结果的影响可表示为

$$\begin{bmatrix} \dfrac{\partial x}{\partial x_1} \\ \dfrac{\partial y}{\partial x_1} \\ \dfrac{\partial z}{\partial x_1} \end{bmatrix} = \begin{bmatrix} x-x_1 & y-y_1 & z-z_1 \\ x-x_2 & y-y_2 & z-z_2 \\ V_x & V_y & V_z \end{bmatrix}^{-1} \begin{bmatrix} x-x_1 \\ 0 \\ V_x \end{bmatrix} \quad (10-31)$$

式中：$\partial x/\partial x_1$、$\partial y/\partial x_1$、$\partial z/\partial x_1$ 分别为 x_1 对 x 定位、y 定位、z 定位结果的影响。

(4) y_1 对定位结果的影响可表示为

$$\begin{bmatrix} \dfrac{\partial x}{\partial y_1} \\ \dfrac{\partial y}{\partial y_1} \\ \dfrac{\partial z}{\partial y_1} \end{bmatrix} = \begin{bmatrix} x-x_1 & y-y_1 & z-z_1 \\ x-x_2 & y-y_2 & z-z_2 \\ V_x & V_y & V_z \end{bmatrix}^{-1} \begin{bmatrix} y-y_1 \\ 0 \\ V_y \end{bmatrix} \quad (10-32)$$

式中：$\partial x/\partial y_1$、$\partial y/\partial y_1$、$\partial z/\partial y_1$ 分别为 y_1 对 x 定位、y 定位、z 定位结果的影响。

(5) z_1 对定位结果的影响可表示为

$$\begin{bmatrix} \dfrac{\partial x}{\partial z_1} \\ \dfrac{\partial y}{\partial z_1} \\ \dfrac{\partial z}{\partial z_1} \end{bmatrix} = \begin{bmatrix} x-x_1 & y-y_1 & z-z_1 \\ x-x_2 & y-y_2 & z-z_2 \\ V_x & V_y & V_z \end{bmatrix}^{-1} \begin{bmatrix} z-z_1 \\ 0 \\ V_z \end{bmatrix} \quad (10-33)$$

式中：$\partial x/\partial z_1$、$\partial y/\partial z_1$、$\partial z/\partial z_1$ 分别为 z_1 对 x 定位、y 定位、z 定位结果的影响。

(6)V_x 对定位结果的影响可表示为

$$\begin{bmatrix} \frac{\partial x}{\partial V_x} \\ \frac{\partial y}{\partial V_x} \\ \frac{\partial z}{\partial V_x} \end{bmatrix} = \begin{bmatrix} x-x_1 & y-y_1 & z-z_1 \\ x-x_2 & y-y_2 & z-z_2 \\ V_x & V_y & V_z \end{bmatrix}^{-1} \begin{bmatrix} 0 \\ 0 \\ -(x-x_1) \end{bmatrix} \quad (10-34)$$

式中：$\partial x/\partial V_x$、$\partial y/\partial V_x$、$\partial z/\partial V_x$ 分别为 V_x 对 x 定位、y 定位、z 定位结果的影响。

(7)V_y 对定位结果的影响可表示为

$$\begin{bmatrix} \frac{\partial x}{\partial V_y} \\ \frac{\partial y}{\partial V_y} \\ \frac{\partial z}{\partial V_y} \end{bmatrix} = \begin{bmatrix} x-x_1 & y-y_1 & z-z_1 \\ x-x_2 & y-y_2 & z-z_2 \\ V_x & V_y & V_z \end{bmatrix}^{-1} \begin{bmatrix} 0 \\ 0 \\ -(y-y_1) \end{bmatrix} \quad (10-35)$$

式中：$\partial x/\partial V_y$、$\partial y/\partial V_y$、$\partial z/\partial V_y$ 分别为 V_y 对 x 定位、y 定位、z 定位结果的影响。

(8)V_z 对定位结果的影响可表示为

$$\begin{bmatrix} \frac{\partial x}{\partial V_z} \\ \frac{\partial y}{\partial V_z} \\ \frac{\partial z}{\partial V_z} \end{bmatrix} = \begin{bmatrix} x-x_1 & y-y_1 & z-z_1 \\ x-x_2 & y-y_2 & z-z_2 \\ V_x & V_y & V_z \end{bmatrix}^{-1} \begin{bmatrix} 0 \\ 0 \\ -(z-z_1) \end{bmatrix} \quad (10-36)$$

式中：$\partial x/\partial V_z$、$\partial y/\partial V_z$、$\partial z/\partial V_z$ 分别为 V_z 对 x 定位、y 定位、z 定位结果的影响。

图 10-2 给定存在卫星斜距误差时，相应的测量误差对经度、纬度、高度测量值的精度影响。精度仿真的斜距误差参数为 1m，卫星位置误差为 1m，卫星速度误差均为 0.2m/s。根据图 10-2 中卫星斜距误差对三维几何定位的误差影响变化曲线关系，随着定位卫星之间的间距即基线长度的增加，卫星斜距测量误差对纬度方向、经度方向、高度方向的定位误差均随之减小，因此双星几何定位模型下，基线长度的适度增加能够提升测量精度大小。同时在基线长度一定的条件下，斜距测量误差对经度方向定位精度影响较大，经度方向定位误差将比纬度定位误差及高度定位误差更大。

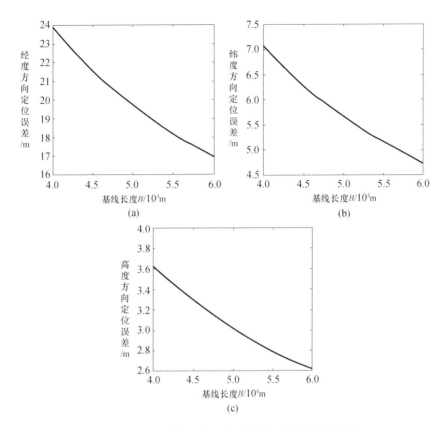

图 10-2 卫星斜距误差对三维几何定位的误差影响

(a)卫星斜距误差对经度方向定位的误差影响;(b)卫星斜距误差对纬度方向定位的误差影响;
(c)卫星斜距误差对高度方向定位的误差影响。

为了更加直观地分析卫星速度测量误差对经纬高的定位误差影响,图 10 - 3 中给定的情况是存在卫星速度测量误差时,相应的测量误差对经度、纬度、高度测量值的精度影响。精度仿真的斜距误差参数为 1m,卫星位置误差为 1m,卫星速度误差均为 0.2m/s。

随着两个定位卫星之间的间距即基线长度的增加,卫星速度测量误差对纬度方向、经度方向、高度方向的定位误差均可近似地认为是常数。因此双星几何定位模型下,卫星速度测量误差并不随着测量基线长度的增加而发生显著变化;在基线长度一定的条件下,卫星速度测量误差对经度方向定位误差影响较大;在卫星速度误差为 0.2m/s 的条件下,同时高度方向测量误差也将达到 16m。

综上可见,两星定位测量技术受斜距测量误差及卫星速度测量误差的影响,在高程方向定位有一定的误差存在;受多普勒方程解算精度的影响,三星定位算法将摒弃速度测量误差的影响,在三维立体定位精度方面能够具有较大的提升。

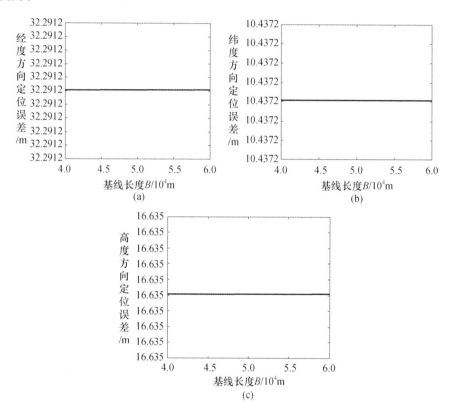

图 10-3　卫星速度误差对三维几何定位的误差影响
(a)卫星速度误差对经度方向定位的误差影响;(b)卫星速度误差对纬度方向定位的误差影响;
(c)卫星速度误差对高度方向定位的误差影响。

10.2.2　星载 SAR 图像三星立体定位模型

卫星速度误差是制约双星立体定位模型定位精度的主要因素,如果提高三维定位精度,则需要考虑降低或者消除卫星速度对定位精度的不利影响。考虑到三颗卫星对同一地面目标成像得到的三幅 SAR 图像,三幅 SAR 图像联立斜距方程求解能够避免使用依赖于卫星速度精度的多普勒中心频率方程,因此下面将主要研究利用三幅 SAR 图像实现几何定位的定位方法,即三星 SAR 图像三维定位方法,并分析其误差源及各个误差源对定位精度的影响。

进行三颗 SAR 卫星联合三维定位,需要三颗 SAR 卫星分别对同一目标进行成像,得到同一目标的三幅 SAR 图像。在成像过程中,SAR 卫星要求采用侧视成像,并且至少要有两颗 SAR 卫星在垂直于飞行方向上存在一个基线。

假设进行三星 SAR 图像三维定位的三颗卫星分别称为 SAR_1,SAR_2 以及 SAR_3,在某合成孔径中心时刻 SAR_1,SAR_2 位置与立体测量三维定位方法中主星与辅星的位置相同,分别表示为 (X_1,Y_1,Z_1) 和 (X_2,Y_2,Z_2) 和 SAR_3 坐标表示为 (X_3,Y_3,Z_3),此时对应的进行观测的目标点 P 坐标为 (x,y,z),则星载 SAR 图像立体测量三维定位的解算观测模型如图 10-4 所示。

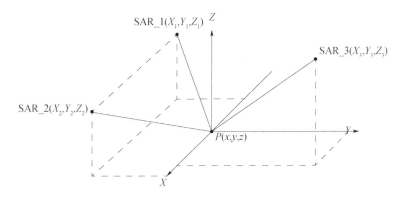

图 10-4 三星定位方法观测模型

假设 SAR_1 的卫星位置为 (X_1,Y_1,Z_1),SAR_2 的卫星位置为 (X_2,Y_2,Z_2),SAR_3 的卫星位置为 (X_3,Y_3,Z_3),SAR_1 的斜距为 R_1,SAR_2 的斜距为 R_2,SAR_3 的斜距为 R_3,则立体测量三维定位的联立求解方程组为

$$\begin{cases} (x-X_1)^2 + (y-Y_1)^2 + (z-Z_1)^2 = R_1^2 \\ (x-X_2)^2 + (y-Y_2)^2 + (z-Z_2)^2 = R_2^2 \\ (x-X_3)^2 + (y-Y_3)^2 + (z-Z_3)^2 = R_3^2 \end{cases} \quad (10-37)$$

通过联立并求解上述方程组,能够得到目标点的位置信息 (x,y,z),从而完成对目标的三维定位解算。与双星定位解算方法类似,由于方程的非线性,目标定位点的坐标解算只能通过牛顿迭代计算数值解。

在三星 SAR 图像三维定位方法的研究中,误差源分别为:SAR_1 的卫星位置 (X_1,Y_1,Z_1),SAR_2 的卫星位置 (X_2,Y_2,Z_2),SAR_3 的卫星位置 (X_3,Y_3,Z_3),SAR_1 的斜距 R_1,SAR_2 的斜距 R_2,SAR_3 的斜距 R_3 等。为了研究各个因素对定位误差影响的程度,求取未知量目标地面坐标 (x,y,z) 分别对每个参数的偏导数并表示成矩阵形式,偏导数的大小反映了该参数精度对定位精度的影响程度。

(1) R_1 对定位结果的影响可表示为

$$\begin{bmatrix} \dfrac{\partial x}{\partial R_1} \\ \dfrac{\partial y}{\partial R_1} \\ \dfrac{\partial z}{\partial R_1} \end{bmatrix} = \begin{bmatrix} x - X_1 & y - Y_1 & z - Z_1 \\ x - X_2 & y - Y_2 & z - Z_2 \\ x - X_3 & y - Y_3 & z - Z_3 \end{bmatrix}^{-1} \begin{bmatrix} R_1 \\ 0 \\ 0 \end{bmatrix} \qquad (10-38)$$

式中:$\partial x/\partial R_1$、$\partial y/\partial R_1$、$\partial z/\partial R_1$ 分别为 R_1 对 x 定位、y 定位、z 定位结果的影响。

(2) R_2 对定位结果的影响可表示为

$$\begin{bmatrix} \dfrac{\partial x}{\partial R_2} \\ \dfrac{\partial y}{\partial R_2} \\ \dfrac{\partial z}{\partial R_2} \end{bmatrix} = \begin{bmatrix} x - X_1 & y - Y_1 & z - Z_1 \\ x - X_2 & y - Y_2 & z - Z_2 \\ x - X_3 & y - Y_3 & z - Z_3 \end{bmatrix}^{-1} \begin{bmatrix} 0 \\ R_2 \\ 0 \end{bmatrix} \qquad (10-39)$$

式中:$\partial x/\partial R_2$、$\partial y/\partial R_2$、$\partial z/\partial R_2$ 分别为 R_2 对 x 定位、y 定位、z 定位结果的影响。

(3) R_3 对定位结果的影响可表示为

$$\begin{bmatrix} \dfrac{\partial x}{\partial R_3} \\ \dfrac{\partial y}{\partial R_3} \\ \dfrac{\partial z}{\partial R_3} \end{bmatrix} = \begin{bmatrix} x - X_1 & y - Y_1 & z - Z_1 \\ x - X_2 & y - Y_2 & z - Z_2 \\ x - X_3 & y - Y_3 & z - Z_3 \end{bmatrix}^{-1} \begin{bmatrix} 0 \\ 0 \\ R_3 \end{bmatrix} \qquad (10-40)$$

式中:$\partial x/\partial R_3$、$\partial y/\partial R_3$、$\partial z/\partial R_3$ 分别为 R_3 对 x 定位、y 定位、z 定位结果的影响。

(4) 坐标 X_1 对定位结果的影响可表示为

$$\begin{bmatrix} \dfrac{\partial x}{\partial X_1} \\ \dfrac{\partial y}{\partial X_1} \\ \dfrac{\partial z}{\partial X_1} \end{bmatrix} = \begin{bmatrix} x - X_1 & y - Y_1 & z - Z_1 \\ x - X_2 & y - Y_2 & z - Z_2 \\ x - X_3 & y - Y_3 & z - Z_3 \end{bmatrix}^{-1} \begin{bmatrix} x - X_1 \\ 0 \\ 0 \end{bmatrix} \qquad (10-41)$$

式中:$\partial x/\partial X_1$、$\partial y/\partial X_1$、$\partial z/\partial X_1$ 分别为 X_1 对 x 定位、y 定位、z 定位结果的影响。

(5) 坐标 X_2 对定位结果的影响可表示为

$$\begin{bmatrix} \dfrac{\partial x}{\partial X_2} \\ \dfrac{\partial y}{\partial X_2} \\ \dfrac{\partial z}{\partial X_2} \end{bmatrix} = \begin{bmatrix} x - X_1 & y - Y_1 & z - Z_1 \\ x - X_2 & y - Y_2 & z - Z_2 \\ x - X_3 & y - Y_3 & z - Z_3 \end{bmatrix}^{-1} \begin{bmatrix} 0 \\ x - X_2 \\ 0 \end{bmatrix} \quad (10-42)$$

式中：$\partial x/\partial X_2$、$\partial y/\partial X_2$、$\partial z/\partial X_2$ 分别为 X_2 对 x 定位、y 定位、z 定位结果的影响。

(6) 坐标 X_3 对定位结果的影响可表示为

$$\begin{bmatrix} \dfrac{\partial x}{\partial X_3} \\ \dfrac{\partial y}{\partial X_3} \\ \dfrac{\partial z}{\partial X_3} \end{bmatrix} = \begin{bmatrix} x - X_1 & y - Y_1 & z - Z_1 \\ x - X_2 & y - Y_2 & z - Z_2 \\ x - X_3 & y - Y_3 & z - Z_3 \end{bmatrix}^{-1} \begin{bmatrix} 0 \\ 0 \\ x - X_3 \end{bmatrix} \quad (10-43)$$

式中：$\partial x/\partial X_3$、$\partial y/\partial X_3$、$\partial z/\partial X_3$ 分别为 X_3 对 x 定位、y 定位、z 定位结果的影响；

(7) 坐标 Y_1 对定位结果的影响可表示为

$$\begin{bmatrix} \dfrac{\partial x}{\partial Y_1} \\ \dfrac{\partial y}{\partial Y_1} \\ \dfrac{\partial z}{\partial Y_1} \end{bmatrix} = \begin{bmatrix} x - X_1 & y - Y_1 & z - Z_1 \\ x - X_2 & y - Y_2 & z - Z_2 \\ x - X_3 & y - Y_3 & z - Z_3 \end{bmatrix}^{-1} \begin{bmatrix} y - Y_1 \\ 0 \\ 0 \end{bmatrix} \quad (10-44)$$

式中：$\partial x/\partial Y_1$、$\partial y/\partial Y_1$、$\partial z/\partial Y_1$ 分别为 Y_1 对 x 定位、y 定位、z 定位结果的影响。

(8) 坐标 Y_2 对定位结果的影响可表示为

$$\begin{bmatrix} \dfrac{\partial x}{\partial Y_2} \\ \dfrac{\partial y}{\partial Y_2} \\ \dfrac{\partial z}{\partial Y_2} \end{bmatrix} = \begin{bmatrix} x - X_1 & y - Y_1 & z - Z_1 \\ x - X_2 & y - Y_2 & z - Z_2 \\ x - X_3 & y - Y_3 & z - Z_3 \end{bmatrix}^{-1} \begin{bmatrix} 0 \\ y - Y_2 \\ 0 \end{bmatrix} \quad (10-45)$$

式中：$\partial x/\partial Y_2$、$\partial y/\partial Y_2$、$\partial z/\partial Y_2$ 分别为 Y_2 对 x 定位、y 定位、z 定位结果的影响。

(9) 坐标 Y_3 对定位结果的影响可表示为

$$\begin{bmatrix} \dfrac{\partial x}{\partial Y_3} \\ \dfrac{\partial y}{\partial Y_3} \\ \dfrac{\partial z}{\partial Y_3} \end{bmatrix} = \begin{bmatrix} x-X_1 & y-Y_1 & z-Z_1 \\ x-X_2 & y-Y_2 & z-Z_2 \\ x-X_3 & y-Y_3 & z-Z_3 \end{bmatrix}^{-1} \begin{bmatrix} 0 \\ 0 \\ y-Y_3 \end{bmatrix} \quad (10-46)$$

式中：$\partial x/\partial Y_3$、$\partial y/\partial Y_3$、$\partial z/\partial Y_3$ 分别为 Y_3 对 x 定位、y 定位、z 定位结果的影响。

(10) 坐标 Z_1 对定位结果的影响可表示为

$$\begin{bmatrix} \dfrac{\partial x}{\partial Z_1} \\ \dfrac{\partial y}{\partial Z_1} \\ \dfrac{\partial z}{\partial Z_1} \end{bmatrix} = \begin{bmatrix} x-X_1 & y-Y_1 & z-Z_1 \\ x-X_2 & y-Y_2 & z-Z_2 \\ x-X_3 & y-Y_3 & z-Z_3 \end{bmatrix}^{-1} \begin{bmatrix} z-Z_1 \\ 0 \\ 0 \end{bmatrix} \quad (10-47)$$

式中：$\partial x/\partial Z_1$、$\partial y/\partial Z_1$、$\partial z/\partial Z_1$ 分别为 Z_1 对 x 定位、y 定位、z 定位结果的影响。

(11) 坐标 Z_2 对定位结果的影响可表示为

$$\begin{bmatrix} \dfrac{\partial x}{\partial Z_2} \\ \dfrac{\partial y}{\partial Z_2} \\ \dfrac{\partial z}{\partial Z_2} \end{bmatrix} = \begin{bmatrix} x-X_1 & y-Y_1 & z-Z_1 \\ x-X_2 & y-Y_2 & z-Z_2 \\ x-X_3 & y-Y_3 & z-Z_3 \end{bmatrix}^{-1} \begin{bmatrix} 0 \\ z-Z_2 \\ 0 \end{bmatrix} \quad (10-48)$$

式中：$\partial x/\partial Z_2$、$\partial y/\partial Z_2$、$\partial z/\partial Z_2$ 分别为 Z_2 对 x 定位、y 定位、z 定位结果的影响。

(12) 坐标 Z_3 对定位结果的影响可表示为

$$\begin{bmatrix} \dfrac{\partial x}{\partial Z_3} \\ \dfrac{\partial y}{\partial Z_3} \\ \dfrac{\partial z}{\partial Z_3} \end{bmatrix} = \begin{bmatrix} x-X_1 & y-Y_1 & z-Z_1 \\ x-X_2 & y-Y_2 & z-Z_2 \\ x-X_3 & y-Y_3 & z-Z_3 \end{bmatrix}^{-1} \begin{bmatrix} 0 \\ 0 \\ z-Z_3 \end{bmatrix} \quad (10-49)$$

式中：$\partial x/\partial Z_3$、$\partial y/\partial Z_3$、$\partial z/\partial Z_3$ 分别为 Z_3 对 x 定位、y 定位、z 定位结果的影响。
三星立体定位模型与双星立体定位模型相比较而言，三星定位方法不需要多普勒中心频率方程的计算,故其定位方法不受卫星速度的影响。三星 SAR 图像立体定位方法性能优于双星立体定位测量方法,从一定程度上能够实现精度的提高。

为进一步验证本节中所述方法的正确性与可行性,对该方法进行仿真验证,并给定相应的仿真结果。通过 SAR 图像的仿真,得到定位所需要的具有不同轨道参数的三幅 SAR 图像,然后根据成像几何关系进行 SAR 图像的配准处理,获取三幅图像定位所需要的同名点,而后利用三星 SAR 图像的三维定位方程计算出观测场景或建筑物的三维坐标值,最终通过场景或建筑物的坐标重建三维模型。

本节中仿真采用的地面观测场景为圆锥,场景方位向长 2048m,距离向为 2048m,圆锥最高高度为 200m,观测场景较大,假设三个定位卫星均工作在正侧视模式没有斜视角。

星载自然场景 SAR 复图像数据仿真的工作主要包括:一是空间位置模拟,即确定 SAR 卫星成像轨道和地面自然场景的空间位置关系;二是几何特征模拟,即建立起地面点和图像点之间的数学定位关系,模拟出 SAR 图像的叠掩、透视收缩、顶底倒置等特征;三是辐射特征模拟,即模拟出 SAR 图像上阴影,斑点噪声等特征。

根据仿真方法的不同,SAR 仿真可分为原始回波仿真和图像仿真。回波仿真是根据 SAR 系统工作原理,由地物的后向散射系数模拟得到回波数据,然后再通过成像处理算法得到 SAR 图像;图像仿真是直接从 SAR 图像的构成出发,将 SAR 系统和成像处理看作一个线性系统处理,直接仿真成像后的 SAR 复图像数据。第一种方法在求回波数据时一般采用逐点迭代求回波的方法,计算量巨大,尤其是在计算重复轨道多幅图像时耗时过大;第二种方法运算简单,且可以很好地满足几何定位处理的需要。

根据星载 SAR 卫星成像原理和 SAR 卫星单视复图像信号模型对地面场景进行仿真,直接得到多幅重复轨道 SAR 复图像数据。采用一种快速方法迭代计算卫星零多普勒成像位置来获取斜距信息,根据星载 SAR 卫星成像原理,根据每个场景点的斜距矢量和地面场景每个小面元的法向量得出电磁波入射角,进而由后向散射系数和电磁波入射角的经验模型计算出每个场景点的后向散射系数。对每个场景点,由斜距长度和成像时间结合 SAR 卫星方位向分辨和距离向分辨率确定每个场景点在图像上的像素位置,再将该点的后向散射系数开方后加入随机相位和斜距相位得到复数据,对同一像素位置的场景点的复数据相加,再相继与距离和方位向脉冲压缩结果进行卷积得到 SAR 复图像数据。利用简化的散射模型计算地物场景的后向散射系数,避免了复杂的电磁散射系数计算,同时经验模型又能够具有一定的真实性,最终生成具有一定幅度及相位信息的 SAR 图像。

传统回波仿真方法速度极慢,图像仿真方法中采用的快速迭代计算卫星零多普勒成像位置的方法缩短了仿真用时,而且仿真精度极高,后向散射效应、噪声影响、遮挡效应、顶底效应等多种因素也得到了真实的体现。不仅可以像真实 SAR 卫星(如 TerraSAR)一样提供完整的复图像数据及各种辅助参数,而且还可以为 InSAR 处理或者几何定位及校正技术提供带有一定先验特征点的信息,如控制点信息、形变场范围及大小等。

由于 SAR 系统的工作特性,圆锥 SAR 图像出现了透视收缩及阴影现象,证明 SAR 图像仿真算法与实际 SAR 图像具有较高的吻合度,如图 10 - 5 所示。

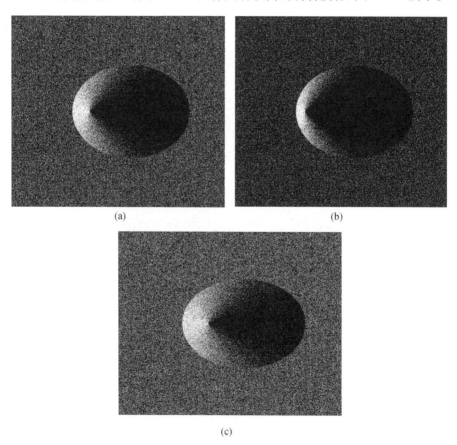

图 10 - 5　不同轨道参数的 SAR 图像仿真结果
(a)SAR 图像 1;(b)SAR 图像 2;(c)SAR 图像 3。

根据不同的轨道参数模型及下视角计算自然场景的散射系数,并通过 SAR 图像仿真技术,得到具有不同轨道参数的三星自然场景 SAR 图像后,通过本节的三星定位解算步骤,建立非线性方程组进行迭代求解,对该观测场景进行三星立体定位解算,最终得到三星定位后的原始自然场景结果,如图 10-6 所示。

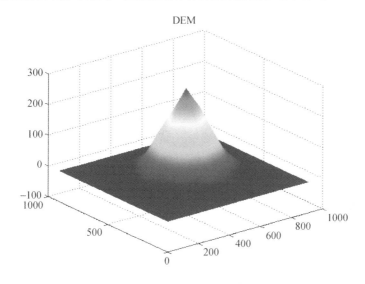

图 10-6 三星定位方法仿真结果

10.2.3 星载 SAR-可见光图像联合定位方法

从星载 SAR 图像立体测量三维定位方法研究中可以发现,卫星速度误差对该方法定位结果影响较大。欲提高三维定位精度,需要考虑在保持其他因素对定位精度影响不恶化的前提下,如何降低或消除卫星速度对定位方法的影响。光学雷达卫星在地理测绘、环境监测等领域得到了极大的发展,构像模型相比于 SAR 图像而言是较为简单的角度投影模型。

进行星载 SAR-可见光图像联合三维定位,需要一颗 SAR 卫星和一颗光学卫星分别对同一目标进行成像,进而得到同一目标的 SAR 图像和光学图像。成像过程中,光学卫星一般以接近正下视的角度进行成像,SAR 卫星则采用侧视成像[128]。

假设进行星载 SAR—可见光图像联合三维定位的两颗卫星分别为光学卫星和 SAR 卫星,地面需要定位的观测目标点 P 坐标为 (x,y,z),则星载 SAR-可见光图像联合三维定位观测模型如图 10-7 所示。

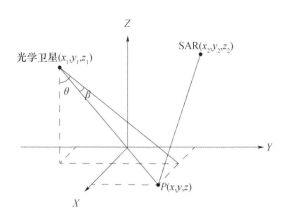

图 10-7　SAR 图像-光学图像联合三维定位观测模型

光学雷达与目标点的位置关系可以用相对角度来进行描述，光学图像的本质是一种角度投影图像，即地面某一个观测点与卫星位置之间的夹角是已知的[129,130]。假设在某一成像时刻，(x_s, y_s, z_s) 为光学卫星当前时刻的坐标，(x,y,z) 为观测的目标点坐标，由图 10-7 所示的相对几何关系可知

$$\tan\theta = \frac{y - y_s}{z - z_s} \qquad (10-50)$$

$$\tan\beta = \frac{x - x_s}{z - z_s}\cos\theta \qquad (10-51)$$

式中：θ 和 β 为光学图像中点目标相对光学卫星位置的夹角；(x_s, y_s, z_s) 为光学卫星成像时刻坐标；(x,y,z) 为地面的目标点坐标。上述方程组进行联立，能够得到光学卫星成像时刻的图像方程，表示为

$$\begin{cases} \tan\theta = \dfrac{y - y_s}{z - z_s} \\ \tan\beta = \dfrac{x - x_s}{z - z_s}\cos\theta \end{cases} \qquad (10-52)$$

针对一幅观测得到的光学图像，根据成像结果能够获取成像时刻的系统参数，因而我们能够通过场景中心观测视角 θ_0 和 β_0 以及图像中某点坐标的值来推导该点坐标所对应的观测视角 $\theta_{(i,j)}$ 以及 $\beta_{(i,j)}$。

利用 SAR 图像—可见光图像联合定位时，需要一幅 SAR 图像以及一幅光学图像作为输入图像进行解算处理。首先需要对光学图像和 SAR 图像进行场景匹配，确定同名点。假设光学卫星位置为 (x_1, y_1, z_1)，SAR 卫星位置为 (x_2, y_2, z_2)，SAR 卫星斜距为 R。关于同一个目标点，利用光学卫星方程以及 SAR

卫星的斜距方程进行解算。根据图 10-7,得到可见光图像-SAR 图像联合定位模型,即

$$\begin{cases} \tan\theta = \dfrac{y - y_1}{z - z_1} \\ \tan\beta = \dfrac{x - x_1}{z - z_1}\cos\theta \\ (x - x_2)^2 + (y - y_2)^2 + (z - z_2)^2 = R^2 \end{cases} \quad (10-53)$$

由于该方程组有两个线性方程,因此可以直接联立解算求出方程组的解析解,解方程求得

$$z = \cos^2\beta \cos^2\theta \left(-m - \sqrt{m^2 + \dfrac{R^2 - B^2}{\cos^2\beta \cos^2\theta}} \right) + z_1 \quad (10-54)$$

$$m = (x_1 - x_2)\dfrac{\tan\beta}{\cos\theta} + (y_1 - y_2)\tan\theta + (z_1 - z_2) \quad (10-55)$$

$$B = \sqrt{(x_1 - x_2)^2 + (y_1 - y_2)^2 + (z_1 - z_2)^2} \quad (10-56)$$

m 不仅与光学卫星和 SAR 卫星的相对位置有关,还与场景中该点与光学卫星的相对位置即观测角度有关。B 为光学卫星与 SAR 卫星之间的距离即基线。同理可得目标的坐标 x 和 y 分别为

$$x = \dfrac{1}{2}\sin2\beta\cos\theta \left(-m - \sqrt{m^2 + \dfrac{R^2 - B^2}{\cos^2\beta \cos^2\theta}} \right) + x_1 \quad (10-57)$$

$$y = \dfrac{1}{2}\sin2\theta \cos^2\beta \left(-m - \sqrt{m^2 + \dfrac{R^2 - B^2}{\cos^2\beta \cos^2\theta}} \right) + y_1 \quad (10-58)$$

通过求解上述方程组,就能够确定成像场景中的具体某一点的三维坐标值,从而完成两幅图像的三维定位。类似地,在方程组的求解过程中,会引入系统误差。系统误差主要存在于光学卫星位置(x_1,y_1,z_1)所引入的误差,SAR 卫星位置(x_2,y_2,z_2)引入的误差,SAR 卫星斜距 R 误差以及光学传感器的观测角度 θ 和 β 引入的误差等。相关的误差敏感度分析通过求取未知量目标地面坐标(x,y,z)分别对每个参数的偏导数而实现。

(1)x_1 对定位结果的影响可表示为

$$\begin{bmatrix} \dfrac{\partial x}{\partial x_1} \\ \dfrac{\partial y}{\partial x_1} \\ \dfrac{\partial z}{\partial x_1} \end{bmatrix} = \begin{bmatrix} 0 & 1 & -\tan\theta \\ 1 & 0 & -\dfrac{\tan\beta}{\cos\theta} \\ x - x_2 & y - y_2 & z - z_2 \end{bmatrix}^{-1} \begin{bmatrix} 0 \\ 1 \\ 0 \end{bmatrix} \quad (10-59)$$

式中：$\partial x/\partial x_1$、$\partial y/\partial x_1$、$\partial z/\partial x_1$ 分别为 x_1 对 x 定位、y 定位、z 定位结果的影响。

（2）x_2 对定位结果的影响可表示为

$$\begin{bmatrix} \dfrac{\partial x}{\partial x_2} \\ \dfrac{\partial y}{\partial x_2} \\ \dfrac{\partial z}{\partial x_2} \end{bmatrix} = \begin{bmatrix} 0 & 1 & -\tan\theta \\ 1 & 0 & -\dfrac{\tan\beta}{\cos\theta} \\ x-x_2 & y-y_2 & z-z_2 \end{bmatrix}^{-1} \begin{bmatrix} 0 \\ 0 \\ x-x_2 \end{bmatrix} \quad (10-60)$$

式中：$\partial x/\partial x_2$、$\partial y/\partial x_2$、$\partial z/\partial x_2$ 分别为 x_2 对 x 定位、y 定位、z 定位结果的影响。

（3）y_1 对定位结果的影响可表示为

$$\begin{bmatrix} \dfrac{\partial x}{\partial y_1} \\ \dfrac{\partial y}{\partial y_1} \\ \dfrac{\partial z}{\partial y_1} \end{bmatrix} = \begin{bmatrix} 0 & 1 & -\tan\theta \\ 1 & 0 & -\dfrac{\tan\beta}{\cos\theta} \\ x-x_2 & y-y_2 & z-z_2 \end{bmatrix}^{-1} \begin{bmatrix} 1 \\ 0 \\ 0 \end{bmatrix} \quad (10-61)$$

式中：$\partial x/\partial y_1$、$\partial y/\partial y_1$、$\partial z/\partial y_1$ 分别为 y_1 对 x 定位、y 定位、z 定位结果的影响。

（4）y_2 对定位结果的影响可表示为

$$\begin{bmatrix} \dfrac{\partial x}{\partial y_2} \\ \dfrac{\partial y}{\partial y_2} \\ \dfrac{\partial z}{\partial y_2} \end{bmatrix} = \begin{bmatrix} 0 & 1 & -\tan\theta \\ 1 & 0 & -\dfrac{\tan\beta}{\cos\theta} \\ x-x_2 & y-y_2 & z-z_2 \end{bmatrix}^{-1} \begin{bmatrix} 0 \\ 0 \\ y-y_2 \end{bmatrix} \quad (10-62)$$

式中：$\partial x/\partial y_2$、$\partial y/\partial y_2$、$\partial z/\partial y_2$ 分别为 y_2 对 x 定位、y 定位、z 定位结果的影响。

（5）z_1 对定位结果的影响可表示为

$$\begin{bmatrix} \dfrac{\partial x}{\partial z_1} \\ \dfrac{\partial y}{\partial z_1} \\ \dfrac{\partial z}{\partial z_1} \end{bmatrix} = \begin{bmatrix} 0 & 1 & -\tan\theta \\ 1 & 0 & -\dfrac{\tan\beta}{\cos\theta} \\ x-x_2 & y-y_2 & z-z_2 \end{bmatrix}^{-1} \begin{bmatrix} -\tan\theta \\ -\dfrac{\tan\beta}{\cos\theta} \\ 0 \end{bmatrix} \quad (10-63)$$

式中：$\partial x/\partial z_1$、$\partial y/\partial z_1$、$\partial z/\partial z_1$ 分别为 z_1 对 x 定位、y 定位、z 定位结果的影响。

（6）z_2 对定位结果的影响可表示为

$$\begin{bmatrix} \dfrac{\partial x}{\partial z_2} \\ \dfrac{\partial y}{\partial z_2} \\ \dfrac{\partial z}{\partial z_2} \end{bmatrix} = \begin{bmatrix} 0 & 1 & -\tan\theta \\ 1 & 0 & -\dfrac{\tan\beta}{\cos\theta} \\ x-x_2 & y-y_2 & z-z_2 \end{bmatrix}^{-1} \begin{bmatrix} 0 \\ 0 \\ z-z_2 \end{bmatrix} \qquad (10-64)$$

式中：$\partial x/\partial z_2$、$\partial y/\partial z_2$、$\partial z/\partial z_2$ 分别为 z_2 对 x 定位、y 定位、z 定位结果的影响。

（7）θ 对定位结果的影响可表示为

$$\begin{bmatrix} \dfrac{\partial x}{\partial \theta} \\ \dfrac{\partial y}{\partial \theta} \\ \dfrac{\partial z}{\partial \theta} \end{bmatrix} = \begin{bmatrix} 0 & 1 & -\tan\theta \\ 1 & 0 & -\dfrac{\tan\beta}{\cos\theta} \\ x-x_2 & y-y_2 & z-z_2 \end{bmatrix}^{-1} \begin{bmatrix} -z_1 \\ \dfrac{z_1 \tan\beta}{\cos^2\theta} \\ 0 \end{bmatrix} \qquad (10-65)$$

式中：$\partial x/\partial \theta$、$\partial y/\partial \theta$、$\partial z/\partial \theta$ 分别为 θ 对 x 定位、y 定位、z 定位结果的影响。

（8）β 对定位结果的影响可表示为

$$\begin{bmatrix} \dfrac{\partial x}{\partial \beta} \\ \dfrac{\partial y}{\partial \beta} \\ \dfrac{\partial z}{\partial \beta} \end{bmatrix} = \begin{bmatrix} 0 & 1 & -\tan\theta \\ 1 & 0 & -\dfrac{\tan\beta}{\cos\theta} \\ x-x_2 & y-y_2 & z-z_2 \end{bmatrix}^{-1} \begin{bmatrix} 0 \\ -\dfrac{z_1}{\cos\theta} \\ 0 \end{bmatrix} \qquad (10-66)$$

式中：$\partial x/\partial \beta$、$\partial y/\partial \beta$、$\partial z/\partial \beta$ 分别为 β 对 x 定位、y 定位、z 定位结果的影响。

（9）R 对定位结果的影响可表示为

$$\begin{bmatrix} \dfrac{\partial x}{\partial R} \\ \dfrac{\partial y}{\partial R} \\ \dfrac{\partial z}{\partial R} \end{bmatrix} = \begin{bmatrix} 0 & 1 & -\tan\theta \\ 1 & 0 & -\dfrac{\tan\beta}{\cos\theta} \\ x-x_2 & y-y_2 & z-z_2 \end{bmatrix}^{-1} \begin{bmatrix} 0 \\ 0 \\ R \end{bmatrix} \qquad (10-67)$$

式中：$\partial x/\partial R$、$\partial y/\partial R$、$\partial z/\partial R$ 分别为 R 对 x 定位、y 定位、z 定位结果的影响。

为了进一步验证本节所述方法的正确性及合理性，对该定位算法进行了仿真实验验证。由于光学－SAR 图像联合定位模型中含有两个线性方程，使得模型解算能够精确地求出解析解而不需要进行迭代求解，因此其计算效率相比于双星及三星立体定位将会有明显的提升。同时,该模型摒弃了依赖于速度的多普勒中心频率方程,使得其解算精度较之双星定位模型会有明显的提升。

下面对国家游泳中心水立方进行高程重建恢复,水立方顶层的气泡结构能够用以反映三维重建算法的重建精度。图10-8给出了SAR卫星数据的Terra-SAR-X和光学卫星数据GeoEye-1数据,以此来进行国家游泳中心水立方的三维重建工作。

(a)

(b)

图10-8 水立方SAR图像与光学图像
(a)TerraSAR-X的SAR图像;(b)GeoEye-1的光学图像。

SAR图像与光学图像坐标转换到同一参考坐标系,用线性拟合的方法来拟合三维坐标,可以得到建筑物的重建结果。为了更加直观地显示结果,将国家游泳中心水立方的联合定位重建结果与光学图像融合显示,如图10-9所示。

由图10-9可以看出,经过SAR图像与光学图像立体定位后的三维高程模型能够较为清晰地显示水立方的三维高程分布,其中水立方游泳中心顶层的气泡状凸起能够被较为清晰地观测到,高程重建解算细节能够较好地保持。

为了证明算法的稳定性与可行性,此处选取某SAR卫星观测得到的某场景及光学图像,使用同样的SAR图像与光学图像联合定位算法进行另一组对比实验。对某国家的油库目标进行三维立体重建工作,仿真算法中使用的SAR图像与光学图像数据如图10-10所示。

使用联合定位算法将SAR图像与光学图像坐标转换到同一个参考坐标系下,采用线性拟合的方法拟合三维坐标,得到建筑物的重建结果。同样地,将重建结果与光学图像融合显示于图10-11中。

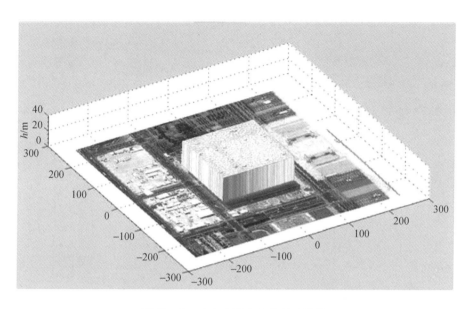

图 10-9　水立方联合定位重建结果

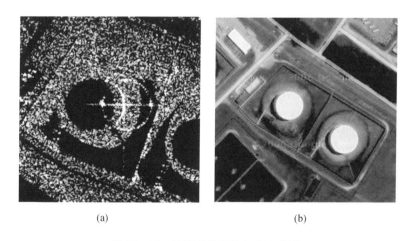

图 10-10　油库光学图像与 SAR 图像
(a) SAR 图像；(b) 光学图像。

卫星位置、光学角度和 SAR 斜距三方面的误差是制约星载 SAR 与可见光图像联合高精度三维定位精度的主要因素，但其总体的定位性能要优于 SAR 图像的三星立体定位测量技术。由此可见，光学-SAR 卫星联合几何定位能够实现目标三维几何定位，且其在精度上要优于传统的 SAR 图像几何定位方法。

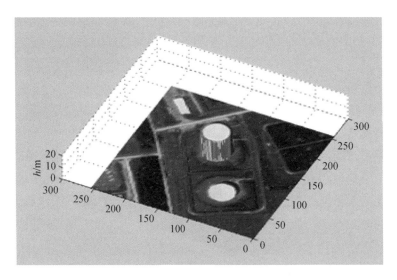

图 10-11　油库图像三维模型重建结果

10.2.4　星载 SAR 几何定位的快速实现方法

在正侧视获取数据的情况下，原始雷达回波数据经过成像处理后，信号可以表示为：

$$ss_2(t,\tau) = \sigma \cdot W_{ac}(t) \cdot A\left(\tau - \frac{2R}{c}\right) \cdot \exp\left(-j\frac{4\pi}{\lambda}R\right) \quad (10-68)$$

由式(10-68)可以看出，图像像素点在方位向上与方位时间 t 一致，而距离向上与斜距 R 的取值有直接关系。因此 SAR 图像几何校正首先应当根据斜距和地距以及等效斜视角之间的关系，将 SAR 图像从斜距方向投影到地距方向，然后根据飞机或者卫星的位置以及飞行矢量方向确定 SAR 图像上每个像素点的经纬度，从而实现 SAR 图像的定位。星载 SAR 几何定位的快速实现方法仍然基于距离—多普勒方程而实现，其基本步骤如下：

(1) 进行距离向的处理。根据几何定位的基本精度要求，确定对地面成像过程中的第一个距离门大小以及最后一个距离门大小，然后在中间位置再选择多个距离门，并通过距离—多普勒几何定位方法对这些距离门像素点的经纬度进行精确定位。

(2) 进行方位向的处理。根据精度要求，确定第一个方位脉冲和最后一个方位脉冲，再选择多个中间方位脉冲，仍然通过距离—多普勒几何定位方法对这些方位脉冲像素点的经纬度进行精确定位。

（3）确定剩余所有像素点的经纬度。剩余像素点一定落在前两个步骤选择的距离门和方位内，则其纬度可以通过其所在距离门两端的精确定位的方位像素点的纬度进行确定，其经度通过所在方位向两端的精确定位的距离门像素点的经度进行确定。其基本确定方法如图 10 – 12 所示。

图 10 – 12　快速算法中经纬度的确定方法

设两端精确定位的参数为 a_1,a_2，在图像中某个方向对应的像素点位置分别为 $i,i+n$；快速算法中位于 $i+p$ 的像素点的定位参数 x 为

$$x = \frac{a_2 - a_1}{n} p \tag{10-69}$$

以一具体场景分析几何定位的快速算法的基本步骤以及其相应的计算量，设某一卫星在合成孔径中心时刻星下点经纬度为 (Λ_0,Φ_0)，对应的地球半径为 R_e，如图 10 – 13 所示。

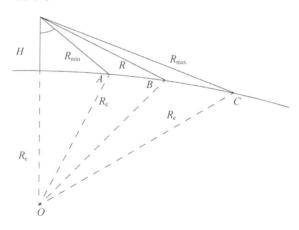

图 10 – 13　考虑地球椭球模型的空地几何关系

考虑将图像上的像素点分别映射到地距坐标中，则有方位向坐标和距离向坐标分别可以表示为

$$\begin{cases} Y = t \cdot V \\ X = R_e \cdot \arccos\left[\dfrac{(R_e + H)^2 + R_e^2 - R^2}{2R_e(R_e + H)}\right] \end{cases} \tag{10-70}$$

假设卫星的飞行方向与正北方向的夹角为 θ,则图像上任意像素点的经纬度可表示为

$$\begin{cases} \Phi_{\mathrm{t}} = \Phi_0 + (Y\cos\theta - X\sin\theta)\dfrac{\sqrt{E_{\mathrm{b}}^2\cos^2\Phi_0 + E_{\mathrm{a}}^2\sin^2\Phi_0}}{E_{\mathrm{a}}E_{\mathrm{b}}} \\ \Lambda_{\mathrm{t}} = \Lambda_0 + (X\cos\theta + Y\sin\theta)\dfrac{\sqrt{E_{\mathrm{b}}^2\cos^2\Phi_0 + E_{\mathrm{a}}^2\sin^2\Phi_0}}{E_{\mathrm{a}}E_{\mathrm{b}}\cos\Phi_0} \end{cases} \quad (10-71)$$

根据上述算法,方位向的点数为 N,距离向的点数为 M,则快速几何校正将通过下面的迭代算法步骤来实现。

(1) 将式(10-71)的乘法改为加法,即

$$Y\cos\theta\dfrac{\sqrt{E_{\mathrm{b}}^2\cos^2\Phi_0 + E_{\mathrm{a}}^2\sin^2\Phi_0}}{E_{\mathrm{a}}E_{\mathrm{b}}} = \dfrac{i \cdot V}{F_{\mathrm{prf}}}\cos\theta\dfrac{\sqrt{E_{\mathrm{b}}^2\cos^2\Phi_0 + E_{\mathrm{a}}^2\sin^2\Phi_0}}{E_{\mathrm{a}}E_{\mathrm{b}}}$$

$$(10-72)$$

式中:i 为方位向像素点位置。令

$$c_1 = \dfrac{V}{F_{\mathrm{prf}}}\cos\theta\dfrac{\sqrt{E_{\mathrm{b}}^2\cos^2\Phi_0 + E_{\mathrm{a}}^2\sin^2\Phi_0}}{E_{\mathrm{a}}E_{\mathrm{b}}} \quad (10-73)$$

$$i \cdot c_1 = (i-1) \cdot c_1 + c_1 \quad (10-74)$$

式(10-74)中,$(i-1) \cdot c_1$ 是当前像素的上一像素点的计算结果,这样计算下面两式分别需要 N 次加法。

$$Y\cos\theta\dfrac{\sqrt{E_{\mathrm{b}}^2\cos^2\Phi_0 + E_{\mathrm{a}}^2\sin^2\Phi_0}}{E_{\mathrm{a}}E_{\mathrm{b}}} \quad (10-75)$$

$$Y\sin\theta\dfrac{\sqrt{E_{\mathrm{b}}^2\cos^2\Phi_0 + E_{\mathrm{a}}^2\sin^2\Phi_0}}{E_{\mathrm{a}}E_{\mathrm{b}}\cos\Phi_0} \quad (10-76)$$

(2) 与步骤(1)同理,计算下面两式,分别需要 M 次乘法、M 次加法、M 次开方,然后经 M 次乘法得到计算结果,最后经过 $(M+1)N$ 次加法得到各个场景点的定位结果。

$$X\sin\theta\dfrac{\sqrt{E_{\mathrm{b}}^2\cos^2\Phi_0 + E_{\mathrm{a}}^2\sin^2\Phi_0}}{E_{\mathrm{a}}E_{\mathrm{b}}} \quad (10-77)$$

$$X\cos\theta\dfrac{\sqrt{E_{\mathrm{b}}^2\cos^2\Phi_0 + E_{\mathrm{a}}^2\sin^2\Phi_0}}{E_{\mathrm{a}}E_{\mathrm{b}}\cos\Phi_0} \quad (10-78)$$

根据上述方法,对于同样图幅大小的 SAR 图像,几何定位的计算速度比利用距离—多普勒模型迭代解算求数值解的速度提高了 120 倍,因此可以认为是

一种快速几何定位方法。

10.3 基于外部 DEM 数据的星载 SAR 几何校正方法

SAR 雷达通过发射线性调频信号并利用脉冲压缩技术来处理回波信号,进而获取高分辨率的图像数据,其通过侧视成像方式获取数据,一般显示的是斜距图像,因此其往往有着比光学图像更为明显的几何畸变问题。几何校正基本研究内容是将原始图像的像素值重新定位到新的参考网格当中,并重新插值出新的参考坐标所对应的灰度值,得到新的参考坐标系下的 SAR 图像,因此像素点校正及灰度值重采样是 SAR 几何校正主要研究的问题[131]。

SAR 图像的几何校正问题通常采用距离—多普勒定位解算方程组,其中目标的位置往往会被约束在地球椭球面上,使得在起伏地区的几何畸变将会更加严重。因此常常需要在进行几何定位之后校正由于 SAR 斜视成像以及地形变化所导致的 SAR 图像的几何形变问题。目前控制点法是一种较为简单且传统的地理定位算法,它寻求已知的地理特征点作为控制点,利用多项式拟合的方法来进行几何校正处理,但其精度通常不能够达到高精度要求,且应用范围有限,在无法获取控制点的观测区域,该方法将会从一定程度上失去适用性。

星载 SAR 图像的像素位置由其在方位向和距离向上的位置来进行确定,其目的就是找到某个经纬度网格中任一点所对应的 SAR 图像像素的方位向和距离向位置。方位向位置可以通过计算雷达波束或相位中心照射到该点所在的距离线的时刻来求得;而距离向位置能够通过计算在该时刻该点与雷达相位中心的距离来求得。

当辅助外部先验的 DEM 数据进行几何校正时,星载 SAR 图像的几何特征将会有一定的提升。基本思想是利用图像平面(x,y)与地球平面(X,Y)之间的平面转换关系,避免复杂的成像原理,直接利用多项式将图像平面变换到地球平面上,将星载 SAR 图像的总体畸变看作为旋转、缩放、仿射变换、弯曲等基本形变的组合结果,目前比较成熟的模型主要是二次多项式或三次多项式模型。一般的多项式对地定位模型依据图像平面与地球平面之间的平面转换关系,忽略了地面目标的高程影响,只是单纯地进行 SAR 观测成像带来的畸变校正,没有考虑由于高程或地形起伏所带来的定位误差。考虑到多项式模型的高程因素,将高程变量加入到多项式中,以下给出考虑地面高程因素影响的多项式一般模型,即

$$\begin{cases} X = a_0 + a_1 B + a_2 L + a_3 H^2 + a_4 BL + a_5 BH + a_6 LH + a_7 B^2 + a_8 L^2 + a_9 H^2 \\ Y = b_0 + b_1 B + b_2 L + b_3 H + b_4 BL + b_5 BH + b_6 LH + b_7 B^2 + b_8 L^2 + b_9 H^2 \end{cases}$$

(10-79)

式中：X,Y 为某一像素点原始的图像坐标值；B,L 为该像素点的同名地理坐标值；H 为地面控制点的高程；$a_0,a_1,\cdots,a_9,b_0,b_1,\cdots b_9$ 为多项式的待定系数值。其待定系数值的求解一般通过最小二乘解算，根据多项式中表达式的待定系数个数来确定所需要的控制点（外部 DEM）数目，然后针对每个控制点构建其对应的误差方程式。如图 10-14 所示，在具体实现过程中，首先通过距离-多普勒定位方法产生控制点，利用产生的控制点来求解相应的多项式系数参数，然后将地理网格中的每一点的地理坐标公式代入模型方程中，即可求取该地面点在星载 SAR 图像中的像素坐标取值，并采用双线性插值法，精准地将地理网格上每一点所对应的图像灰度值计算出来，最终得到星载 SAR 图像模型定位结果。该方法不需要考虑星载 SAR 图像的几何成像关系以及成像时的斜视或侧视特性，其依据的是图像空间坐标与地理空间坐标之间的二维平面转换，相关实验证明该方式针对较为平坦的区域非常适用，且由于其校正方式的"黑盒"特性，该方法不需要考虑成像过程中的复杂成像几何特性，模型简单，因此基于多项式的 SAR 图像几何校正技术的使用率往往最高。

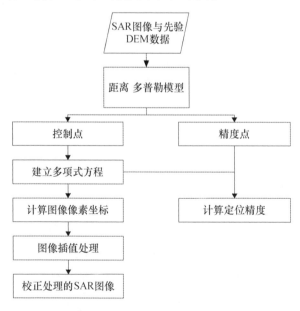

图 10-14　基于多项式模型的几何校正技术

10.4 小结

几何定位是一种对像素单元进行地理参考定位的处理过程,通常还可以在几何定位的过程中同时对地形引起的几何畸变进行校正。本章通过对几何定位基本原理及数学模型方程的分析,依次介绍了用于几何定位的 RD 构像方程及基本算法,由于距离-多普勒方程组的非线性特性,在对该数学模型求解的过程中无法直接求出解析解,而只能采用迭代计算的方法求取数值解;牛顿迭代法通常能够兼顾计算精度以及计算效率,因此成为几何定位模型中的主要解算方法。

由于距离-多普勒方程组中地球模型的近似,使得传统 RD 解算精度受到限制,因此出现了几何定位的改进算法。双星 SAR 图像几何定位能够有效地避免地球椭圆方程中参数的近似对解算精度的影响;而三星 SAR 图像定位方法能够避免卫星飞行速度矢量所带来的误差影响。因此通过双星及三星 SAR 图像的立体定位算法,能够从一定程度上提高几何定位算法的解算精度。而 SAR 与可见光卫星联合定位的方法又避免了非线性方程的迭代算法,能够明显地减少计算的复杂度,提高运算效率。

本章对基本的几何定位算法都进行了误差分析,并给出了具体的解算精度分析;同时介绍了一种正侧视情况下的星载 SAR 几何定位的快速实现方法,能够兼顾基本的计算精度及运算效率。

第 11 章
SAR 图像相干斑抑制方法

　　SAR 系统作为一种主动的相干成像系统,通过对回波进行相干处理,获得高分辨率图像。不同于光学图像处理中所遇到的高斯噪声、椒盐噪声等,SAR 图像中的相干斑噪声是真实的电磁测量结果,是所有相干成像系统固有的原理性噪声。这种乘性噪声的存在,会影响图像的辐射精度,降低图像分割精度、目标识别率等遥感应用的效能。早期的相干斑抑制主要采用以牺牲分辨率为代价的多视处理方法[132]。随后,三类非多视处理方法相继被提出。

　　第一类是基于贝叶斯准则的局部空域滤波方法。这种方法最早由 Lee 提出[133],代表算法包括 Kuan 滤波[134]和最大后验滤波[135]等。该类方法基于贝叶斯准则和斑点噪声模型,对图像进行空域滤波,在抑制斑点噪声的前提下尽可能保持空间分辨性能。然而,斑点噪声模型不适用于对边缘强点和纹理细节的滤波操作,导致了边缘细节难以保持。

　　第二类是基于贝叶斯准则的变换域方法,包括基于小波域的线性最小均方误差检测滤波[136]等。由于变换域能够较好地区分边缘纹理区域和匀质区域,因此,该类方法能够较好地保持纹理细节,但是去噪效果不是很理想。该类方法需要进行变换和逆变换的分解与重构,计算量大,算法的处理依然是基于图像的局部特性,在图像中容易出现伪吉布斯效应[137]。

　　第三类主要是根据图像中各个像素的自适应性来进行滤波,包括基于 PDE (Partial Differential Equations)的同向异性滤波方法[138]、非局部方法[139-141]等。PDE 方法是一种边缘敏感的去噪方法,其核心在于求解偏微分方程。在反复迭代过程中,它能够逐步消除图像中的斑点噪声,但也会损失纹理细节。而非局部方法是利用图像中相似像素或者相似像素块进行联合滤波,能够在抑制噪声的同时,保留边缘和细节,是目前最为有效的相干斑抑制方法。作为非局部方法的代表,PPB(Probabilistic Patch-based)算法根据像素点和参考点的相似度去选取像素、确定权重,然后利用相似像素和权重对参考点进行滤波操作[140];SAR – BM3D(Block-matching 3-D)算法则根据像素块与参考块的相似度选取像素块,将相似的像素块堆叠为一个三维的矩阵,然后进行小波域上的最小均方误差滤波[141]。

本章将首先介绍相干斑噪声的产生机理,然后在11.2节和11.3节分别介绍自适应PPB方法和基于压缩感知的SAR-BM3D方法,最后在11.4节给出基于深度学习的相干斑抑制方法。

11.1 相干斑噪声的产生机理

在分布目标中,每个分辨单元内包含了大量与雷达波长尺寸相近的散射体。当目标与微波相互作用时,每个散射体都产生带有特定相位和幅度加权的后向散射波。

假设某个分辨单元内有 N 个散射体,其中第 k 个散射体的回波信号 z_k 可以表示为[132]

$$z_k = A_k \mathrm{e}^{\mathrm{j}\varphi_k} = x_k + \mathrm{j}y_k \qquad (11-1)$$

式中:A_k、φ_k、x_k、y_k 分别为散射体回波的幅度、相位、实部、虚部。该分辨单元的回波信号 z 是所有散射体回波的叠加,可以描述为

$$z = \sum_{k=1}^{N} x_k + \mathrm{j} \sum_{k=1}^{N} y_k = x + \mathrm{j}y = \sum_{k=1}^{N} A_k \mathrm{e}^{\mathrm{j}\varphi_k} = A \mathrm{e}^{\mathrm{j}\varphi} \qquad (11-2)$$

式中:A、φ、x、y 分别为分辨单元回波的幅度、相位、实部、虚部。

由于散射体在空间分布和后向散射特性方面具有随机性,因此,分辨单元回波的幅度和相位存在随机性。即便是匀质区域,尽管其散射体的后向散射特性基本一致,不同分辨单元的回波强度也会不同,导致成像结果的强度存在起伏,形成相干斑噪声。图11-1为一幅农田的单视SAR图像。由于存在大量的相干斑噪声,图像模糊不清,视觉效果骤降。同时,图像分割、目标识别、边缘纹理特征提取等操作也变得更加困难。因此,对SAR图像进行相干斑噪声抑制具有重要的意义。

研究中,普遍将SAR图像的相干斑噪声视为一种乘性噪声。一般假设SAR图像的相干斑噪声是完全发育的,满足以下条件:①SAR图像中各个分辨单元的尺寸要远远大于SAR系统的工作波长;②各分辨单元内的散射体足够多,且

图 11-1 单视 SAR 图像(农田)

粗糙程度要大于 SAR 的工作波长;③散射体回波信号相位 ϕ_k 在区间 $[-\pi, +\pi]$ 之间均匀分布,并且与幅度 A_k 相互独立。

当式(11-2)中的 N 足够大时,基于中心极限定理,回波信号 z 的实部 x 和虚部 y 可以视为独立同分布的高斯随机变量,其均值为 0,方差为 $\sigma/2$,则它们的联合概率密度函数为[132]

$$p(x,y) = \frac{1}{\pi\sigma}e^{-\frac{x^2+y^2}{\sigma}} \tag{11-3}$$

回波幅度 A 满足[132]

$$p(A) = \frac{2A}{\sigma}e^{-\frac{A^2}{\sigma}}, A \geqslant 0 \tag{11-4}$$

由式(11-4)可知,幅度 A 服从瑞利分布,其均值为 $\sqrt{\pi\sigma}/2$,标准差为 $\sqrt{(1-\pi/4)\sigma}$。

图像的强度 $I = A^2$ 服从[132]

$$p(I) = \frac{1}{\sigma}e^{-\frac{I}{\sigma}} \tag{11-5}$$

也可以表示为

$$p(u) = e^{-u}, u \geq 0 \tag{11-6}$$

其中,u 满足

$$I = \sigma u \tag{11-7}$$

式(11-7)给出了单视情况下 SAR 图像强度的模型。在多视情况下[132],有

$$p(I|\sigma) = \frac{1}{\gamma(L)} \left(\frac{L}{\sigma}\right)^L I^{L-1} e^{-\frac{LI}{\sigma}} \tag{11-8}$$

式中:L 为视数;$\gamma(L)$ 为 gamma 函数。

综合单视和多视情况,在相干斑噪声发育完全的情况下,图像强度服从

$$I = \sigma u \tag{11-9}$$

式中:σ 为目标真实散射特性;u 为归一化斑点噪声,符合 gamma 分布,并且和 σ 独立。

基于式(11-9)所示的乘性模型,国内外已经提出了多种相干斑噪声的抑制方法。这些方法各有优劣。总体来讲,一个好的相干斑噪声抑制方法应当满足以下的条件:①对大尺度均匀区域内的相干斑尽可能地抑制;②尽可能保持图像原有的特征,如空间分辨率、纹理、边缘等;③避免在处理过程中引入虚假目标。

11.2 自适应 PPB 方法

2005 年,Buades 等人提出了基于相似性滤波的非局部去噪算法,并成功地应用于光学图像去噪[139]。在光学图像中,噪声一般假设为加性高斯白噪声,因此像素或者像素块之间的相似性由欧氏距离表征。而在 SAR 图像中,相干斑噪声符合乘性模型,利用欧氏距离衡量相似性不再适用。因此,2009 年,Deledalle 等人提出了用于 SAR 图像相干斑抑制的非局部滤波 PPB 算法[140]。该算法和光学图像去噪中的非局部算法相比,除了在相似性计算上更加符合相干斑噪声的统计特性外,其他部分基本一致。

图 11-2 描述了经典 PPB 算法中的基本要素。P_s 为 SAR 图像中的被滤波像素。以 P_s 为中心定义搜索窗(粉色区域),P_i 为搜索窗内任一像素。PPB 算法计算 P_s 和 P_i 之间的相似权重 $w(P_s, P_i)$,并计算滤波后 P_s 的像素值 $\hat{I}_{P_s}$,即[140]

$$\hat{I}_{P_s} = \frac{\sum_{i \in D_s} w(P_s, P_i) I_{P_i}}{\sum_{i \in D_s} w(P_s, P_i)} \tag{11-10}$$

式中:D_s 为搜索窗内的像素集合;I_{P_i} 为滤波前原始图像中像素 P_i 的强度。

权重 $w(P_s,P_i)$ 由以 P_s 和 P_i 为中心的像素块(图 11 – 2 中的青色区域)决定,具体表示为[140]

$$w(P_s,P_i) = p\left(I_s^* = I_i^* \mid A_s,A_i\right)^{\frac{1}{h}} = \exp\left[-\sum_k \frac{2L-1}{h}\log\left(\frac{A_{s,k}}{A_{i,k}} + \frac{A_{i,k}}{A_{s,k}}\right)\right] \quad (11-11)$$

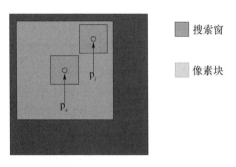

图 11 – 2 经典 PPB 算法中的基本要素(见彩图)

式中,$A_{s,k}$ 和 $A_{i,k}$ 分别为以 P_s 和 P_i 为中心的像素块内第 k 个像素的幅度。权重 $w(P_s,P_i)$ 越大,表明 P_s 和 P_i 越相似。L 为图像的等效视数,h 定义为[140]

$$h = q - E\left[-\sum_k \log p(A_{s,k},A_{i,k} \mid I_{s,k}^* = I_{i,k}^*)\right] \quad (11-12)$$

$$q = F_{-\sum_k \log p(A_{s,k},A_{i,k} \mid I_{s,k}^* = I_{i,k}^*)}^{-1}(\alpha) \quad (11-13)$$

式中:$E(\cdot)$ 和 $F(\cdot)$ 分别为数学期望和累积分布函数。

采用式(11 – 10)对单视 SAR 图像进行处理,能够抑制绝大部分相干斑噪声,但是会造成强点扩散。为了改善这一现象,可以进行偏差矫正(Bias Reduction),即[142]:

$$\hat{I}_{P_s}^{RB} = \hat{I}_{P_s} + \alpha_{P_s}(I_{P_s} - \hat{I}_{P_s}) \quad (11-14)$$

$$\alpha_{P_s} = \max\left(0, 1 - \frac{\hat{I}_{P_s}^2/L}{\sigma_{P_s}}\right) \quad (11-15)$$

$$\sigma_{P_s} = \frac{\sum_{i \in D_s} w(P_s,P_i) I_{P_i}^2}{\sum_{i \in D_s} w(P_s,P_i)} - \hat{I}_{P_s}^2 \quad (11-16)$$

式中:$\hat{I}_{P_s}^{RB}$ 为偏差矫正后 P_s 的强度值;I_{P_s} 为原始图像中 P_s 的强度值;α_{P_s} 为衡量像素 P_s 所在区域均匀程度的同质因子,α_{P_s} 的取值范围为 $[0,1]$。如果像素 P_s 处于完全均匀的区域,则 α_{P_s} 为 0;如果 P_s 处于强点周围,则 α_{P_s} 接近于 1。

应用该经典的 PPB 算法对 1m 分辨率的 TerraSAR – X 图像进行了处理。图 11 – 3(a) 给出了原始的单视复图像,像素的最大和最小强度分别是 3.68×10^7 和 0;图 11 – 3(b) 给出了式(11 – 10)的处理结果;图 11 – 3(c) 展示了式(11 – 10) 和式(11 – 14)的联合处理结果。

图 11 – 3(a) 和图 11 – 3(b) 的对比表明了式(11 – 10)的斑点噪声抑制程度。然而,像素块中的强散射目标会对式(11 – 10)的估计精度产生负面影响。在图 11 – 3(a) 中,选取了三个以 P_1、P_2 和 P_3 为中心的像素块。P_1、P_2 和 P_3 的强度分别 $I_{P_1} = 900$、$I_{P_2} = 601$ 和 $I_{P_3} = 345217$。根据式(11 – 11),可以得到权重 $w(P_1, P_2) = 2.55 \times 10^{-2}$、$w(P_1, P_3) = 2.4437 \times 10^{-4}$。由于 $w(P_1, P_2) > w(P_1, P_3)$,因此 P_2 与 P_1 更加相似。然而,$w(P_1, P_2) \times I_{P_2} < w(P_1, P_3) \times I_{P_3}$,这使得非相似点 P_3 在应用式(11 – 10)估计 P_1 强度的过程中产生了更大的贡献,造成滤波结果强度偏高,恶化了斑点噪声抑制性能。这一效应在强点附近尤其明显,称为强点扩散,如图 11 – 3(b)所示。该效应拓宽了边缘,增加了强散射目标的尺寸。

图 11 – 3　经典 PPB 算法处理结果(见彩图)

(a)原始单视 SAR 图像;(b)式(11 – 10)结果;(c)式(11 – 10)和式(11 – 14)结果。

由于同质因子 α_{P_s} 在强点附近的数值接近于 1,因此,式(11 – 14)中 $\hat{I}_{P_s}^{RB}$ 趋近于 I_{P_s}。此时,式(11 – 14)的处理结果与原始图像更加接近,能够实现对强点散射效应的校正。然而,斑点噪声也同时得到了恢复,尤其是在强点附近,如图 11 – 3(c)所示。为了平衡强调扩散和斑点噪声抑制性能,可以采用两种方法。第一种方法是关于同质因子 α_{P_s} 的计算。在图 11 – 3(a)中,选择了以 P_1、P_4 和 P_5 为中心,大小为 25×25 的搜索窗。这三个点均位于匀质区域,相应的同质因子分别为 $\alpha_{P_1} = 0.9591$、$\alpha_{P_4} = 0.9977$ 和 $\alpha_{P_5} = 0.6476$。随着搜索窗尺寸的下降,同质因子会发生陡降,如图 11-4 所示。例如,当窗口大小由 17 缩小到 15 时,P_4 的同质因子由 0.9032 降至 0.1942。这主要是因为强点被排除在尺寸缩小后的搜索窗口外,如图 11-5 所示。因此,通过选择大小合适的搜索窗口,可以避免强点的影响,获得更加精确的同质因子 α_{P_S}。第二种方法则是修改式(11-14)的形式。

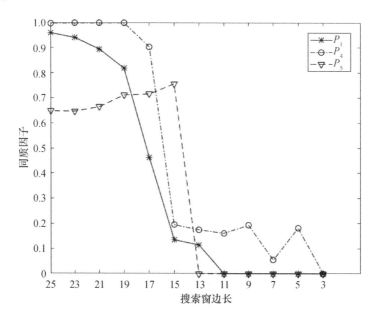

图 11-4　同质因子随搜索窗口大小的变化情况

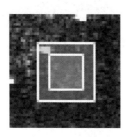

图 11-5　以 P_4 为中心的搜索框示意图(内框边长为 15,外框边长为 25)

综上所述,为了进一步平衡斑点噪声的抑制性能和强点扩散的校正性能,本节给出了图 11-6 所示的三步算法。其中,第一步对斑点噪声进行预处理,削弱强点效应对权重计算精度的影响;第二步通过自适应调整搜索窗的大小,获得更加精确的同质因子 α_{P_S};第三步采用修正的偏差矫正方法,校正强点的扩散和模糊效应。下面给出具体的解释。

第 11 章 SAR 图像相干斑抑制方法

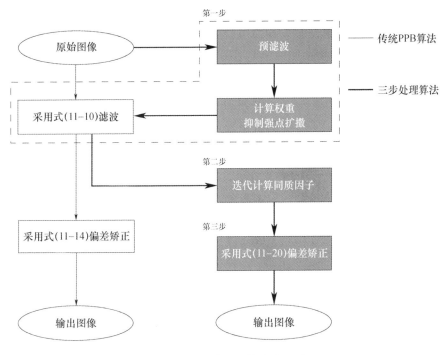

图 11-6 三步处理算法流程图

11.2.1 预滤波和权重修正

预滤波的目的是减小噪声对于计算相似权重的影响。本节采用了小波域上的线性最小均方误差滤波(Linear Minimum Mean-square Error, LMMSE)方法[136]。尽管该方法在去噪性能上并不优秀,但是它不会过度模糊边缘和纹理细节,更加适合于预滤波。

在用预滤波结果计算相似权重时,为了削弱强点的影响,设置了阈值来判断某个像素是否是强点。该阈值比搜索窗内所有像素的平均强度高 25dB[143]。若某像素强度值大于该阈值,则被认为是强点。在计算相似权重时,分以下 4 种情况进行处理:

(1) 若以 P_s 和 P_i 为中心的像素块内不包含任何强点,意味着强点的影响不存在,仍然按照式(11-11)计算相似权重;

(2) 若 P_s 和 P_i 均为强点像素,按照式(11-11)计算相似权重;

(3) 若 P_s 和 P_i 其中一个为强点像素,则认为这两个像素之间的相似权重为 0;

(4) 若以 P_s 和 P_i 为中心的像素块内存在强点，但不是 P_s 和 P_i 两个像素，则将强点像素的强度替换为像素块内像素强度的均值，再由式(11-11)计算相似权重。

11.2.2 同质因子迭代计算

如图 11-4 所示，同质因子 α_{P_s} 与搜索窗口的大小有关。改善 α_{P_s} 精度的最简单方法就是减小窗口的大小。然而，这也会减少相似像素的数目，使得匀质区域中斑点噪声的抑制性能有所衰退。因此，为了尽可能选取更大的搜索窗，同时使得窗口中心的 α_{P_s} 尽可能精确，此处将采用自适应方式选取搜索窗大小。具体步骤如下：

(1) 设以 P_s 为中心的搜索窗的初始边长为 Δ_{S_0}，计算相应的同质因子 α_{S_0}。当 α_{S_0} 小于 0.5 时，强点对同质因子估计的影响可以忽略。此时，α_{S_0} 为像素 P_s 的同质因子的最终估计值，否则减小搜索窗的尺寸。这一步筛选出需要进行同质因子修正的像素，以降低迭代计算的复杂度。

(2) 令 $\Delta_{S_i} = \Delta_{S_{i-1}} - 2(i = 1, 2, \cdots)$，并计算对应的 α_{S_i}。如果 $\Delta_{S_i} \times \Delta_{S_i}$ 已经等于最小尺寸(即 3×3)，则迭代终止。此时的 α_{S_i} 为同质因子的最终估计值，否则进入第三步的计算。

(3) 计算比值 r_1，即

$$r_1 = \alpha_{S_i} / \alpha_{S_{i-1}} \tag{11-17}$$

如果搜索窗减小到不包含强点目标，α_{S_i} 会产生跳变。因此，当 $r_1 < 0.5$，也就是当前搜索窗下的同质因子值小于上一次迭代的一半，迭代终止，α_{S_i} 为同质因子的最终估计值。否则，当 i 为 1 时，跳至第二步；当 i 大于 1 时，跳至第四步。

(4) 计算比值 r_2，即

$$r_2 = \alpha_{S_i} / \alpha_{S_{i-2}} \tag{11-18}$$

同理，若 $r_2 < 0.5$，则迭代终止，α_{S_i} 为同质因子的最终估计值。否则，跳到第二步。

11.2.3 强点扩散校正

在 11.2.2 节中，搜索窗的最小尺寸为 3×3。这个区域内的强点扩散问题并没有得到解决。因此，本节对式(11-14)进行了修正，以平衡斑点噪声抑制和强点扩散校正的性能。

比值 r_3 用来判定是否存在强点扩散现象，其定义为

$$r_3 = \frac{\hat{I}_{P_s}}{I_{P_s}} \tag{11-19}$$

修正之后的式(11-14)为

$$\hat{I}_{P_s}^{\text{RB}} = \hat{I}_{P_s} + F(\alpha_{P_s}, r_3)(I_{P_s} - \hat{I}_{P_s}), \alpha_{P_s} \in [0,1], F(\alpha_{P_s}, r_3) \in [0,1] \tag{11-20}$$

其中,$F(\alpha_{P_s}, r_3)$满足如下条件:

(1) 当$r_3 \leq 1$时,有

$$F(\alpha_{P_s}, r_3) = 0 \tag{11-21}$$

式(11-21)表明,在不存在强点扩散效应的区域内,不进行偏差矫正,从而保持式(11-10)的滤波结果,噪声可以得到较好地抑制。

(2) 当$r_3 > 1$时,存在强点扩散现象,$F(\alpha_{P_s}, r_3)$可表示为

$$F(\alpha_{P_s}, r_3) = \left(1 - \frac{1}{r_3}\right)\alpha_{P_s} + \frac{1}{r_3}f(\alpha_{P_s}) \tag{11-22}$$

$$f(\alpha_{P_s}) = (\alpha_{P_s})^{\frac{n}{n-(n-1)\alpha_{P_s}}} \tag{11-23}$$

当$0 < \alpha_{P_s} < 1$,$f(\alpha_{P_s})$小于α_{P_s},如图11-7所示。在经典的 PPB 算法中,$F(\alpha_{P_s}, r_3) = \alpha_{P_s}$。相比之下,若$F(\alpha_{P_s}, r_3) = f(\alpha_{P_s})$,则$\hat{I}_{P_s}^{\text{RB}}$趋近于$\hat{I}_{P_s}$。这意味着相干斑抑制性能得到了提升,但同时引入了明显的强点扩散。式(11-22)使得$f(\alpha_{P_s}) \leq F(\alpha_{P_s}, r_3) \leq \alpha_{P_s}$,更好地平衡了两者的性能。

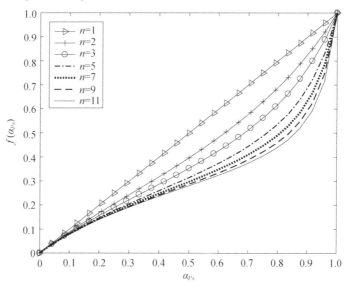

图11-7 $f(\alpha_{P_s})$随α_{P_s}和n的变化情况

图 11-8 展示了式(11-23)中 n 对相干斑抑制和强点扩散校正的影响。从左到右，n 的取值分别为 1、5、10、20 和 50。当 n 等于 1 时，斑点噪声最为严重。随着 n 的增加，斑点噪声逐渐得到了抑制，但是强点扩散效应也随之恶化。当 n 的取值在 5 和 10 之间时，两者能够获得更加平衡的性能。在本节中，n 的取值为 5。

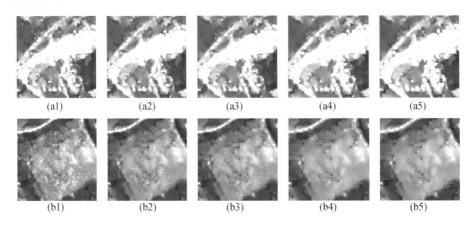

图 11-8 n 对相干斑抑制和强点扩散校正的影响
(a1)$n=1$;(a2)$n=5$;(a3)$n=10$;(a4)$n=20$;(a5)$n=50$;(b1)$n=1$;
(b2)$n=5$;(b3)$n=10$;(b4)$n=20$;(b5)$n=50$。

在应用式(11-20)进行滤波的过程中，强散射结构也被抑制，变得模糊。矩阵 $\boldsymbol{\alpha}_{\text{final}}$ 用于恢复这些结构。该矩阵与图像的大小一致，其中每个元素代表对应像素的同质因子。采用 canny 算子，可以从矩阵 $\boldsymbol{\alpha}_{\text{final}}$ 中定位 SAR 图像中的强散射结构，并将这些像素的 $\hat{I}_{P_s}^{\text{RB}}$ 设为原始图像的强度。

经过以上三步算法的处理，在去除相干噪声的同时，尽可能地抑制了强点扩散，并且不模糊强点本身。四幅 TerraSAR-X 图像被用于验证上述的三步处理算法，如图 11-9 中的第一列所示。图 11-9(a1)和(b1)中存在清晰的边缘和匀质背景，图 11-9(c1)和(d1)则包含复杂的结构。所有图像中都有强散射点目标。这些特征有助于展示三步处理算法的综合性能。图 11-9 中的第二列、第三列和第四列分别对应快速非局部均值[144]、经典 PPB 和三步算法的处理结果。

等效视数(Equivalent Number of Looks, ENL)[145]、边缘保持因子(Edge Preservation Index, EPI)[146]、比值图像的均值 μ_r 和标准差 σ_r[141,147] 用于评估图 11-9，具体结果见表 11-1。ENL_1 和 ENL_2 是图 11-9 中标记为 1 和 2 的红框区域的等效视数。

第 11 章 SAR 图像相干斑抑制方法

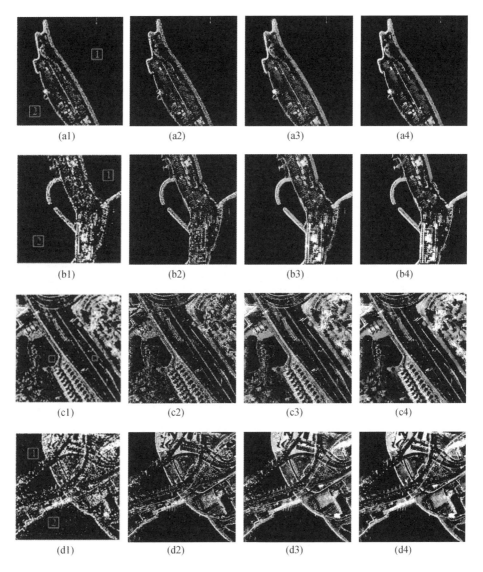

图 11-9 斑点噪声抑制结果(见彩图)

处理和评估结果表明三种算法都显著地抑制了斑点噪声。快速非局部均值和经典 PPB 算法的相干斑抑制性能基本一致。快速非局部均值算法的边缘保持能力最差。所提出的三步算法能够获得最好的相干斑抑制和边缘保持性能。

图 11-10 对比了纹理保持情况,其中的图像为原始图像与相干斑抑制后图像的比值。第一列为原始图像,第二列、第三列和第四列分别给出了原始图像与快速非局部均值、经典 PPB 和三步算法处理结果的比值。相应的评估结果

见表 11-1 的最后两列。若比值图像中只包含噪声,那么均值 μ_r 和标准差 σ_r 应为 1 和 $\sqrt{1/L}$（L 为图像的等效视数）[132]。由于图 11-10 使用了单视图像,因此表 11-1 中的 μ_r 和 σ_r 越接近 1,表明滤波算法性能越好。如图 11-10 中第二列所示,快速非局部算法的比值图像中包含强散射结构,其均值和标准差远远偏离 1。PPB 算法的比值图像中包含了与原始图像相关的几何结构信息,表明不仅仅是斑点噪声,纹理也受到了经典 PPB 算法的抑制。相比之下,三步算法的比值图像中的几何结构信息更加微弱,均值和标准差也更接近于 1。因此,三步算法能够更好地保持纹理细节。

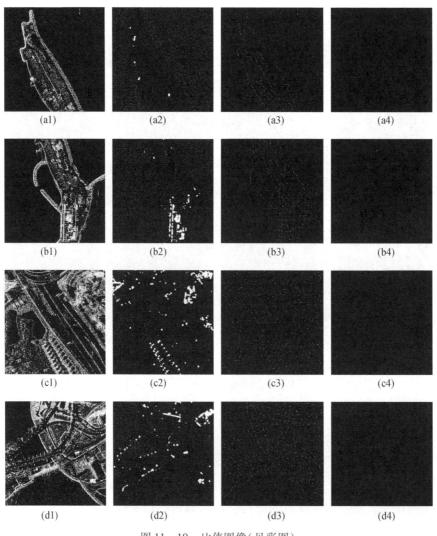

图 11-10　比值图像（见彩图）

表 11-1 相干斑抑制评估结果

算法	图像	ENL_1	ENL_2	EPI	μ_r	σ_r
原始图像	1	0.9996	0.9682	—	—	—
快速非局部算法	1	12.7594	12.3647	0.5134	1.5448×10^{10}	1.4475×10^{12}
经典 PPB 算法	1	16.9518	12.7141	0.8685	0.8648	0.6390
三步算法	1	36.3338	26.3064	0.9484	0.9484	0.8271
原始图像	2	0.9983	1.0154	—	—	—
快速非局部算法	2	22.1223	4.8051	0.2603	7.9030×10^{10}	1.9913×10^{12}
经典 PPB 算法	2	17.3786	15.0505	0.8278	0.8473	0.6132
三步算法	2	40.2398	26.0787	0.9435	0.9458	0.7977
原始图像	3	1.042	1.0051	—	—	—
快速非局部算法	3	17.5744	2.5683	0.2936	3.3912×10^{11}	1.4966×10^{13}
经典 PPB 算法	3	10.7677	4.651	0.9180	0.8055	0.4402
三步算法	3	67.2727	36.5582	0.9480	0.9631	0.8314
原始图像	4	1.0044	1.0147	—	—	—
快速非局部算法	4	15.7269	11.3674	0.3532	3.1675×10^{11}	9.9027×10^{12}
经典 PPB 算法	4	13.2521	12.7311	0.9174	0.8292	0.4846
三步算法	4	33.0672	47.3125	0.9491	0.9598	0.8227

11.3 基于稀疏表示的 SAR-BM3D 方法

非局部滤波算法在 SAR 图像相干斑噪声抑制方面展现出了优异的性能,其中又以 PPB 和 SAR-BM3D 算法为代表。前者在第 11.2 节已经进行了详细介绍,本节将介绍一种将 SAR-BM3D 和稀疏表示相结合的非局部滤波算法。

11.3.1 SAR-BM3D 算法简介

SAR-BM3D 算法[141]源于光学图像去噪中的 BM3D 算法[148]。两者都采用了非局部相似性计算和联合滤波的思想。不同的是,SAR-BM3D 算法在计算像素相似性的时候沿用了 PPB 算法中的计算方式,而 BM3D 算法则依据欧几里得距离计算相似性。

PPB 算法应用式(11-11)计算两个像素点的相似权重。虽然选取了两个像素块作为计算的区域,但最终的结果还是两个像素点之间的相似性。SAR-

BM3D 算法则将对像素点的滤波升级为对像素块的滤波。同 PPB 算法一样，SAR-BM3D 算法会在图像中设置一个搜索窗。这个搜索窗中心的像素块就是要被滤波的区域。该算法在搜索窗内遍历像素块，找到与中心像素块相似权重最高的前 k 个像素块（包括中心像素块本身）。将这些二维的像素块堆叠为三维组，进行联合滤波。典型的方法为三维小波域上的局部线性最小均方误差（Local Linear Minimum Mean-square Error, LLMMSE）[141]滤波。最后将联合滤波的结果还原到二维的图像平面。为了能够尽可能地滤除噪声，SAR-BM3D 算法将上述过程重复了两次。本节将这两次滤波分别称为步骤Ⅰ和步骤Ⅱ。

在步骤Ⅰ和Ⅱ中，SAR-BM3D 算法分别按照下面两式计算两个像素块的相似权重。

$$w_1(P_s, P_i) = (2L-1)\sum_k \log\left(\frac{A_{s,k}}{A_{i,k}} + \frac{A_{i,k}}{A_{s,k}}\right) \quad (11-24)$$

$$w_2(P_s, P_i) = \sum_k \left[(2L-1)\log\left(\frac{A_{s,k}}{A_{i,k}} + \frac{A_{i,k}}{A_{s,k}}\right) + L\frac{|\hat{A}_{s,k} - \hat{A}_{i,k}|^2}{\hat{A}_{s,k}\hat{A}_{i,k}}\right] \quad (11-25)$$

式中：$\hat{A}_{s,k}$ 和 $\hat{A}_{i,k}$ 分别为步骤Ⅰ的结果中以 P_s 和 P_i 为中心的像素块内第 k 个像素的幅度；L 为 SAR 图像视数。步骤Ⅱ的相似权重计算不仅用到了原始图像，还用到了步骤Ⅰ滤波后的结果。需要注意的是，不同于式（11-11），SAR-BM3D 算法的权重越小，两个像素块越相似。这与 PPB 算法中权重的含义相反。

通常，在步骤Ⅰ和Ⅱ中，三维组的大小设置为 $8\times8\times16$ 和 $8\times8\times32$，分别在 Daubechies-8 的非下采样小波域和 DCT+Haar 的小波域中进行滤波。联合滤波后，SAR-BM3D 算法需要将三维组还原至二维。由于在滤波过程中，每一个像素块都有可能被多次选中，在还原成二维时，同一位置就会有多个结果。为了更加合理地聚合这些结果，SAR-BM3D 算法采用权重求和的方式计算某个被多次选中的像素的最终滤波结果，即

$$\hat{A}(s) = \frac{\sum_{G\in\zeta(s)} w_G \hat{A}_G(s)}{\sum_{G\in\zeta(s)} w_G} \quad (11-26)$$

式中：$\hat{A}(s)$ 为像素 s 最终的滤波结果；$\hat{A}_G(s)$ 为像素 s 在某一个三维组中的滤波结果；w_G 为对应权重；$\zeta(s)$ 为像素 s 所在的三维组集合。

SAR-BM3D 将非局部算法中相似像素点扩展到相似像素块，并且整合到高维空间进行滤波。这种思想改善了图像的去噪效果，特别是边缘周围的去噪效

果。11.3.3节将基于这种非局部的思想,联合信号的稀疏表示,给出一种新的相干斑抑制算法。

11.3.2 基于信号稀疏表示的图像去噪方法

应用变换字典,将含噪图像变换到可以对原始图像进行稀疏表示的变换域,能够实现图像信号与绝大部分噪声信号的分离。变换字典分为通用字典与学习字典两类。常见的通用字典有傅里叶变换(FT)字典、离散余弦变换(DCT)字典、小波变换(WT)字典、Contourlet字典、Noiselet字典等;而学习字典则是用待处理图像训练、生成的特殊性字典。相较于通用字典,学习字典针对性更强,可以获得极佳的稀疏表示性能。本节将阐述基于信号稀疏表示的图像去噪方法。

一般情况下,含噪图像 y 可用无噪图像 y_0 与高斯噪声 n 来表示,即

$$y = y_0 + n \quad (11-27)$$

若存在某个稀疏变换字典 D,使得原始图像信号 y_0 可被稀疏表示,即 $y_0 = D \cdot w$,式中:w 为(近似)稀疏信号,其中非零值的元素数目远小于零的数目(或元素的模值按指数衰减)。因此,基于图像稀疏表示进行去噪的基本方法为

$$\hat{y} = D \cdot S_T\{D^\dagger y\} \quad (11-28)$$

式中:$\hat{y}$ 为去噪后的图像;$S_T\{\cdot\}$ 为门限为 T 的截断函数;$D^\dagger$ 为字典 D 的广义逆。从式(11-28)可以看出,去噪图像 $\hat{y}$ 的精度,依赖于截断门限与稀疏表示。

确定最优截断门限 T,可对 y 中各个元素设定门限,通过样本学习的方式获得最优门限序列[149];或者将门限 T 作为参数,采用SURE(Stein-Unbiased-Risk-Estimator)方法进行自适应设置[150,151]。提升原始信号的稀疏表示能力,使得 $D^\dagger y$ 尽可能稀疏,主要有三种方法:①基于 $\ell_p (0 \leqslant p \leqslant 1)$ 范数的稀疏化方法;②局部稀疏表示方法;③联合稀疏表示的字典学习方法。

ℓ_0 范数约束求解是一个组合数问题,无法在多项式时间内获得最优解。贪婪算法,如正交匹配追踪(Orthogonal Matching Pursuit,OMP),是处理该问题的代表性方法。这类算法实现简单、速度快,但精度较低。另一种处理方法是将 ℓ_0 松弛为 ℓ_1 范数,从而使原始问题转变为凸优化问题。陶哲轩等人从理论上指出了 ℓ_1 范数与 ℓ_0 范数在某些情况下的等价性[152],可以采用线性规划或内点法等凸优化方法求解 ℓ_1 范数[153];也可以将求解过程看作是MAP(Maximum A Posteriori)参数估计问题,并采用贝叶斯压缩感知(Bayesian Compressed Sensing,BCS)[154]等方法,通过概率分布逼近图像的结构特征。

由全局稀疏转化为局部稀疏,可以显著提升图像的稀疏表示能力。对于含噪图像 y,定义分块操作 R_{ij},使得 $p_{ij} = R_{ij}y$ 为图像 y 中位于 (i,j) 处的子块。为了改善滤波后子图之间的拼接效应,并提升滤波效果,子块与子块之间相互交叠。因此,局部稀疏去噪问题可以表述为

$$\{\hat{w}, \hat{y}\} = \underset{w_{ij}, z}{\operatorname{argmin}} \left[\lambda \| z - y \|_2^2 + \sum_{ij} \mu_{ij} \| w_{ij} \|_0 + \sum_{ij} \| Dw_{ij} - R_{ij}y \|_2^2 \right] \tag{11-29}$$

式中:w_{ij} 为 (i,j) 子块处的稀疏表示;μ_{ij} 与 λ 为加权系数;D 为字典。该问题含有两类优化变量,可以迭代求解。初始化时,令 $z = y$,将式(11-29)转化为每个子块的 ℓ_0 范数问题。之后将求解得到的 w_{ij} 代入式(11-29),可以获得闭式解,即

$$\hat{y} = \left(\lambda I + \sum_{ij} R_{ij}^T R_{ij} \right)^{-1} \left(\lambda Y + \sum_{ij} R_{ij}^T D \hat{w}_{ij} \right) \tag{11-30}$$

应用上述方法的前提是字典已知。字典的获取可以直接指定,也可以利用包含海量切片图像的大型数据库,通过训练得到一个通用字典;更为高效的方式是从待处理图像中随机抓取足够多的像素块,构成数据集,训练得到一个专门的字典,同时获得稀疏表达。典型的方法有 MOD[155] 与 K-SVD[156]。此处介绍比较常用的 K-SVD 算法。

字典学习的本质是字典 D 与稀疏表达 w 联合优化的过程。K-SVD 的具体步骤如下:

(1) 将待学习的图像 y 分为 N 块,并对每一块进行矢量化,构成样本矩阵 $Y \in C^{m \times N}$。其中,m 为每个子块矢量化后的长度。

(2) 初始化字典 $D \in C^{m \times K}$。其中,K 为字典 D 的原子个数,即字典 D 的列数。

(3) 求解当前字典 D 下样本的稀疏表达矩阵 $W \in C^{K \times N}$。

(4) 对字典 D 的每一列逐一进行更新。记字典的第 k 列为 D_k,稀疏表达矩阵的第 k 行为 W_T^k;若 W_T^k 中存在 P 个非零元素,则定义集合 $\omega_k = \{i | 1 \leq i \leq P, x_T^k(i) \neq 0\}$,即 $x_T^k(i) \neq 0$ 的元素的索引值;根据索引值,将 W_T^k 中的非零元素构成向量 W_R^k;同时定义矩阵 Ω_k,满足 $W_R^k = W_T^k \Omega_k$。计算 $E^R = Y\Omega_k - \sum_{j \neq k} D_j W_R^j$,对 E^R 进行 SVD 分解,即 $E^R = USV^T$。提取 U 的第一列更新 D_k,并以最大奇异值与 V 的第一列的乘积更新 W_R^k。

(5) 重复第三步和第四步,直至误差小于门限或迭代次数达到最大为止。

11.3.3 基于稀疏表示的非局部去噪方法

本节将基于 SAR-BM3D 算法的框架,将其中的联合滤波方式替换为 K-SVD 去噪,进行相干斑抑制。具体步骤如下:

(1) 对原始的单视 SAR 图像 I 进行对数操作和均值校正,得到对数域图像 $I_{\log}$。

(2) 在原始图像中,应用 SAR-BM3D 算法选取相似块,然后在对数域图像中选取相同位置的像素块并转换为一维数据记为 y_{patch},将同一搜索窗内的 y_{patch} 按列堆叠为二维矩阵 Y_G,表示一组数据。

(3) 结合用对数域图像训练得到的字典 D,采用 K-SVD 方法对 Y_G 进行滤波,获得像素块的滤波值 $\hat{Y}_G$,并还原为三维组。

(4) 使用 SAR-BM3D 算法聚合同一像素在不同组中的滤波结果,再进行指数操作,得到最终的相干斑抑制结果。

算法流程如图 11-11 所示。

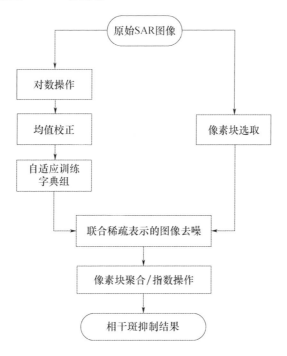

图 11-11 基于稀疏表示的 SAR-BM3D 去噪方法

在上述第四步中,根据式(11-26)进行聚合操作时,具体的权重为

$$w_G \propto \frac{1}{E(n^2)} \approx \frac{1}{E[(y_G - \hat{y}_G)^2]} \qquad (11-31)$$

图 11-12 中,第一列为原始 SAR 图像;第二列为基于稀疏表示的 SAR-BM3D 方法得到的处理结果;第三列为比值图像。性能评估指标见表 11-2。ENL_1 和 ENL_2 是图 11-12 中标记为 1 和 2 的红框区域的等效视数。可以看出,基于稀疏表示的 SAR-BM3D 方法在 SAR 图像相干斑抑制方面具有优异的性能。

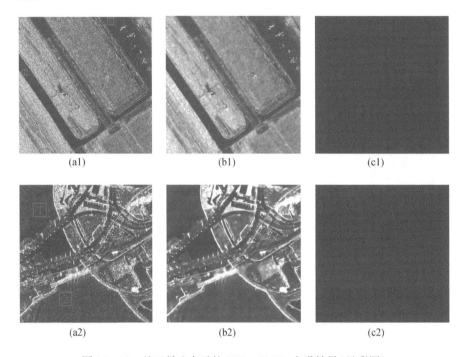

图 11-12 基于稀疏表示的 SAR-BM3D 去噪结果(见彩图)

表 11-2 相干斑抑制评估结果

图像	ENL_1	ENL_2	EPI
原图(a1)	0.9525	1.0069	—
抑制后(b1)	26.3485	36.5208	0.3454
原图(a2)	1.0044	1.0147	—
抑制后(b2)	25.2261	45.5398	0.5860

11.4 基于深度学习的相干斑抑制方法

近些年来,以人工神经网络为基础的深度学习技术在各行各业得到了广泛的应用,如图像处理、语音识别、自动驾驶以及医疗诊断等。尽管深度学习早已用于光学图像去噪[157-159],但是,直到2017年才出现基于深度学习的SAR图像相干斑抑制算法[160]。

众所周知,深度学习依赖于海量的训练数据(含标签)。就光学图像去噪而言,存在丰富的高信噪比图像作为标签数据,并且可以通过向标签数据添加高斯噪声来生成训练数据。相比之下,真实的SAR图像数据并不多,难以提供足够的训练数据,而且也没有对应的"无噪图像"作为训练数据的标签。

目前,用深度学习进行相干斑抑制,构造训练数据集主要有两种方法:①向光学图像添加符合乘性模型特征的斑点噪声;②直接使用真实SAR图像。这两种方法各有优劣。前者虽然数据足够丰富,但是不够"真实"。后者虽然足够真实,但是存在两点不足:①数据量小;②由于对应的标签数据一般为用传统算法进行去噪后的图像,因此,训练得到的神经网络往往无法突破传统算法的相干斑抑制性能,只是传统算法的"神经网络版"而已。

本节将采用两种方式生成训练数据,探讨四种用于SAR图像相干斑抑制的深度学习方法。其中,第一类训练数据是通过向光学图像添加乘性斑点噪声生成的,标签为原始的光学图像;第二类训练数据则是基于真实SAR图像的仿真图像,标签为原始的真实SAR图像。

11.4.1 基于膨胀卷积网络的相干斑抑制方法

早期用于图像去噪的神经网络较为简单,通常仅由多层感知机(Multi-Layer Perception,MLP)或多个卷积层组成[157-158]。2017年,Kai Zhang等提出了DnCNN(Denoising Convolutional Neural Network)[159],在光学图像去噪方面取得了较好的效果。该网络结构采用的Conv-BN-Relu级联方式更是被后续出现的去噪网络广泛采用。

DnCNN的具体结构如图11-13所示[159]。其中,Conv、BN、Relu分别代表卷积层(Convolutional Layer)、批量归一化层(Batch Normalization Layer)、非线性激活层(Rectified Linear Unit);"n64s1"代表该层中有64个卷积滤波器,卷积步长为1。网络的损失函数定义为输出图像和标签图像之间的欧式距离的均值,

即均方误差损失(Mean Squared Error,MSE),可表示为

$$\text{Loss}_{\text{MSE}}(\varTheta) = \frac{1}{m}\sum_{i=1}^{m}\frac{1}{WH}\sum_{w=1}^{W}\sum_{h=1}^{H}\|\psi_{\varTheta}(Y^{w,h}) - X^{w,h}\|_2^2 \quad (11-32)$$

式中:$Y^{w,h}$ 为输入有噪图像中 (w,h) 处的像素;$X^{w,h}$ 为标签中 (w,h) 处的像素;$\psi_{\varTheta}$ 为当前的网络;$\varTheta$ 为网络参数;W 和 H 为图像的宽度和高度;m 为输入网络的图像数量。MSE 反映了网络的预测值与标签之间的距离。神经网络优化的目标,就是采用多种优化方法,包括随机梯度下降法(Stochastic Gradient Descent,SGD)、批量梯度下降法(Batch Gradient Descent,BGD)、动量梯度下降法(Gradient Descent with Momentum)、Adagrad(Adaptive Gradient Algorithm)、Adam(Adaptive Moment Estimation)[161-164]等,使式(11-32)最小化。其中,Adam 算法具有良好的综合性能,得到了较为广泛的应用。如无特殊说明,本节都采用 Adam 算法对损失函数进行优化。

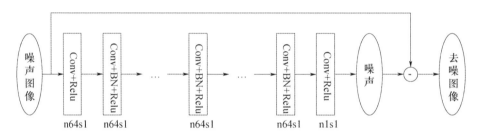

图 11-13　DnCNN 网络结构[159]

在 DnCNN 中,尽管采用了 BN 算法归一化中间层特征,提高了网络的去噪性能,但是感受野较小。若网络深度为 17 层,每层均采用 3×3 的卷积核,则感受野为 35×35。这比 SAR-BM3D 算法常用的 39×39 的搜索窗还要小。网络感受野的大小关系到去噪时能利用的有效图像块的规模。大尺寸的有效图像块有助于提升网络的噪声抑制能力[159]。通过加深网络或是增加卷积核尺寸,可以扩大网络的感受野,但这也会大大增加需要训练的网络参数数量。

膨胀卷积在原始卷积核的相邻元素中间插入一定数目的零元素,达到扩大卷积核的目的,如图 11-14 所示[165]。零元素填充的层数由膨胀率(Dilation Rate)决定,即在原始卷积核的基础上填充(Dilation Rate -1)层零元素。当 Dilation Rate 为 1 时,膨胀卷积和传统卷积等价。由于零元素所在的位置不参与反向传播中的参数更新,因此,膨胀卷积和普通卷积的训练参数数量是一样的。

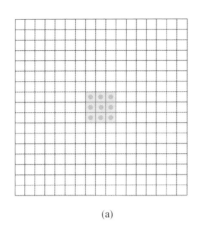
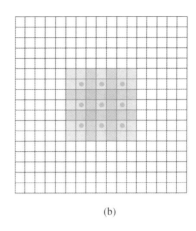

图 11 – 14　膨胀卷积示意图[165]

(a)传统卷积;(b)膨胀卷积(膨胀率=2)。

结合膨胀卷积和 DnCNN,本节还将应用如图 11 – 15 所示的 SAR-DRN(Dilated Residual Network)对 SAR 图像进行相干斑抑制[166]。其中的卷积层均采用膨胀卷积。"1 – Conv"表示 Dilation Rate 为 1 的膨胀卷积,其他类似表示的含义可同理类推。SAR-DRN 采用了跳跃连接,即前层网络的输出直接连通至后面某一层。一方面,跳跃连接缓解了浅层网络在反向传播中的梯度消失问题;另一方面可以将网络的浅层信息直接向后传递,对训练过程中在网络深层中丢失的信息进行复原。SAR-DRN 以 MSE 作为损失函数,采用 Adam 算法优化,预测有噪图像和标签的残差,然后计算与有噪图像的差值,得到去噪结果。

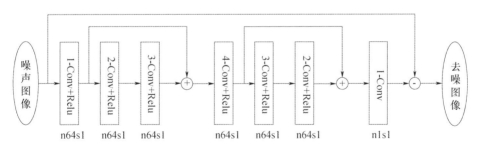

图 11 – 15　SAR-DRN 结构[166]

两个网络 DnCNN 和 SAR-DRN 的具体参数见表 11 – 3,具体的处理结果将在 11.4.5 节给出。

表 11 – 3　DnCNN 和 SAR – DRN 参数

网络 参数	DnCNN	SAR – DRN
网络深度	8 层	7 层
卷积核规模	3×3	3×3
中间层卷积核数目	64	64
学习率	0.0002	0.001
BN	有	无

11.4.2　基于生成对抗网络的相干斑抑制方法

2014 年，Ian Goodfellow 提出了生成对抗网络（Generative Adversarial Networks，GAN）模型[167]，用生成网络和判别网络之间的博弈来生成质量良好的图像。GAN 强大的图像生成能力，在图像复原、超分辨方面取得了令人惊喜的效果。本节将探索将 GAN 应用于 SAR 图像相干斑噪声的抑制。

GAN 通过最大化判别器 D 的损失并且最小化生成器 G 的损失，来达到博弈的效果。网络的损失函数为[167]

$$\min_G \max_D V(D,G) = E_{x \sim p_{\text{data}}(x)}[\lg D(x)] + E_{z \sim p_z(z)}\{\lg\{1 - D[G(z)]\}\}$$

（11 – 33）

式中：D 和 G 分别为判别器网络和生成器网络；z 为随机噪声；x 为标签；p_{data} 为真实数据集的概率分布；p_z 为输入随机噪声的分布。

在实际训练中，通常将式（11 – 33）转化为对下列两式的优化，即

$$\frac{-1}{m} \sum_{i=1}^{m} \{\lg D(x^{(i)}) + \lg\{1 - D[G(z^{(i)})]\}\} \quad (11-34)$$

$$\frac{1}{m} \sum_{i=1}^{m} -\lg\{D[G(z^{(i)})]\} \quad (11-35)$$

式中：$\{z^{(1)}, \cdots, z^{(m)}\}$，$\{x^{(1)}, \cdots, x^{(m)}\}$ 分别为噪声向量和真实图像；m 为一次输入网络的样本数量。对式（11 – 34）和式（11 – 35）的最小化过程交替进行，直到生成器产生的图像能够迷惑判别器，使其难辨真假，就获得了最优解。

本节采用如图 11 – 16 所示的 ID-GAN（Image Despeckling Generative Adversarial Network）[168]抑制斑点噪声，处理结果将在 11.4.5 节详细展示。生成器采用了自编码器结构，深度为 8 层。前四层采用卷积来提取特征；后四层则采用

反卷积来生成图像。卷积层和反卷积层的结合,使得网络能够捕获图像特征。同时,卷积层消除了噪声,反卷积层则从特征中恢复了图像细节。判别器采用了分类网络结构,深度为6层。前五层为卷积层,第六层为全连接层。最后通过 Sigmoid 激活函数将输出值限制在[0,1]之间。输出值越接近1,表明判别器认为该图像越有可能是真实图像。

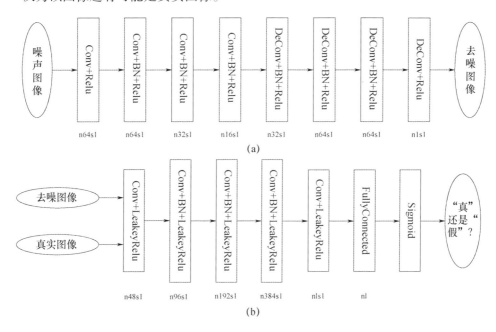

图 11-16　ID-GAN 结构[168]
(a)生成器结构;(b)判别器结构。

在损失函数设计方面,结合式(11-35)和均方误差,作为生成器的损失函数,即

$$\begin{cases} \text{Loss}_{\text{Total}} = \text{Loss}_{\text{MSE}} + \lambda \text{Loss}_{\text{GAN}} \\ \text{Loss}_{\text{MSE}}(\Theta_g) = \dfrac{1}{m}\sum_{i=1}^{m} \dfrac{1}{WH}\sum_{w=1}^{W}\sum_{h=1}^{H} \parallel G(Y^{w,h}) - X^{w,h} \parallel_2^2 \\ \text{Loss}_{\text{GAN}}(\Theta_g) = \dfrac{1}{m}\sum_{i=1}^{m} -\log\{D[G(Y^{w,h})]\} \end{cases} \quad (11-36)$$

式中:λ 为 GAN 损失权重。在本节中,$\lambda = 0.0066$。

判别器损失函数则与传统 GAN 保持一致,即式(11-34)。

11.4.3 神经网络与小波变换相结合的相干斑抑制方法

本节将小波变换和神经网络相结合,进行相干斑抑制,如图 11-17 所示[169]。通过平稳小波变换(Stationary Wavelet Transform,SWT),对原始图像进行一级小波分解,得到四个子带图像(如图 11-18 所示)。其中,图 11-18(a)为原始图像,图 11-18(b)~(e)分别对应 A、H、V、D 四个子带图像。然后应用神经网络分别对这四个子带图像(A、H、V、D)进行噪声去除。其中,子带 A 对应的网络结构如图 11-19(a)所示,子带 H、V、D 对应的网络结构如图 11-19(b)所示。最后,经由小波逆变换(Inverse Stationary Wavelet Transform,ISWT),得到完整的去噪图像。为方便后续介绍,将此处的相干斑抑制方法称为 SWT-CNN(Stationary Wavelet Transform Convolutional Neural Network)[169]。

图 11-17 基于小波变换和神经网络的相干斑抑制算法流程[169]

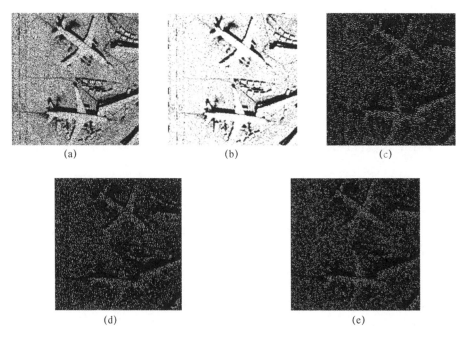

图 11-18 原始图像及其小波分解图像

(a)原始图像;(b)子带 A;(c)子带 H;(d)子带 V;(e)子带 D。

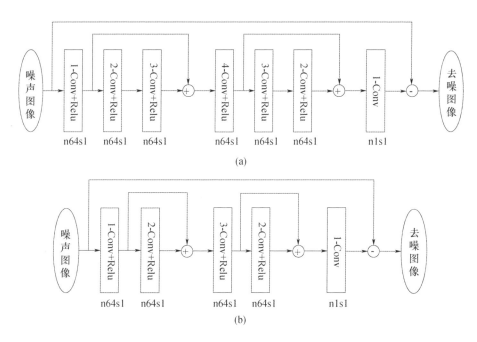

图 11-19 不同子带进行去噪采用的网络结构

(a)子带 A 使用的网络结构;(b)子带 H、V、D 使用的网络结构。

11.4.4 基于膨胀卷积和成对大小卷积核的相干斑抑制方法

2018 年,Muhammad Haris 等人提出了成对的上采样和下采样操作,在图像超分辨方面取得了优异的效果[170]。同年,Masanori Suganuma 等将分别采用大卷积核和小卷积核的两个卷积层级联在一起,构成成对大小卷积核,并应用于图像去噪[171],展现了成对操作在图像复原领域的潜力。本节将介绍一种基于成对操作的网络 DuRB - Net(Dual Residual Block Network)[172],如图 11 - 20 所示。其中,c 代表普通的 3×3 卷积层,卷积步长为 1;b 和 r 分别表示 BN 层和 Relu 非线性激活层。整个网络的核心是 6 个级联的成对残差块(DuRB)。第 l 个 DuRB 的结构如图 11 - 21 所示。ct_1^l 和 ct_2^l 分别代表采用了大卷积核和小卷积核的卷积层,并且某些块的 ct_1^l 采用了膨胀卷积。具体参数设置见表 11 - 4。网络中所有卷积层的卷积核数量均为 64,并且采用了边界补零方法,使得输入和输出维度保持一致。可以看出,DuRB - Net 的网络特点在于:

(1) 采用了成对操作,如图 11 - 21 所示的 ct_1^l 和 ct_2^l 卷积层分别采用了大尺寸卷积核的膨胀卷积和小尺寸卷积核的普通卷积。大卷积核可以获取图像中大目标的特征,而小卷积核可以获取小目标的特征,大小卷积核交替级联有助于网络学到多尺度的特征。

（2）采用了膨胀卷积,在不增加网络参数数量的前提下扩大了网络感受野。

（3）采用了跳跃连接,可以缓解反向传播中的梯度消失现象。同时,残差学习允许网络学习一个恒等变换,确保深层网络不会比浅层网络性能差。

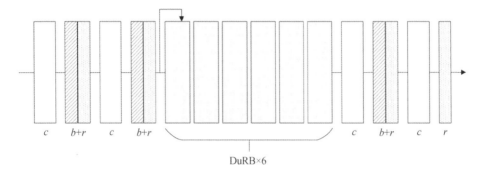

图 11-20　DuRB-Net 结构图[172]

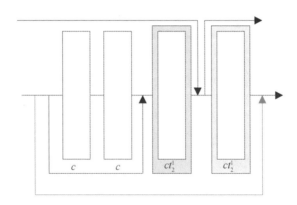

图 11-21　成对残差块（DuRB）的结构示意图[172]

表 11-4　DuRB-Net 参数[172]

层	卷积核	膨胀率	层	卷积核	膨胀率
ct_1^1	5×5	1	ct_2^1	3×3	1
ct_1^2	7×7	1	ct_2^2	5×5	1
ct_1^3	7×7	2	ct_2^3	5×5	1
ct_1^4	11×11	2	ct_2^4	7×7	1
ct_1^5	11×11	1	ct_2^5	5×5	1
ct_1^6	11×11	3	ct_2^6	7×7	1

11.4.5 实验结果和对比

如前所述,本节将分别采用基于光学图像和真实 SAR 图像的仿真数据作为训练数据,对 11.4.1 节~11.4.4 节的四个网络(SAR-DRN、ID-GAN、SWT-CNN、DuRB-Net)进行训练。采用三幅 TerraSAR-X 图像进行测试,对应的处理结果如图 11-22 和图 11-23 所示,评估结果见表 11-5。其中,ENL_1 和 ENL_2 是图 11-22 和图 11-23 中标记为 1 和 2 的红框区域及其相应处理结果的等效视数。

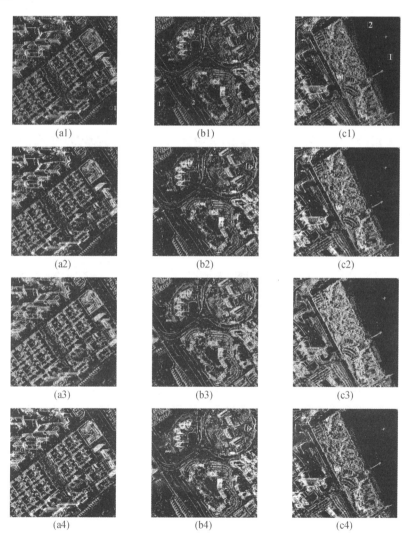

(a1) (b1) (c1)

(a2) (b2) (c2)

(a3) (b3) (c3)

(a4) (b4) (c4)

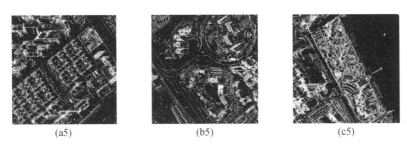

(a5) (b5) (c5)

图 11-22 基于训练集 I 的处理结果(见彩图)

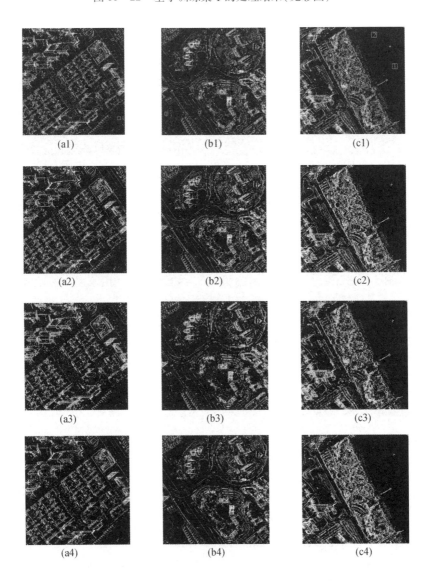

(a1) (b1) (c1)

(a2) (b2) (c2)

(a3) (b3) (c3)

(a4) (b4) (c4)

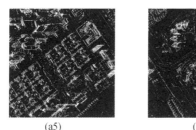

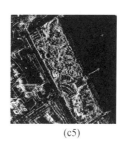

(a5)　　　　　　　　　(b5)　　　　　　　　　(c5)

图 11-23　基于训练集 II 的处理结果(见彩图)

表 11-5　基于深度学习的相干斑抑制方法去噪性能对比

	算法	训练集 I		训练集 II	
		ENL_1	ENL_2	ENL_1	ENL_2
图(a1)	SAR-DRN	3.1825	4.4229	3.2102	4.4154
	ID-GAN	15.9222	6.8472	13.5112	6.2883
	SWT-CNN	2.7114	2.8516	1518.2	441.7898
	DuRB-Net	2.7155	3.6613	104.5431	26.6410
图(a2)	SAR-DRN	3.8812	6.1519	4.1691	10.6429
	ID-GAN	9.6685	14.0890	12.7564	6.6110
	SWT-CNN	2.8470	4.7904	784.8371	523.1317
	DuRB-Net	2.7157	4.5061	157.5802	35.9295
图(a3)	SAR-DRN	5.6129	6.8281	8.4866	13.2546
	ID-GAN	14.8922	13.5860	3.7981	2.9181
	SWT-CNN	5.1612	6.6480	99.5272	100.4933
	DuRB-Net	5.4463	7.9260	19.4162	20.3198

图 11-22 对应的训练集是通过向光学图像添加乘性斑点噪声生成的(称为训练集 I),第一行为原始单视 SAR 图像,第二行至第五行分别为 SAR-DRN、ID-GAN、SWT-CNN、DuRB-Net 的处理结果。图 11-23 对应的训练集是基于真实 SAR 图像进行回波仿真和成像生成的(称为训练集 II),每一行的含义与图 11-22 相同。

结合图 11-22、图 11-23 和表 11-5 可以看出,就匀质区域去噪而言,采用训练集 II 的处理结果总体好于采用训练集 I 的结果。其原因在于两点:①相对光学图像,训练集 II 与测试采用的真实 SAR 图像的统计特性更加一致;②与向图像中直接添加乘性噪声相比,采用回波仿真和成像的方式生成斑点噪声,更加逼真地还原了斑点噪声的形成过程。

此外,表 11-5 的纵向对比表明,当训练数据集为光学仿真图像时,四个网络的性能相近。这说明,深度如 SAR-DRN 这样的网络已经能够拟合训练集 I,网络的复杂化并不能带来明显的性能提升;当采用训练集 II 时,SWT-CNN 和 DuRB-Net 等更加复杂的网络则具有优势,在真实 SAR 图像的测试上取得了更好的效果。

在上述处理结果的对比中,仅采用了 ENL 来评估均匀区域的斑点噪声抑制性能。对于相干斑抑制算法,具有良好的边缘保持性能也是非常重要的。由于 SAR 图像的边缘较为模糊,且不连续,难以真实反映地物的边缘信息,因此本节采用仿真场景进行边缘保持性能的评估。

图 11-24 中,第 1 行为随机生成的仿真场景,第 2 行是基于仿真场景进行回波仿真和成像生成的仿真 SAR 图像,第 3 行为对应仿真场景中的边缘。将仿真 SAR 图像作为测试数据,应用 SAR-DRN、ID-GAN、SWT-CNN、DuRB-Net 四种网络进行相干斑抑制和 EPI 评估,结果见表 11-6。总体而言,因为光学图像中的边缘特征与 SAR 图像的边缘特征并不相同,所以采用训练集 II 的边缘保持性能要略高于采用训练集 I 的结果。在四个网络的纵向对比上,SAR-DRN、SWT-DRN 和 DuRB-Net 的边缘保持性能要好于 ID-GAN。初步的分析表明,这是由于 GAN 中生成网络在与判别网络博弈时,更多地关注了能够迷惑判别网络的高维特征,而没有很好地保留图像层面的边缘特征。

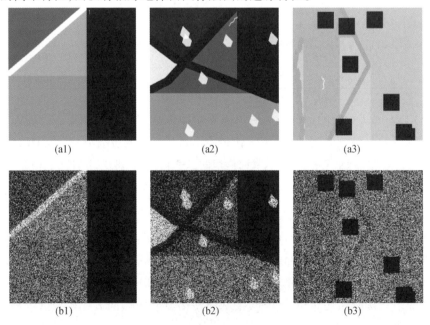

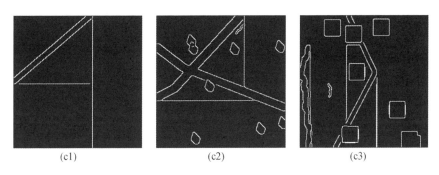

图 11 – 24 仿真场景、仿真 SAR 图像和对应的边缘

表 11 – 6 四种网络两种数据集的 EPI 比较

	算法	训练集 I	训练集 II
		EPI	EPI
图(a1)	SAR-DRN	0.9139	0.9281
	ID-GAN	0.8365	0.8322
	SWT-CNN	0.914	0.9248
	DuRB-Net	0.9193	0.926
图(a2)	SAR-DRN	0.9108	0.9229
	ID-GAN	0.7348	0.8148
	SWT-CNN	0.9081	0.9242
	DuRB-Net	0.9149	0.9245
图(a3)	SAR-DRN	0.9421	0.9568
	ID-GAN	0.9252	0.7785
	SWT-CNN	0.9456	0.9561
	DuRB-Net	0.9463	0.9573

11.5 小结

相干斑噪声是所有相干成像系统都不可避免的问题。它的存在影响了 SAR 图像的判读和解译。本章从 SAR 图像相干斑形成的原理出发,介绍了相干斑的乘性噪声模型,给出了三类相干斑抑制方法:自适应 PPB 方法、基于稀疏表示的 SAR-BM3D 方法、基于深度学习的方法。这三类方法各有优劣,均能取得较好的相干斑抑制效果和边缘保持性能。相较于前两类方法,虽然基于深度

学习的相干斑抑制方法还处在研究初期,但是,这类方法的性能已经可以达到或者超越传统算法。目前,基于深度学习的相干斑抑制方法基本还是沿用了光学图像去噪的网络结构,未充分考虑SAR图像的特性和特征。鉴于深度学习网络能够提取深层次的图像特征,进行大规模非线性滤波,基于深度学习的相干斑抑制方法还有很大的发展空间。

第 12 章
星载 SAR 方位模糊抑制方法

SAR 利用雷达与目标的相对运动,形成宽带多普勒信号,通过匹配滤波实现方位向高分辨率[173]。星载 SAR 沿方位向对回波数据进行采样,脉冲重复频率(即方位向采样频率)通常是多普勒带宽的 1.1~1.2 倍[72]。然而,多普勒带宽只是正比于天线方位向方向图的 3dB 波束宽度,远远小于星地相对运动引入的多普勒频率变化范围。因此,根据奈奎斯特采样定律,星载 SAR 方位向采样将造成多普勒频率模糊,即方位模糊。在这种情况下,天线主瓣和旁瓣接收的回波会发生混叠[50,174]。尽管天线旁瓣的强度远远弱于主瓣,但由于模糊能量在 SAR 成像过程中也得到了一定程度的聚焦,因而在 SAR 图像中会出现"鬼影",引入虚假目标,影响目标检测和图像解译等遥感应用的效果。尤其是当观测场景为近岸或海面区域时,旁瓣观测到的目标的后向散射强度有可能显著高于主瓣观测到的目标,使得方位模糊现象尤为明显[175-178]。

目前,方位模糊抑制的方法主要有:①Moreira 等提出的"同相相消法"[179]。该方法利用星载 SAR 系统的先验信息构建一对理想滤波器,通过对消滤波结果来估计并抑制方位模糊[179]。这种方法仅适用于由孤立强散射点产生的方位模糊。②为了能够有效地抑制由分布目标产生的方位模糊,Chen 等提出了"图像修补法"[180],通过模糊地图确定模糊严重的区域,利用样例修补技术进行重建,即寻找待处理区域周围最类似的像素块予以替换。该方法仅仅完成了纹理合成[181],在重建内容准确性方面有待进一步提升。③Guarnieri 等提出了普适性更强的"频域滤波法"[182],通过天线方向图求得局部方位模糊度,进而构建带通滤波器来抑制方位模糊。虽然该方法可以抑制方位模糊近 15dB,但是方位向分辨率存在较大的损失。此外,上述三种方法都采用一个共同的前提条件:观测场景中任意两个不同位置处的目标所受的天线方位向方向图加权是一致的。

由于该条件仅在条带模式中有效,因此,这些方法的适用范围受到了限制。

本章中,12.1 节介绍了方位模糊的形成机理。12.2 节研究了经典的方位模糊谱估计模型,进而给出了考虑空变方位向方向图加权的广义谱模型。12.3 节给出了一种基于自适应谱选择和外推的方位模糊抑制方法,并应用 Terra-SAR-X 和 Radarsat-2 数据,与经典方法进行了模糊抑制性能和分辨率保持性能的对比。

12.1 星载 SAR 方位模糊产生机理

本节将基于星载 SAR 方位向信号的多普勒特征,阐述方位模糊产生机理。结合空间对地观测的几何关系和 SAR 成像的基本原理,定量化解析方位模糊信号在图像中的偏移和弥散情况,描述方位模糊的空间特征。

图 12-1 展示了观测几何关系与星载 SAR 多普勒频谱的关系。SAR 与目标间的相对运动会在回波中产生多普勒频率偏移 f_η,表示为

$$f_\eta = 2V\sin\theta/\lambda \tag{12-1}$$

式中:V 为 SAR 平台与目标间的相对速度;λ 为雷达波长;θ 为偏离垂直航迹方向的离轴角。如图 12-1 所示,离轴角 θ 的范围为 $[-\pi/2, \pi/2]$。因此,由式(12-1)可知,相应的多普勒频谱宽度是 $[-2V/\lambda, 2V/\lambda]$。虽然多普勒频谱占据的范围较大,但是,鉴于天线方向图对回波信号的加权作用,通常将多普勒带宽定义为 $2V\sin\theta_{3dB}/\lambda$,$\theta_{3dB}$ 是天线方位向方向图(Antenna Azimuth Pattern,AAP)的主瓣宽度(即半功率点波束宽度)。显然,多普勒带宽仅占多普勒频谱范围的一小部分。

目前,星载 SAR 均采用脉冲多普勒体制,在沿方位向运动的过程中,按照脉冲重复频率 f_p 发射信号和接收回波。对于星载 SAR,为了尽量节省星上资源,脉冲重复频率通常为多普勒带宽的 1.1~1.2 倍。这意味着方位向采样率(即脉冲重复频率)远远小于多普勒频谱宽度,将引起多普勒频谱的混叠[183-184]。这种现象称为方位模糊。

为了便于后续描述,依据回波信号在多普勒频谱中的位置,对天线照射区域进行划分,如图 12-2(a)所示。记多普勒中心频率为 f_d。若该区域回波信号的多普勒频率范围在 $[f_d - f_p/2, f_d + f_p/2]$ 内,则该区域称为"主区";若回波信号的多普勒频率范围在 $[f_d - f_p/2 + kf_p, f_d + f_p/2 + kf_p]$ 内,则对应观测区域为"k 阶模糊区"($k \neq 0$)。主区和模糊区分别由天线主瓣和旁瓣照射。SAR 成像的目的

第 12 章 星载 SAR 方位模糊抑制方法

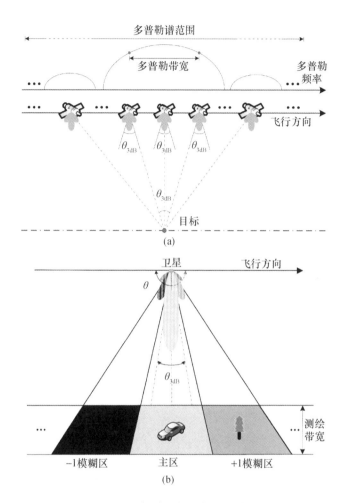

图 12-1 观测几何关系与星载 SAR 多普勒频谱
(a)多普勒频谱范围与多普勒带宽;(b)模糊现象的观测几何。

是获得主区的图像。然而,由于方位模糊现象的存在,主区和模糊区的回波发生混叠,即"k 阶模糊区"的能量进入 $[f_d - f_p/2, f_d + f_p/2]$ 内,从而导致模糊区中的目标也会出现在最终的成像成果中,产生虚假目标[182]。

图 12-2(b)中,成像处理后的多普勒谱记为 $Y_{\text{ori}}(f_\eta)$,具体表示为

$$Y_{\text{ori}}(f_\eta) = Y_m(f_\eta) + \sum_k Y_{a_k}(f_\eta)$$

$$= \Big[\sum_{p,q} \sigma_m(p,q) W_0(p,q,f_\eta)\Big] + \sum_k \Big\{\Big[\sum_{p_k,q_k} \sigma_{a_k}(p_k,q_k) W_k(p_k,q_k,f_\eta)\Big] \exp[j\phi(k)]\Big\}$$

(12-2)

式中：$Y_m(f_\eta)$ 和 $Y_{a_k}(f_\eta)$ 分别为主区与 k 阶模糊区的频域分量；$\sigma_m(p,q)$ 和 $\sigma_{a_k}(p_k,q_k)$ 为主区与 k 阶模糊区中目标的后向散射截面积；(p,q) 和 (p_k,q_k) 为主区目标和 k 阶模糊区目标在成像平面上的位置；$W_0(p,q,f_\eta)$ 和 $W_k(p_k,q_k,f_\eta)$ 为两类目标所受到的天线方位向方向图加权；$\varphi(k)$ 为成像后 k 阶模糊区的残余相位[182]。

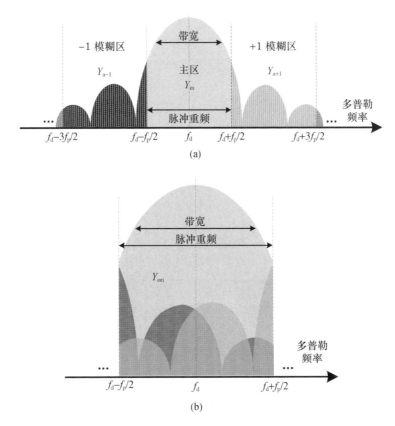

图 12-2　多普勒频谱混叠示意图
(a) 多普勒信号连续谱；(b) 多普勒信号离散谱。

式(12-2)的第二项表征着模糊分量的总和，由于第一模糊区的能量至少占总模糊能量的 85%[185]，因此 $Y_{ori}(f_\eta)$ 可以近似表示为

$$Y_{ori}(f_\eta) \approx \Big[\sum_{p,q}\sigma_m(p,q)W_0(p,q,f_\eta)\Big] + \sum_{k=\pm 1}\Big\{\Big[\sum_{p_k,q_k}\sigma_{a_k}(p_k,q_k)W_k(p_k,q_k,f_\eta)\Big]\exp[\mathrm{j}\phi(k)]\Big\} \quad (12-3)$$

式(12-3)给出了方位模糊在多普勒域的表述。下面将定量化描述方位模糊信

号在图像域中的两类特性：偏移与弥散。

假设两个目标 T_M 和 T_A 分别处于主区和第 1 模糊区，如图 12 - 3(a)所示。由于 SAR 成像处理器是针对主区设计的[182]，模糊区目标的距离徙动未能得到完全校正，进而方位向匹配滤波出现失配，最终导致 T_A 的成像结果产生弥散[186]，如图 12 - 3(b)所示。沿方位向和距离向的弥散宽度分别为

$$\begin{cases} W_{azi} = \dfrac{2\lambda^2 q B_r f_p}{4Vc \cdot \cos^3\theta_c - B_r \lambda^2 f_p \sin\theta_c \cos\theta_c} \\ W_{rng} = \dfrac{\lambda^2 q f_p B_a}{4V^2 \cos^3\theta_c} \end{cases} \quad (12-4)$$

式中：B_r 为发射信号带宽；c 为光速；B_a 为方位向信号带宽；θ_c 为斜视角。由式 (12 - 4)可知，波长越短，方位模糊的弥散范围越小，能量越集中，干扰越明显。因而 X 波段星载 SAR 图像中的模糊现象将会比 C 波段更加严重。

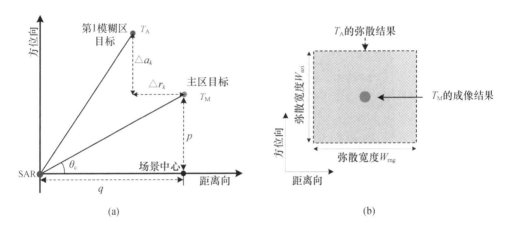

图 12 - 3　方位模糊的偏移与弥散

(a)模糊位置偏移；(b)模糊能量弥散。

如果 T_M 的坐标为 (p,q)，并且 T_M 和 T_A 的相对位置关系满足

$$\begin{cases} \Delta a_k = \dfrac{k\lambda f_p q}{2V\cos\theta_c} \\ \Delta r_k = \dfrac{q}{\cos\theta_c}\sqrt{1-\left(\sin\theta_C + \dfrac{k\lambda f_p}{2V}\right)^2} - q, \quad k = \pm 1 \end{cases} \quad (12-5)$$

则 T_A 的弥散成像结果的中心仍在 (p,q)，会"污染"T_M 的聚焦成像结果。

采用表 12 - 1 的参数，计算可得成像后第 1 模糊区目标沿距离向和方位向

的偏移量分别为12.9m和4098.1m,弥散宽度为26.5m和42.5m。图12-4为第1模糊区目标的仿真成像结果,可测得沿距离向和方位向的偏移量分别为12.9m和4095.6m,弥散宽度为25.9m和41.9m。理论计算结果与实际评测结果基本一致,表明式(12-4)与式(12-5)具有较高的准确性。

表12-1 TerraSAR-X的观测参数[187]

参数名称	数值	单位
最短距离	650	km
雷达工作频率	9.65	GHz
雷达有效速度	7675	m/s
发射信号带宽	100	MHz
方位天线长度	4.8	m
距离采样率	110	MHz
脉冲重复频率	3113	Hz

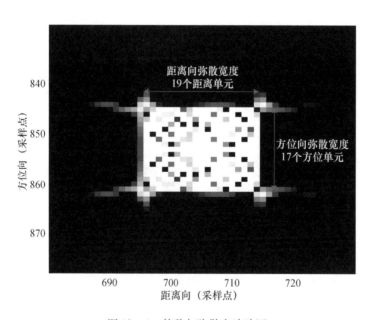

图12-4 偏移与弥散实验验证

12.2 星载SAR方位模糊谱模型

12.1节从多普勒域的角度介绍了方位模糊的产生机理。本节将在构建谱估计模型的基础上,阐述最佳频域滤波器的设计思路。

12.2.1 经典谱估计模型

方位模糊抑制的核心问题在于对式(12-3)中第一项的精确估计。在星载 SAR 不同的工作模式中,$W_0(p,q,f_\eta)$ 和 $W_k(p_k,q_k,f_\eta)$ 特性不尽相同,这也决定了方位模糊抑制的难度。

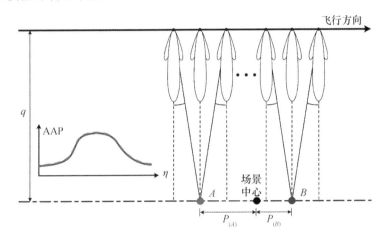

图 12-5　星载 SAR 条带模式下 APP 加权示意图

已有的方位模糊抑制方法主要针对条带 SAR 图像。如图 12-5 所示,条带模式下,主区中任意目标所经受的 AAP 加权都是相同的。这意味着 $W_0(p,q,f_\eta)$ 与目标所在的空间位置无关。同理,这一特性适用于模糊区,即 $W_k(p_k,q_k,f_\eta)$ 是非空变的。因此,式(12-3)可以简化,得到经典谱估计模型,即

$$Y_{ori}(f_\eta) \approx [\sum_{p,q} \sigma_m(p,q)] W_0(f_\eta) + \sum_{k=\pm 1} \{[\sum_{p_k,q_k} \sigma_{a_k}(p_k,q_k)] W_0(f_\eta + kf_p) \exp[j\phi(k)]\}$$

$$(12-6)$$

基于经典谱估计模型,A. M. Guarnieri 于 2005 年提出了一种模糊抑制的频域处理方法[182]。该方法通过构建维纳滤波器 H^{trad},以获得对主区频域信号的最佳估计,即 $H^{trad}Y_{ori}$。滤波器 H^{trad} 应当满足[182]

$$E\{[H^{trad}Y_{ori}(f_\eta) - Y_m(f_\eta)][Y_{ori}(f_\eta)]^*\} = 0 \quad (12-7)$$

该式要求滤波器的估计结果 $H^{trad}Y_{ori}$ 与主区信号 Y_m 之间的差异尽量小。根据式(12-7),可得滤波器 H^{trad} 为

$$H^{\text{trad}} = \frac{[\sum_{p,q} \sigma_m^2(p,q)] |W_0(f_\eta)|^2}{[\sum_{p,q} \sigma_m^2(p,q)] |W_0(f_\eta)|^2 + \sum_{k=+1,-1} \{[\sum_{p_k,q_k} \sigma_{a_k}^2(p_k,q_k)] |W_0(f_\eta + kf_p)|^2\}}$$

$$\approx \left[1 + \frac{\text{LAASR}_{+1}}{g_{a_{+1}}^{\text{trad}}} \frac{|W_0(f_\eta + f_p)|^2}{|W_0(f_\eta)|^2} + \frac{\text{LAASR}_{-1}}{g_{a_{-1}}^{\text{trad}}} \frac{|W_0(f_\eta - f_p)|^2}{|W_0(f_\eta)|^2} \right]^{-1} \quad (12-8)$$

式中:LAASR_k 为进入感兴趣区域的模糊能量与该区域无模糊能量的比值,具体计算方法详见《Spectral-based Estimation of the Local Azimuth-ambiguity-to-signal Ratio in SAR images》(M. Villano,2014)[187]。尺度因子 $g_{a_k}^{\text{trad}}$ 为

$$g_{a_k}^{\text{trad}} = \frac{\int_{-B_p/2}^{B_p/2} |W_0(f_\eta + kf_p)|^2 df_\eta}{\int_{-B_p/2}^{B_p/2} |W_0(f_\eta)|^2 df_\eta} \quad (12-9)$$

式中:B_p 为方位向处理器带宽。

式(12-8)中,分子代表主区信号的功率谱,分母表示主区与模糊区信号的功率谱总和。故而,H^{trad} 是一个带阻滤波器,它的凹口出现在模糊能量较强的部分。采用 H^{trad} 进行方位模糊抑制,存在两个缺陷:①难以处理 AAP 加权存在空变的情形;②某些谱分量被滤除,导致滤波结果的分辨率存在损失。

12.2.2 广义谱估计模型

为了更有效地进行多模式星载 SAR 方位模糊抑制,本节将构建考虑空变 AAP 因素的广义谱估计模型,设计相应的最佳方位模糊抑制滤波器。

对于星载 SAR 滑动聚束、扫描、TOPS 等模式,主区中位置不同的目标所经受的 APP 加权并不相同[188]。并且,APP 加权的空变特性在模糊区更为显著。图12-6描述了滑动聚束模式下空变 AAP 加权的情况。在观测过程中,波束中心指向(图中虚线)不断变化并始终对准旋转中心[22,29]。这将导致目标 A 和 B 的 AAP 加权存在差异,如图12-6左下角所示。对于滑动聚束模式,式(12-3)中主区和模糊区目标对应的 AAP 加权 $W_0(p,q,f_\eta)$ 和 $W_k(p_k,q_k,f_\eta)$ 都具有空变特性,可表示为

$$\begin{cases} W_0(p,q,f_\eta) = \text{sinc}^2 \left[\frac{MLf_\eta}{2V} - \frac{Lp(M-1)}{\lambda q} \right] \text{rect}\left(\frac{f_\eta}{B_p}\right) \\ W_k(p_k,q_k,f_\eta) = \text{sinc}^2 \left[\frac{ML(f_\eta + kf_p)}{2V} - \frac{Lp_k(M-1)}{\lambda q_k} \right] \text{rect}\left(\frac{f_\eta}{B_p}\right) \end{cases}$$

$$(12-10)$$

式中:L 为天线方位向长度;$M = (q_{\text{ref}} - q)/q_{\text{ref}}$ 为滑动聚束模式的混合度因子。

第 12 章　星载 SAR 方位模糊抑制方法

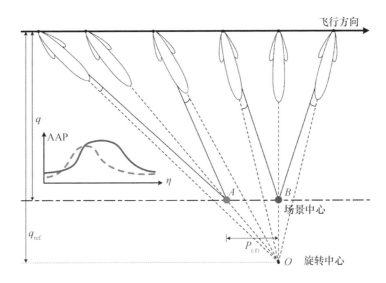

图 12-6　星载 SAR 滑动聚束模式下 AAP 加权示意图

结合式(12-3)和式(12-7),维纳滤波器 H^{trad} 在滑动聚束模式下为

$$H^{\text{trad}} = \frac{\sum\limits_{p,q}[\sigma_m^2(p,q)\mid W_0(p,q,f_\eta)\mid^2]}{\sum\limits_{p,q}[\sigma_m^2(p,q)\mid W_0(p,q,f_\eta)\mid^2] + \sum\limits_{k=+1,-1}\{\sum\limits_{p_k,q_k}[\sigma_{a_k}^2(p_k,q_k)\mid W_k(p_k,q_k,f_\eta)\mid^2]\}}$$

(12-11)

由于 $\sigma_m^2(p,q)$ 和 $\sigma_{a_k}^2(p_k,q_k)$ 是未知的,因此,该滤波器无法实现,也使得现有的滤波类方位模糊抑制算法失效。

为了分析空变 AAP 加权下的方位模糊特性,本节将构建广义谱估计模型 $Z_{\text{ori}}(p,q,f_\eta)$ [189]。图 12-3 展示了模糊区目标 T_A 的弥散情况,及其对主区目标 T_M 的"污染情况"。考虑到方位模糊信号成像后的弥散特征,邻近 T_A 的任意目标都会在图像域的 (p,q) 处产生干扰能量,因此,在图像域 (p,q) 位置处最终成像结果可表示为

$$Z_{\text{ori}}(p,q,f_\eta) = \sigma_m(p,q)W_0(p,q,f_\eta) + \sum_k \sigma_{E_k}(p+\Delta a_k,q+\Delta r_k)W_k(p+\Delta a_k,q+\Delta r_k,f_\eta)\exp[\phi(k)]$$

(12-12)

$$\sigma_{E_k}(p+\Delta a_k,q+\Delta r_k) = \sum_{\Delta p,\Delta q}\gamma_{a_k}(p+\Delta a_k+\Delta p,q+\Delta r_k+\Delta q) \cdot \sigma_{a_k}(p+\Delta a_k+\Delta p,q+\Delta r_k+\Delta q)$$

(12-13)

式中:Δp 和 Δq 为小量;γ_{a_k} 为 $(p + \Delta a_k + \Delta p, q + \Delta r_k + \Delta q)$ 处的弥散系数;$\sigma_{E_K}(p + \Delta a_k, q + \Delta r_k)$ 表示等效后向散射截面积,它反映了模糊区中所有目标对 T_M 成像结果的总体影响。

令

$$Z_m(p,q,f_\eta) = \sigma_m(p,q) W_0(p,q,f_\eta) \tag{12-14}$$

$$Z_{a_k}(p,q,f_\eta) = \sigma_{E_k}(p + \Delta a_k, q + \Delta r_k) W_k(p + \Delta a_k, q + \Delta r_k, f_\eta) \exp[\phi(k)] \tag{12-15}$$

对比式(12-3)和(12-12),可知

$$\begin{cases} Y_m = \sum_{p,q} Z_m(p,q,f_\eta) \\ Y_{a_k} = \sum_{p,q} Z_{a_k}(p,q,f_\eta) \end{cases} \tag{12-16}$$

并且,式(12-12)更强调点对点的干扰,而式(12-3)强调的是区域对区域的干扰。图12-7展示了广义谱估计模型与SAR图像域之间的关系。

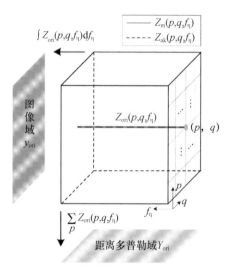

图 12-7　广义谱估计模型及其与数据域之间的关系

由式(12-7)可得维纳滤波器 H^{cubic} 为

$$H^{cubic}(f_\eta) = \frac{E(Y_m Y_{ori}^*)}{E(Y_{ori} Y_{ori}^*)} \tag{12-17}$$

根据式(12-3),式(12-17)可以表示为

第 12 章 星载 SAR 方位模糊抑制方法

$$H^{\text{cubic}}(f_\eta) = \frac{E(Y_m Y_m^*)}{E(Y_m Y_m^*) + \sum_{k=1,-1} E(Y_{a_k} Y_{a_k}^*)}$$

$$= \left\{ 1 + \sum_{k=1,-1} \frac{E(Y_{a_k} Y_{a_k}^*)}{E(Y_m Y_m^*)} \right\}^{-1} \qquad (12-18)$$

基于式(12-16),式(12-18)中的最后一项可以展开为

$$\sum_{k=1,-1} \frac{E(Y_{a_k} Y_{a_k}^*)}{E(Y_m Y_m^*)} = \sum_{k=1,-1} \frac{\sum_{p,q}[Z_{a_k}(p,q,f_\eta) Z_{a_k}^*(p,q,f_\eta)]}{\sum_{p',q'}[Z_m(p',q',f_\eta) Z_m^*(p',q',f_\eta)]}$$

$$= \sum_{p,q} \left\{ \frac{Z_m(p,q,f_\eta) Z_m^*(p,q,f_\eta)}{\sum_{p',q'}[Z_m(p',q',f_\eta) Z_m^*(p',q',f_\eta)]} \left[\sum_{k=1,-1} \frac{Z_{a_k}(p,q,f_\eta) Z_{a_k}^*(p,q,f_\eta)}{Z_m(p,q,f_\eta) Z_m^*(p,q,f_\eta)} \right] \right\}$$

$$(12-19)$$

令

$$V(p,q) = \frac{Z_m(p,q,f_\eta) Z_m^*(p,q,f_\eta)}{\sum_{p',q'}[Z_m(p',q',f_\eta) Z_m^*(p',q',f_\eta)]}$$

$$\approx \frac{\int_{-B_p/2}^{B_p/2} Z_m(p,q,f_\eta) Z_m^*(p,q,f_\eta) df_\eta}{\sum_{p',q'}\left[\int_{-B_p/2}^{B_p/2} Z_m(p',q',f_\eta) Z_m^*(p',q',f_\eta) df_\eta\right]}$$

$$= \frac{|y_m(p,q)|^2}{\sum_{p',q'} |y_m(p',q')|^2} \approx \frac{Av[|y_{\text{ori}}(p,q)|^2]}{\sum_{p,q}\{Av[|y_{\text{ori}}(p,q)|^2]\}}$$

$$(12-20)$$

$$P_s(p,q,f_\eta) = \sum_{k=1,-1} \frac{Z_{a_k}(p,q,f_\eta) Z_{a_k}^*(p,q,f_\eta)}{Z_m(p,q,f_\eta) Z_m^*(p,q,f_\eta)}$$

$$= \frac{\sum_{k=1,-1}[\sigma_{E_k}^2(p+\Delta a_k, q+\Delta r_k) |W_k(p+\Delta a_k, q+\Delta r_k, f_\eta)|^2]}{\sigma_m^2(p,q) |W_0(p,q,f_\eta)|^2}$$

$$= \sum_{k=1,-1}\left[\frac{\text{LAASR}_k(p,q) |W_k(p+\Delta a_k, q+\Delta r_k, f_\eta)|^2}{g_{a_k}^{\text{cubic}}(p,q) |W_0(p,q,f_\eta)|^2}\right] \qquad (12-21)$$

则式(12-19)可以简化为

$$\sum_{k=1,-1} \frac{E(Y_{a_k} Y_{a_k}^*)}{E(Y_m Y_m^*)} = \sum_{p,q}[V(p,q) P_s(p,q,f_\eta)] \qquad (12-22)$$

$H^{\text{cubic}}(f_\eta)$ 可以重新表述为

$$H^{\text{cubic}}(f_\eta) = \frac{E(Y_m Y_{\text{ori}}^*)}{E(Y_{\text{ori}} Y_{\text{ori}}^*)} = \left\{ 1 + \sum_{p,q} \left[V(p,q) P_s(p,q,f_\eta) \right] \right\}^{-1} \quad (12-23)$$

$$V(p,q) = \frac{|y_m(p,q)|^2}{\sum_{p,q} |y_m(p,q)|^2} \approx \frac{Av[|y_{\text{ori}}(p,q)|^2]}{\sum_{p,q} \{Av[|y_{\text{ori}}(p,q)|^2]\}} \quad (12-24)$$

式中：$V(p,q)$为(p,q)处的无模糊能量与整幅图像的全部无模糊能量的比率；$Av[\cdot]$为空间平均；y_m和y_{ori}为理想无模糊图像和实际的成像结果，两者分别是Y_m和Y_{ori}的傅里叶逆变换。

式(12-23)中，另一个未知量$P_s(p,q,f_\eta)$表征在图像(p,q)处模糊区能量与主区能量在频域分布上的差异，可以表示为

$$P_s(p,q,f_\eta) = \sum_{k=\pm 1} \left[\frac{\text{LAASR}_k(p,q) |W_k(p+\Delta a_k, q+\Delta r_k, f_\eta)|^2}{g_{a_k}^{\text{cubic}}(p,q) |W_0(p,q,f_\eta)|^2} \right]$$

$$(12-25)$$

$$g_{a_k}^{\text{cubic}}(p,q) = \frac{\int_{-B_p/2}^{B_p/2} |W_k(p+\Delta a_k, q+\Delta r_k, f_\eta)|^2 \mathrm{d}f_\eta}{\int_{-B_p/2}^{B_p/2} |W_0(p,q,f_\eta)|^2 \mathrm{d}f_\eta} \quad (12-26)$$

$\text{LAASR}_k(p,q)$代表局部方位模糊度，定义为在图像(p,q)处来自k阶模糊区的能量与主区能量的比值[187]，即

$$\text{LAASR}_k(p,q) = \frac{|y_{a_k}(p,q)|^2}{|y_m(p,q)|^2} \quad (12-27)$$

式中：y_{a_k}为k阶模糊区的图像分量，是Y_{a_k}的傅里叶逆变换。

借助维纳滤波器$H_\varphi(p,q,f_\eta)(\varphi=\pm 1)$对原始图像$y_{\text{ori}}$进行滤波，得到处理结果$y_{\text{ori}}^\varphi$。$|y_{\text{ori}}^\varphi(p,q)|^2 / |y_{\text{ori}}(p,q)|^2$为

$$\frac{|y_{\text{ori}}^\varphi(p,q)|^2}{|y_{\text{ori}}(p,q)|^2} = \frac{\int_{-B_p/2}^{B_p/2} \{[|Z_m(p,q,f_\eta)|^2 + \sum_{k=\pm 1} |Z_{a_k}(p,q,f_\eta)|^2] |H_\varphi(p,q,f_\eta)|^2\} \mathrm{d}f_\eta}{|y_{\text{ori}}(p,q)|^2}$$

$$= \frac{|y_m(p,q)|^2}{|y_m(p,q)|^2 + \sum_{k_0=\pm 1} |y_{a_{k_0}}(p,q)|^2} \int_{-B_p/2}^{B_p/2} [Q_m'(p,q,f_\eta) |H_\varphi(p,q,f_\eta)|^2] \mathrm{d}f_\eta +$$

$$\sum_{k=\pm 1} \left\{ \frac{|y_{a_k}(p,q)|^2}{|y_m(p,q)|^2 + \sum_{k_0=\pm 1} |y_{a_{k_0}}(p,q)|^2} \int_{-B_p/2}^{B_p/2} [Q_{a_k}'(p,q,f_\eta) |H_\varphi(p,q,f_\eta)|^2] \mathrm{d}f_\eta \right\}$$

$$= \frac{1}{1 + \sum_{k_0=\pm 1} \text{LAASR}_{k_0}(p,q)} \int_{-B_p/2}^{B_p/2} [Q_m'(p,q,f_\eta) |H_\varphi(p,q,f_\eta)|^2] \mathrm{d}f_\eta +$$

第 12 章　星载 SAR 方位模糊抑制方法

$$\sum_{k=\pm 1} \left\{ \frac{\text{LAASR}_k(p,q)}{1 + \sum\limits_{k_0=\pm 1} \text{LAASR}_{k_0}(p,q)} \int_{-B_p/2}^{B_p/2} [Q'_{a_k}(p,q,f_\eta) \mid H_\varphi(p,q,f_\eta)\mid^2] \mathrm{d}f_\eta \right\}$$

$$(12-28)$$

$$\begin{cases} \mid Z_{\text{ori}}(p,q,f_\eta)\mid^2 = \mid Z_{\text{m}}(p,q,f_\eta)\mid^2 + \sum\limits_{k=\pm 1} \mid Z_{a_k}(p,q,f_\eta)\mid^2 \\ \mid y_{\text{ori}}(p,q)\mid^2 = \mid y_{\text{m}}(p,q)\mid^2 + \sum\limits_{k=\pm 1} \mid y_{a_k}(p,q)\mid^2 \end{cases} \quad (12-29)$$

$$\begin{cases} Q'_{\text{m}}(p,q,f_\eta) = \dfrac{\mid Z_{\text{m}}(p,q,f_\eta)\mid^2}{\mid y_{\text{m}}(p,q)\mid^2} = \dfrac{\mid Z_{\text{m}}(p,q,f_\eta)\mid^2}{\int_{-B_p/2}^{B_p/2} \mid Z_{\text{m}}(p,q,f_\eta)\mid^2 \mathrm{d}f_\eta} \\ \qquad\quad = \dfrac{\mid W_0(p,q,f_\eta)\mid^2}{\int_{-B_p/2}^{B_p/2} \mid W_0(p,q,f_\eta)\mid^2 \mathrm{d}f_\eta} \\ Q'_{a_k}(p,q,f_\eta) = \dfrac{\mid Z_{a_k}(p,q,f_\eta)\mid^2}{\mid y_{a_k}(p,q)\mid^2} = \dfrac{\mid Z_{a_k}(p,q,f_\eta)\mid^2}{\int_{-B_p/2}^{B_p/2} \mid Z_{a_k}(p,q,f_\eta)\mid^2 \mathrm{d}f_\eta} \\ \qquad\quad = \dfrac{\mid W_k(p+\Delta a_k, q+\Delta r_k, f_\eta)\mid^2}{\int_{-B_p/2}^{B_p/2} \mid W_k(p+\Delta a_k, q+\Delta r_k, f_\eta)\mid^2 \mathrm{d}f_\eta} \end{cases}$$

$$(12-30)$$

将 $H_\varphi(p,q,f_\eta)$ 设计为

$$H_\varphi(p,q,f_\eta) = \left[1 + \frac{Q'_{\text{m}}(p,q,f_\eta)}{Q'_{a_\varphi}(p,q,f_\eta)} \right]^{-1}$$

$$= \left[1 + \frac{\mid W_0(p,q,f_\eta)\mid^2 \int_{-B_p/2}^{B_p/2} \mid W_\varphi(p+\Delta a_\varphi, q+\Delta r_\varphi, f_\eta)\mid^2 \mathrm{d}f_\eta}{\mid W_\varphi(p+\Delta a_\varphi, q+\Delta r_\varphi, f_\eta)\mid^2 \int_{-B_p/2}^{B_p/2} \mid W_0(p,q,f_\eta)\mid^2 \mathrm{d}f_\eta} \right]^{-1}$$

$$(\varphi = \pm 1) \qquad (12-31)$$

则式(12-28)可以简化为

$$e_\varphi(p,q) = \frac{\mid y_{\text{ori}}^\varphi(p,q)\mid^2}{\mid y_{\text{ori}}(p,q)\mid^2}$$

$$= \left[\frac{1}{1 + \sum\limits_{k_0=\pm 1} \text{LAASR}_{k_0}(p,q)} c_{\text{m}}^\varphi(p,q) + \sum\limits_{k=\pm 1} \frac{\text{LAASR}_k(p,q)}{1 + \sum\limits_{k_0=\pm 1} \text{LAASR}_{k_0}(p,q)} c_{a_k}^\varphi(p,q) \right]$$

$$(\varphi = \pm 1) \qquad (12-32)$$

$$c_m^\varphi(p,q) = \frac{\int_{-B_p/2}^{B_p/2} |W_0(p,q,f_\eta)|^2 |H_\varphi(p,q,f_\eta)|^2 df_\eta}{\int_{-B_p/2}^{B_p/2} |W_0(p,q,f_\eta)|^2 df_\eta} \quad (\varphi = \pm 1) \quad (12-33)$$

$$c_{a_k}^\varphi(p,q) = \frac{\int_{-B_p/2}^{B_p/2} |W_k(p+\Delta a_k, q+\Delta r_k, f_\eta)|^2 |H_\varphi(p,q,f_\eta)|^2 df_\eta}{\int_{-B_p/2}^{B_p/2} |W_k(p+\Delta a_k, q+\Delta r_k, f_\eta)|^2 df_\eta} \quad (\varphi, k = \pm 1)$$

$$(12-34)$$

综合上述表达式,局部模糊度 $\text{LAASR}_k(p,q)$ 可以表示为

$$\begin{bmatrix} \text{LAASR}_{-1}(p,q) \\ \text{LAASR}_{+1}(p,q) \end{bmatrix} = \begin{bmatrix} e_{-1}(p,q) - c_{a_{-1}}^{-1}(p,q) & e_{-1}(p,q) - c_{a_{+1}}^{-1}(p,q) \\ e_{+1}(p,q) - c_{a_{-1}}^{+1}(p,q) & e_{+1}(p,q) - c_{a_{+1}}^{+1}(p,q) \end{bmatrix}^{-1} \cdot \begin{bmatrix} c_m^{-1}(p,q) - e_{-1}(p,q) \\ c_m^{+1}(p,q) - e_{+1}(p,q) \end{bmatrix}$$

$$(12-35)$$

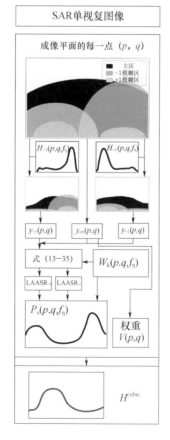

图 12-8 最佳滤波器 H^{cubic} 的构建流程(见彩图)

基于先验信息,按照图 12-8,可以构建同时适用于空变和非空变 AAP 加权的最佳滤波器 $\boldsymbol{H}^{\text{cubic}}$。在非空变 AAP 加权的条件下,$\boldsymbol{H}^{\text{cubic}}$ 将简化为 $\boldsymbol{H}^{\text{trad}}$。因此,基于经典谱估计模型构建的维纳滤波 $\boldsymbol{H}^{\text{trad}}$ 只是 $\boldsymbol{H}^{\text{cubic}}$ 的特例。和 $\boldsymbol{H}^{\text{trad}}$ 类似,$\boldsymbol{H}^{\text{cubic}}$ 可用于对受模糊干扰的单视复图像进行滤波,从而获得模糊抑制结果。但是,它也会产生一定的方位分辨率损失。

12.3 基于自适应谱选择与外推的方位模糊抑制方法

为了能够抑制星载 SAR 各种工作模式下的方位模糊,同时尽可能保持方位分辨率,本节将给出一种基于自适应谱选择和外推(Adaptive Spectrum Selection & Extrapolation,ASS&E)的方法[189],具体流程见图 12-9(图中蓝绿和紫色分别代表主区能量和模糊区能量,颜色深浅表示能量的强弱)。该方法由两步组成:最优谱选择和基于能量加权测度的谱外推。其基本思想是:采用 $\boldsymbol{H}^{\text{cubic}}$ 滤波器,确定并提取方位模糊能量较少的多普勒频谱,从而抑制方位模糊;然后对其进行外推,达到方位分辨率保持的目的。

12.3.1 自适应谱选择方法

自适应谱选择的目标是选择出受模糊能量干扰较小的谱段。借助之前构建的最佳滤波器 $\boldsymbol{H}^{\text{cubic}}$,可获得对主区能量的最佳估计 $|\boldsymbol{H}^{\text{cubic}}\boldsymbol{Y}_{\text{ori}}|^2$ 和对模糊区能量的最佳估计 $|\boldsymbol{Y}_{\text{ori}} - \boldsymbol{H}^{\text{cubic}}\boldsymbol{Y}_{\text{ori}}|^2$。在频域中,模糊区能量与主区能量的比值为

$$P(f_\eta) = \left|\frac{\boldsymbol{Y}_{\text{ori}} - \boldsymbol{H}^{\text{cubic}}\boldsymbol{Y}_{\text{ori}}}{\boldsymbol{H}^{\text{cubic}}\boldsymbol{Y}_{\text{ori}}}\right|^2 = \left|\frac{1}{\boldsymbol{H}^{\text{cubic}}} - 1\right|^2 \qquad (12-36)$$

如图 12-10(b)所示,通过设定阈值 P_{opt},选择原始图像多普勒域 $\boldsymbol{Y}_{\text{ori}}$ 中 $P(f_\eta) \leqslant P_{\text{opt}}$ 的部分,即受模糊影响较小的频点。这些频点构成的集合 Y 将用于后续的频谱外推。显然,阈值越小,残余的模糊能量越小,但也会在下一步的外推处理中引入更大的相位误差(见图 12-10(a))。因此,阈值 P_{opt} 应由最大可允许的相位误差决定。在本章中,最大可允许的相位误差设为 $\pi/2$。

选择出来的谱段 Y 可以表示为

$$Y = F y_{\text{ori}} \qquad (12-37)$$

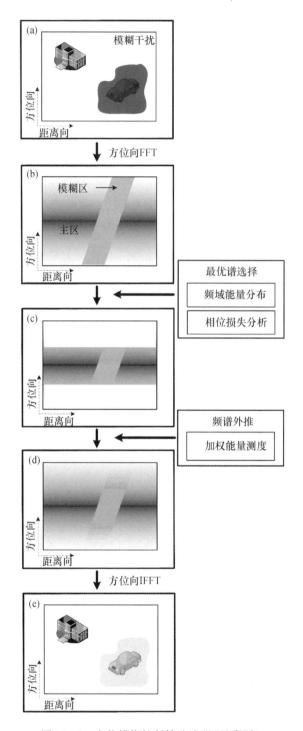

图 12-9 方位模糊抑制算法流程(见彩图)

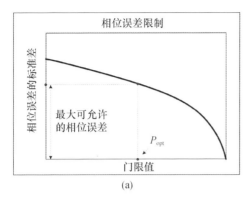
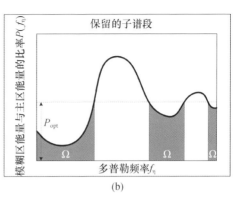

图 12 – 10 最佳谱选择示意图

(a)相位误差限制;(b)保留的子谱段。

$$F = \left\{ \exp\left[\frac{-\mathrm{j}2\pi(i_1 - \frac{N}{2} - 1)(i_2 - 1)}{N} \right] \right\}$$

$$(i_1 \in \boldsymbol{\Omega}, i_2 \in \{1, 2, \cdots, N\}, j = \sqrt{-1}) \tag{12-38}$$

式中:F 为傅里叶变换阵;$\boldsymbol{\Omega}$ 为选择出来的频点在频谱中对应的序数集合(见图 12 – 10(b));N 为原始图像 y_{ori} 的方位向采样数。

12.3.2 基于能量加权测度的谱外推方法

虽然谱段 Y 受到的模糊干扰较小,但部分频段的缺失会导致图像方位分辨能力的损失。为了解决这个问题,将采用基于能量加权测度的谱外推方法对谱段 Y 进行外推操作[190]。根据式(12 – 37),谱外推的求解过程可表达为

$$\min \langle \hat{\boldsymbol{y}}, \boldsymbol{W}^{-1}\hat{\boldsymbol{y}} \rangle \quad \text{s.t.} \quad \boldsymbol{Y} = \boldsymbol{F}\hat{\boldsymbol{y}} \tag{12-39}$$

式中:$\hat{\boldsymbol{y}}$ 为外推结果;$\boldsymbol{W} = \mathrm{diag}(y_{\mathrm{ori}} y_{\mathrm{ori}}^*)$;$\langle \cdot, \cdot \rangle$ 为希尔伯特空间中的内积运算符。式(12 – 39)的目标函数保证了谱外推结果 $\hat{\boldsymbol{y}}$ 尽量类似于原始图像 y_{ori},这意味着 y_{ori} 中绝大部分的信息得以保存。同时,式(12 – 39)中的约束条件使得模糊能量尽量被滤除。

依据投影定理[191],外推结果 $\hat{\boldsymbol{y}}$ 的显示解为

$$\hat{\boldsymbol{y}} = \boldsymbol{W}\boldsymbol{F}^*(\boldsymbol{F}\boldsymbol{W}\boldsymbol{F}^*)^{-1}\boldsymbol{Y} = \boldsymbol{W}\boldsymbol{F}^*(\boldsymbol{F}\boldsymbol{W}\boldsymbol{F}^*)^{-1}\boldsymbol{F}\boldsymbol{y}_{\mathrm{ori}} \tag{12-40}$$

将外推产生的误差视为噪声,定义原始信号与外推噪声之间的比值为

$$\mathrm{SNR}_W = \frac{\|\boldsymbol{y}_{\mathrm{ori}}\|_W^2}{\|\boldsymbol{y}_{\mathrm{ori}} - \hat{\boldsymbol{y}}\|_W^2} = \frac{\langle \boldsymbol{y}_{\mathrm{ori}}, \boldsymbol{W}^{-1}\boldsymbol{y}_{\mathrm{ori}} \rangle}{\langle (\boldsymbol{y}_{\mathrm{ori}} - \hat{\boldsymbol{y}}), \boldsymbol{W}^{-1}(\boldsymbol{y}_{\mathrm{ori}} - \hat{\boldsymbol{y}}) \rangle} \tag{12-41}$$

其中,$\|y_{ori}-\hat{y}\|_W^2$ 表示外推误差的加权能量测度,它的上界满足[190]

$$\|y_{ori}-\hat{y}\|_W^2 = \langle y_{ori}-\hat{y}, W^{-1}(y_{ori}-\hat{y})\rangle$$
$$\leqslant \langle y_{ori}, W^{-1}y_{ori}\rangle - y_{ori}^* F^*(FWF^*)^{-1}Fy_{ori} \qquad (12-42)$$

基于式(12-41)和式(12-42),可得 SNR_W 的下界,即

$$SNR_W \geqslant \frac{1}{1-y_{ori}^* F^*(FWF^*)^{-1}Fy_{ori}/\langle y_{ori}, W^{-1}y_{ori}\rangle} \qquad (12-43)$$

式(12-43)可以用于评估外推算法的精度。图 12-11 给出了 SNR_W 下界均值的仿真结果。仿真中,y_{ori} 的长度为 1024,其中每个元素的幅度设置为 1,相位在 $[-\pi,\pi]$ 之间均匀分布。由图中曲线可知,SNR_W 和谱段宽度与脉冲重复频率的比值呈现单调递增关系。

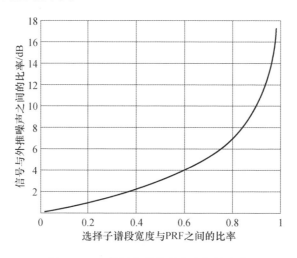

图 12-11 信号与外推噪声之间的比率

12.3.3 实验验证

方位模糊抑制的难点在于平衡算法的模糊抑制性能与分辨率保持能力。本节将所提出的模糊抑制方法与 AM&SF(Asymmetric Mapping and Selective Filtering)方法进行对比。AM&SF 方法由 Martino 等于 2014 年提出[176]。该方法通过模糊地图确定原始图像中受模糊严重影响的区域,并利用两个非对称滤波器滤除这些区域的模糊能量。由于未对原图中其他区域进行处理,图像的空间分辨特性尽可能得到了保持[176];同时,鉴于非对称滤波器的优异性能,AM&SF 较其他现有的方法有着更好的方位模糊抑制能力。

三组星载 SAR 单视复图像被用于实验验证,相关的详细信息见表 12-2。

表 12-2 单视复图像参数

参数名称	图 12-12	图 12-13	图 12-14(a)和(c)	图 12-14(b)
获取日期	30/11/2014	04/12/2015	12/12/2010	18/12/2010
卫星平台	Radarsat-2	TerraSAR-X	TerraSAR-X	TerraSAR-X
照射位置	迪拜	上海	迪拜	迪拜
工作模式	条带	条带	滑动聚束	条带
入射角/(°)	36.19	42.82	29.94	35.29

图 12-12 是 Radarsat-2 条带模式下获取的图像。通过比对图中黄虚线与黄实线框选的区域，可知陆地目标在弱散射的海面背景上造成"鬼影"，使得图像中存在严重的单侧模糊。图 12-12(b)是图 12-12(a)中绿线框选区域的放大图。

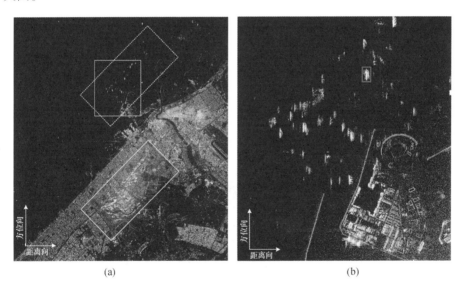

图 12-12 Radarsat-2 卫星条带图像（迪拜区域）（见彩图）
(a)典型图像；(b)局部放大图。

图 12-13 是 TerraSAR-X 条带模式下获取的图像。其中，河面区域存在来自河岸两侧目标产生的模糊能量，即 +1 和 -1 模糊区同时对主区造成了干扰。为区分不同模糊区产生的能量，图中分别用黄虚线与绿虚线加以区分。

图 12-14(a)与(b)分别是 TerraSAR-X 在滑动聚束和条带模式下获取的同一地区的两幅图像。由于滑动聚束模式的观测幅宽仅有 10km[192]，因而在图 12-14(a)中并不存在模糊产生源。依据式(12-5)，可以确认图 12-14(b)中

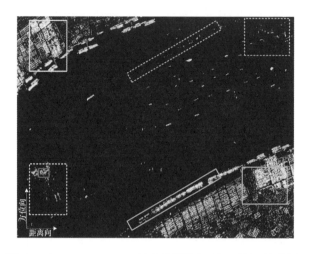

图12-13　TerraSAR-X 卫星条带图像(上海区域)(见彩图)

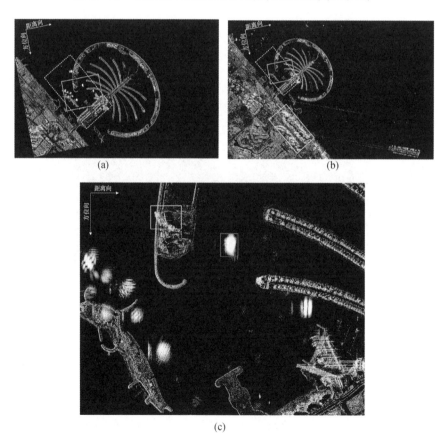

图12-14　TerraSAR-X 卫星图像(迪拜区域)(见彩图)

(a)典型图像(滑聚模式);(b)对比图像(条带模式);(c)局部放大图(滑聚模式)。

黄实线框选的范围是图12-14(a)中黄虚线框选区域对应的模糊源。图12-14(c)是图12-14(a)中绿实线框选范围的细节放大图,也是选定的待处理区域。此外,AAP加权的空变和非空变特性在上述条带与滑动聚束图像中分别有所体现,故而上述这些图像可以充分验证所提出的方法和已有方法的性能。

12.3.3.1 模糊抑制性能验证

本节对图12-12(b)、图12-13、图12-14(c)中红色矩形框的区域进行处理,结果如图12-15所示。其中,第1列和第2列分别对应于AM&SF方法和ASS&E方法。GBR(Ghost-to-background Ratio)代表图像中鬼影强度与背景强度的比率[176]。表12-3中给出了处理前后的GBR的差值,作为方位模糊抑制性能的评估结果。

表12-3 方位模糊抑制性能分析

图像名称	AM&SF 方法/dB	ASS&E 方法/dB
图12-12(b)	14.56	13.12
图12-13	8.29	9.94
图12-14(c)	12.66	22.95

图12-15的第1行表明,两种方法都显著地削弱了海面背景的"鬼影"。ASS&E与AM&SF的方位模糊抑制能力分别为13.12dB和14.56dB。虽然AM&SF方法在单侧模糊干扰情形下的抑制性能略优于本章提出的方法,但是其处理结果中会出现原图12-12(b)中并不存在的斑块,在图像中引入新的虚假目标。

图12-15的第2行展示了双侧模糊的处理结果。图12-15(b1)中,鬼影虽然得到了抑制,但仍然可见。这主要是由两个原因引起的:①AM&SF采用的模糊地图并不精确,致使图12-13中部分受模糊影响严重的区域并未被检测出来,也没有进行处理;②由于非对称滤波器的凹口位于单侧模糊能量占优的区间,对来自另一侧模糊能量的滤除能力较低,故而其对于同时受双侧模糊影响的像素点的处理效果并不好。图12-15(b2)中,鬼影几乎完全消失了,表明模糊能量得到了极大的抑制。ASS&E和AM&SF的方位模糊抑制能力分别是9.94dB和8.29dB。总体来说,ASS&E对双侧模糊的抑制性能优于AM&SF。

图12-12(b)、图12-13均为条带模式星载SAR图像,图12-15的第3行展示了滑动聚束模式的处理结果。图12-15(c1)中,被模糊能量遮蔽的小岛变得清晰。然而,由于非对称滤波器在设计过程中并未考虑空变的AAP加权,模糊抑制效果并不令人满意。图12-15(c2)中,方位模糊得到了显著抑制,小

岛得到更好的恢复。ASS&E 与 AM&SF 的模糊抑制能力分别是 22.95dB 和 12.66dB。ASS&E 显著优于 AM&SF。

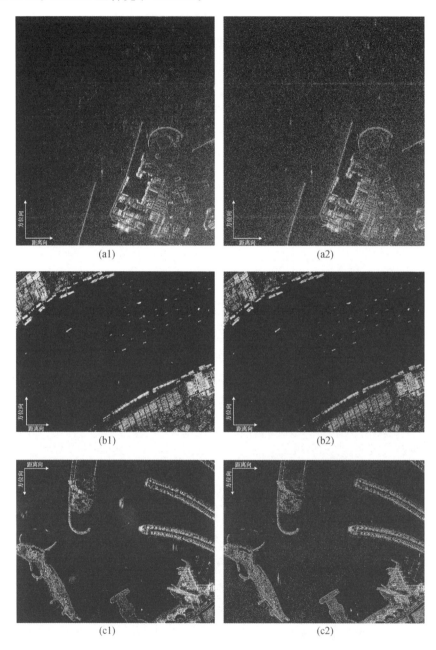

图 12-15　模糊抑制方法的处理结果

(a1)、(b1)、(c1) AM&SF；(a2)、(b2)、(c2) ASS&E。

图 12-16(a)和(b)分别是图 12-14(c)和图 12-15(c2)的距离多普勒域数据。斜线和垂线分量分别表示模糊区和主区能量[193]。图 12-16(a)中几乎所有的斜线分量在图 12-16(b)中都消失了,只有垂线分量保留了下来。这表明,经 ASS&E 处理后,方位模糊能量得到了显著抑制,而主区能量得以保存。

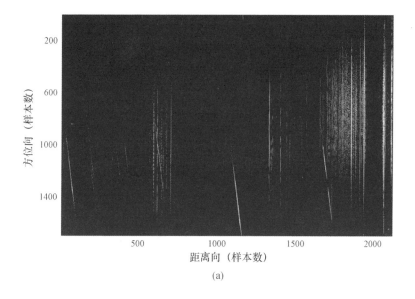

(a)

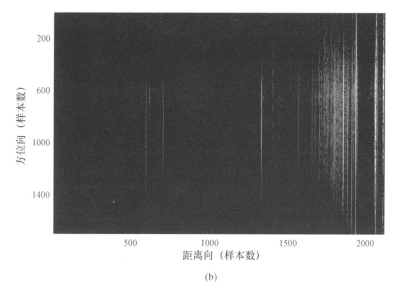

(b)

图 12-16 ASS&E 处理前后的距离多普勒域数据
(a)原始 RD 域数据;(b)经 ASS&E 处理后的 RD 域数据。

12.3.3.2 分辨率保持性能验证

图 12-17 分析了算法的分辨率保持性能。其中,图 12-17(a)是原始图像,即图 12-14(c)中蓝色矩形框选的区域;图 12-17(b)和(c)分别是 AM&SF 和 ASS&E 的处理结果。4 个孤立点目标的方位剖面图如图 12-18 所示,相应的方位分辨率评估结果见表 12-4。可以看出,AM&SF 方法会引起分辨率的损失,而本章提出的 ASS&E 方法不但能保持了方位向分辨率,甚至略微提升,这归功于 ASS&E 中谱外推技术的使用。

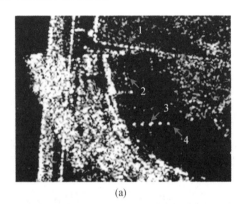
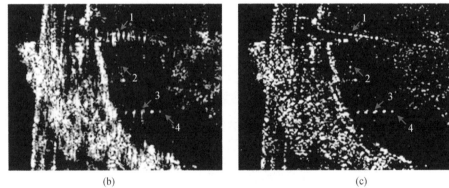

图 12-17 分辨率保持情况分析(见彩图)

(a)局部原始图;(b)AM&SF 处理;(c)ASS&E 处理。

表 12-4 方位向分辨率分析

	点 1	点 2	点 3	点 4
原始图像分辨率/m	1.1154	1.1897	1.0816	1.3790
ASS&E 处理后的分辨率/m	1.0140	0.9261	0.8585	1.0613
AM&SF 处理后的分辨率/m	2.2645	1.4804	1.0951	1.4195

第 12 章 星载 SAR 方位模糊抑制方法

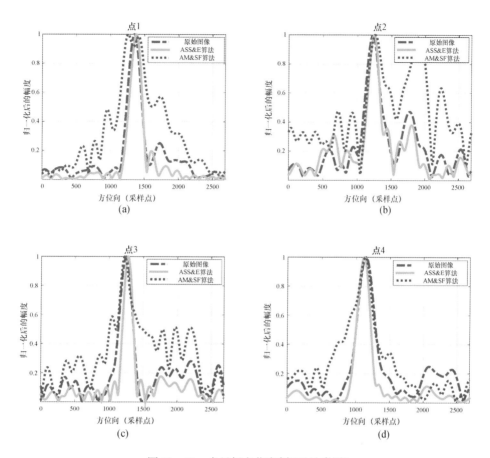

图 12-18 点目标方位向剖面(见彩图)

(a)点 1 的方位剖面;(b)点 2 的方位剖面;(c)点 3 的方位剖面;(d)点 4 的方位剖面。

12.3.3.3 相位误差影响分析

为分析外推处理引入的相位误差与选取的阈值 P_{opt} 之间的关系,进行了仿真实验。仿真参数采用的是 TerraSAR – X 的观测参数,详见表 12-1。用于仿真实验的场景设置如图 12-19 所示。其中,T_{M1} 和 T_{M2} 为位于主区的多点目标,两者大小分别为 5×5 和 800×5;T_{A+1} 和 T_{A-1} 分别为位于 +1 和 -1 模糊区的多点目标,大小均为 59×63,设置它们是用以产生模糊能量并干扰主区目标 T_{M1} 的成像结果,它们与主区目标 T_{M1} 的中心位置由式(12-5)确定。为保证 T_{A+1} 和 T_{A-1} 包含了所有可干扰到 T_{M1} 成像结果的模糊区域,它们的大小设置由目标 T_{M1} 大小和模糊弥散量计算式(12-4)共同确定。为避免目标 T_{M2} 受模糊能量的干扰,目标 T_{M2} 设置在距目标 T_{M1} 134m 处。目标 T_{M1} 和 T_{M2} 的成像结果分别作为受模糊干扰的区域和无模糊干扰的区域。

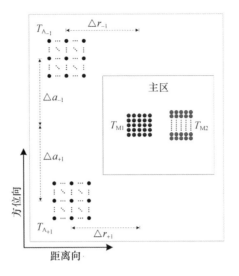

图 12-19 用于仿真实验的场景设置

ASS&E 算法中的阈值选取与外推处理引入的相位误差有关。在仿真实验中,相位误差是通过对比目标 T_{M2} 模糊抑制前后的图像获得的。它与阈值之间的关系,如图 12-20 所示。图中,变量 μ 表示模糊区对主区的影响程度,即

$$\mu = \frac{\sigma_{a_k}(p+\Delta a_k+\Delta p, q+\Delta r_k+\Delta q)}{\sigma_m(p,q)} \quad (k=\pm 1) \quad (12-44)$$

对于不同 μ 值情形下获取的曲线,它们具备类似的走势,即相位误差随阈值单调递减。阈值越小,处理引起的相位误差将会越大。最佳阈值可通过上述曲线及相位误差的期望值共同确定。通常相位误差期望值最大可设置为 $\pi/2$。

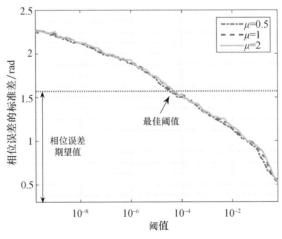

图 12-20 相位误差与阈值选取

在仿真实验中,对 AM&SF 和 ASS&E 两种模糊抑制方法引入图像中的相位误差进行了统计,如表 12–5 所列。表 12–5 不但包括了用于阈值选取的无模糊干扰区域的统计结果,也涵盖了其他受模糊干扰区域的统计情况。经对比分析,可知:在无模糊干扰区域,ASS&E 引入的相位误差大于 AM&SF;而在受模糊干扰区域,上述结论则刚好相反。

表 12–5 相位误差分析对比

	模糊影响程度	AM&SF	ASS&E
受模糊干扰区域	$\mu=0.5$	0.63π	0.48π
	$\mu=1.0$	0.64π	0.49π
	$\mu=2.0$	0.61π	0.50π
无模糊干扰区域	$\mu=0.5$	0.30π	0.50π
	$\mu=1.0$	0.28π	0.50π
	$\mu=2.0$	0.20π	0.50π

12.4 小结

本章系统地阐述了星载 SAR 图像中方位模糊的产生机理和时频域特征。在分析经典谱估计模型适用性的基础上,构建了广义谱估计模型,能够用于条带、滑动聚束等多种工作模式的方位模糊分析,进而提出了一种基于自适应谱选择与外推的方位模糊抑制方法,并应用 TerraSAR-X 和 Radarsat-2 图像进行了验证。实验结果表明,该方法在方位模糊抑制和方位分辨率保持方面均优于现有算法。对于 TerraSAR-X 滑动聚束模式的高分辨率图像,该方法能够抑制方位模糊能量达 22.95dB,并且不损失方位向分辨率。

第 13 章
高分辨率 SAR 图像旁瓣抑制技术

SAR 通过在方位向和距离向进行匹配滤波来生成二维高分辨率图像。成像过程中存在能量泄漏,产生十字形耀斑状的旁瓣。强目标的旁瓣往往会遮盖附近弱目标的主瓣,使得弱目标难以被发现,降低相邻目标之间的可区分性。

谱加权法[194],也称为频域加窗法,是传统的 SAR 旁瓣抑制方法之一。该方法将 SAR 图像变换至频域,然后采用加权函数来平滑频谱,弱化频谱边缘的不连续性,降低主瓣能量的泄漏。该方法以分辨率损失为代价来压低旁瓣。

空变切趾滤波[195](Spatially Variant Apodization,SVA)是一种非线性的自适应加权算法。其基本思想是,采用一组升余弦类加权窗函数,进行逐像素操作。从一系列窗函数的处理结果中寻找幅度最小的值作为该像素的滤波结果,从而在不改变主瓣宽度的前提下抑制旁瓣。Stankwitz 等人提出的经典 SVA 算法适用于采样率恰好为整数倍奈奎斯特采样率的情况;Brian 等提出的 GSVA[196](General Spatially Variant Apodization)算法进一步改善了在任意采样率条件下的旁瓣抑制性能;Carlos 等提出的 RSVA[197](Robust Spatially Variant Apodization)算法将传统滤波器由 3 点扩展到 5 点,并且在任意采样率下都能获得极为优异的旁瓣抑制性能和分辨率保持性能。

本章将首先介绍 SAR 图像旁瓣的产生机理,然后分别在 13.2 节和 13.3 节对谱加权法和空变切趾滤波算法进行讨论,最后在 13.4 节给出基于卷积神经网络的旁瓣抑制方法。

13.1 SAR 图像旁瓣产生机理

星载 SAR 常采用线性调频信号作为发射信号,其形式为

$$s_t(\tau) = a_r(\tau) e^{j\pi K\tau^2} \qquad (13-1)$$

则孤立点目标的回波信号可以表示为

$$s(\tau, t; R_0) = a_r\left[\tau - \frac{2R(t;R_0)}{c}\right] a_a(t) e^{-j\pi K\left[\tau - \frac{2R(t;R_0)}{c}\right]^2} e^{-j\frac{4\pi}{\lambda}R(t;R_0)} \qquad (13-2)$$

式中：τ、t 分别为距离向快时间和方位向慢时间；R_0 为目标到 SAR 的最短距离；$R(t;R_0)$ 为点目标和 SAR 之间随慢时间变化的距离；K 为发射信号的调频率；$a_r(\cdot)$、$a_a(\cdot)$ 分别为距离向和方位向的调制函数；λ 为波长；c 为光速。

经过距离压缩、距离徙动校正、方位压缩，聚焦信号的二维频域表示为

$$s(f_r, f_a; R_0) = A_f \cdot W_r(f_r) \cdot W_a(f_a - f_0) \qquad (13-3)$$
$$-B_w/2 < f_r < B_w/2$$
$$f_0 - D_w/2 < f_a < f_0 + D_w/2$$

相应的二维时域表达为

$$s(\tau, t; R_0) = A_f \text{sinc}\left(\tau - \frac{2R_0}{c}\right) \text{sinc}(t) \qquad (13-4)$$

式中：A_f 为复常数；f_a 和 f_r 分别为方位向和距离向频率；B_w 和 D_w 分别为距离向和方位向频谱带宽；f_0 为多普勒中心频率；W_r 和 W_a 分别为距离向和方位向频谱上的矩形窗函数。由式(13-3)和式(13-4)可知，聚焦成像结果在二维频谱上的支撑域有限，在时域上表现为二维 sinc 形式，如图 13-1 所示。通常采用峰值旁瓣比[198]（Peak Side Lobe Ratio，PSLR）和积分旁瓣比[199]（Integral Side Lobe Ratio，ISLR）衡量旁瓣性能。当 a_r、a_a 为矩形加权时，PSLR 和 ISLR 分别约为 -13.14dB 和 -9.98dB。

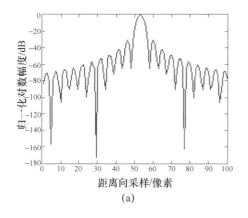

(a)

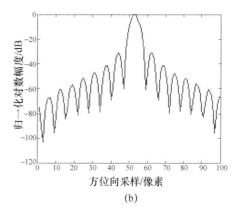

(b)

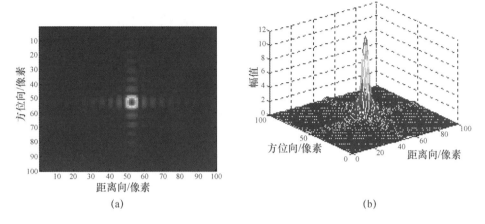

图 13-1 二维旁瓣示意图

(a)距离向剖面;(b)方位向剖面;(c)等高线图;(d)三维图。

图 13-2 给出了迪拜地区 1m 分辨率星载 SAR 图像。由于钢铁的强散射特性,图像中出现了大量的十字形耀斑,遮盖了周边的弱散射目标以及细节特征,严重影响了图像质量。

图 13-2 迪拜地区 TerraSAR-X 图像

13.2 基于谱加权的旁瓣抑制方法

谱加权法是传统的 SAR 旁瓣抑制方法之一。其在频域采用加权窗函数来改变频谱的形状,弱化频谱边缘处的不连续性,从而降低主瓣能量的泄漏。

常用的窗函数[13,200]如图 13-3 所示,具体形式如下。

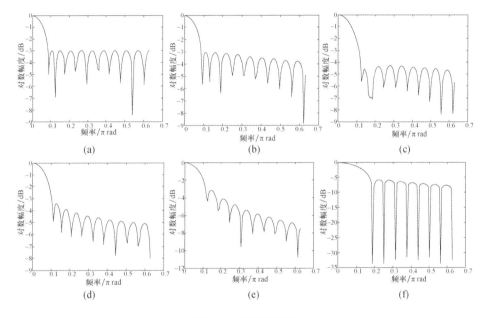

图 13-3 常用窗函数

(a) Chebyshev 窗 $M=101$,$\varepsilon=30$;(b) Taylor 窗 $M=101$;(c) Hamming 窗 $M=101$;
(d) Kaiser 窗 $M=101$,$\beta=4$;(e) Hanning 窗 $M=101$;(f) Blackman 窗 $M=101$。

(1) Taylor 窗可表示为

$$w(n) = \begin{cases} 1 + 2\sum_{m=1}^{\bar{n}-1} F_m \cos\dfrac{2\pi mn}{\Delta\omega}, & 0 \leqslant n \leqslant M \\ 0, & \text{其他} \end{cases} \quad (13-5)$$

$$F_m = \dfrac{\dfrac{1}{2}(-1)^{m-1}}{\prod\limits_{p=1}^{\bar{n}-1}\left(1 - \dfrac{m^2}{p^2}\right)} \prod_{p=1}^{\bar{n}-1}\left[1 - \dfrac{\sigma_p^{-2} m^2}{A^2 + \left(n - \dfrac{1}{2}\right)^2}\right] \quad (13-6)$$

$$\sigma_p = \frac{\bar{n}}{\left[A^2 + \left(\bar{n} - \frac{1}{2}\right)^2\right]^{1/2}} \quad (13-7)$$

$$S_L = 20\lg\left[\frac{1}{\cosh(\pi A)}\right] \quad (13-8)$$

式中:$\bar{n}$ 为正整数;$\Delta\omega$ 为信号的频谱宽度;σ_p 为展宽系数;A 为与旁瓣有关的系数,由旁瓣电平 S_L 确定。

(2) Chebyshev 窗可表示为

$$w[n] = \begin{cases} \dfrac{1}{1+\varepsilon^2 V_N^2(n/\omega_c)}, & 0 \leq n \leq M \\ 0, & 其他 \end{cases} \quad (13-9)$$

$$V_Z(x) = \cos(Z\arccos x) \quad (13-10)$$

式中:ε 为通带容许最大波纹;ω_c 为通带截止频率;$V_Z(x)$ 为 Z 阶切比雪夫多项式。

(3) Hanning 窗可表示为

$$w[n] = \begin{cases} 0.5 - 0.5\cos(2\pi n/M), & 0 \leq n \leq M \\ 0, & 其他 \end{cases} \quad (13-11)$$

(4) Hamming 窗可表示为

$$w[n] = \begin{cases} 0.54 - 0.46\cos(2\pi n/M), & 0 \leq n \leq M \\ 0, & 其他 \end{cases} \quad (13-12)$$

(5) Blackman 窗可表示为

$$w[n] = \begin{cases} 0.42 - 0.5\cos(2\pi n/M) + 0.08\cos(4\pi n/M), & 0 \leq n \leq M \\ 0, & 其他 \end{cases}$$

$$(13-13)$$

(6) Kaiser 窗可表示为

$$w[n] = \begin{cases} \dfrac{I_0\{\beta\{1-[(n-M/2)/(M/2)]^2\}^{1/2}\}}{I_0(\beta)}, & 0 \leq n \leq M \\ 0, & 其他 \end{cases} \quad (13-14)$$

式中:$I_0(\cdot)$ 为第一类零阶修正 Bessel 函数。通过调整长度参数 $(M+1)$ 和形状参数 β,可以改变 Kaiser 窗的主瓣宽度和旁瓣幅度。

图 13-4(a)反映了在滤波器长度不变的条件下,形状参数 β 对 Kaiser 窗的影响情况。β 越小,主瓣越窄,但是旁瓣也随之抬升。图 3-14(b)为在形状参数 β 不变的条件下,滤波器长度对 Kaiser 窗的影响情况。可以看出随着长度的变化,其旁瓣高度基本不发生变化。

第 13 章　高分辨率 SAR 图像旁瓣抑制技术

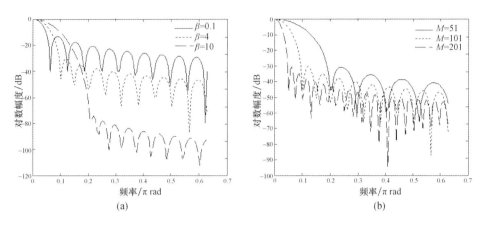

图 13-4　Kaiser 窗

(a) Kaiser $M=101$；(b) Kaiser $\beta=4$。

各个窗函数对点目标的旁瓣抑制性能见表 13-1,相应的一维点目标处理结果如图 13-5 所示,其中所使用的窗函数参数与图 13-3 相同。由表 13-1 和图 13-5 可以看出,对于谱加权方法,旁瓣抑制与主瓣展宽是相互矛盾的：旁瓣抑制效果越明显,主瓣展宽越大；而在主瓣展宽较小的情况下,旁瓣抑制效果则不佳。

表 13-1　不同窗函数的旁瓣抑制性能

窗函数名称	主瓣展宽系数	旁瓣电平
原图	1	-13.27dB
Taylor 窗	1.32	-22.24dB
Chebshev 窗	3.24	-57.67dB
Blackman 窗	2.36	-47.05dB
Hamming 窗	1.56	-28.67dB
Hanning 窗	1.64	-29.43dB
Kaiser 窗	1.44	-27.00dB

采用不同的窗函数对真实 SAR 图像进行旁瓣抑制,如图 13-6 所示。其中,图 13-6(a)代表原始的 SAR 图像；图 13-6(b)-(g)分别代表了 Hanning 窗、Hamming 窗、Blackman 窗、Kaiser 窗、Chebyshev 窗、Taylor 窗的处理结果。可以看出,谱加权方法虽然操作简单,但会使得信号的有效带宽变窄,导致冲激响应函数的主瓣展宽,引起分辨率损失。同时,旁瓣抑制效果越好,分辨率损失越严重。

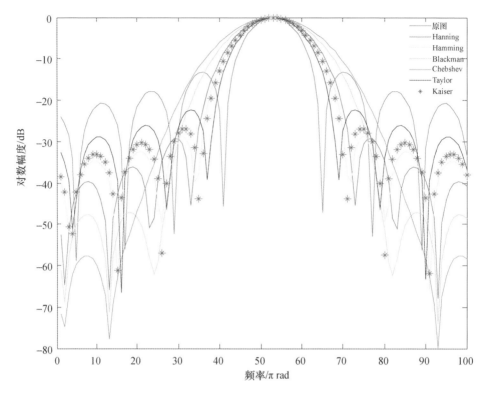

图 13-5 基于谱加权的点目标旁瓣抑制结果(见彩图)

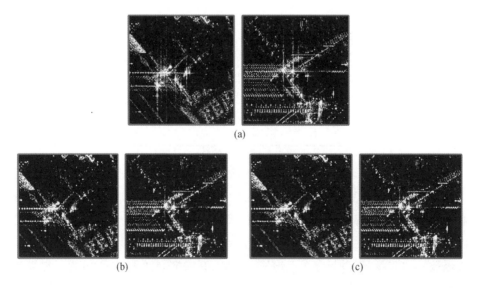

(a)

(b)　　　　　　　　　　　　(c)

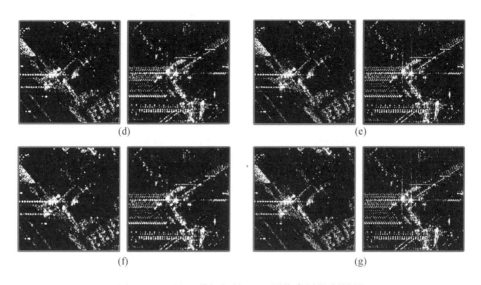

图 13-6 基于谱加权的 SAR 图像旁瓣抑制结果

(a)原图;(b)Hanning 窗;(c)Hamming 窗;(d)Blackman 窗;(e)Kaiser 窗;(f)Chebyshev 窗;(g)Taylor 窗。

13.3 基于空变切趾滤波的旁瓣抑制方法

谱加权方法对整幅图像都采用相同的窗函数进行处理。与之不同,SVA 类算法采用一组升余弦类窗函数,分别沿距离向和方位向对 SAR 图像的实部和虚部进行逐像素加权处理,通过自适应调整窗函数的系数最小化每个像素的幅度,实现旁瓣抑制。其基本处理流程如图 13-7 所示。

目前,SVA 类算法主要有三种。Stankwitz 提出的经典 SVA 算法只对采样率为整数倍奈奎斯特采样率的情况有效。Brian HendeeSmith 提出了适用于非整数倍奈奎斯特采样率的 GSVA 算法。该方法能够在保持分辨率的前提下较好地抑制旁瓣。然而,即便对于孤立点目标,该方法也会存在无法完全消除旁瓣的情况。在 GSVA 的基础上,Carlos Castillo-Rubio 提出了 RSVA 算法,在任意采样率的情况下都能够显著地抑制旁瓣,但有时会造成主瓣能量的损失。

13.3.1 经典 SVA 算法

经典 SVA 算法的频域窗函数为

$$W(f) = 1 + 2\alpha \cos(2\pi f/f_0) \qquad (13-15)$$

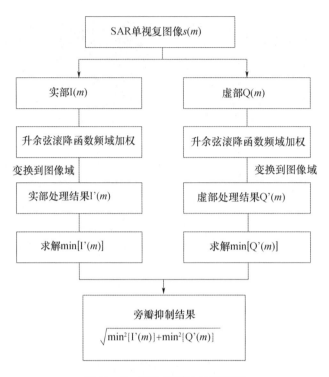

图 13-7　SVA 类算法处理流程

式中：f_0 为信号的奈奎斯特采样率，且 $f \in [-f_0/2, f_0/2]$；α 为滤波器的系数，满足 $0 < \alpha < 1$。

其离散频域形式为

$$W(n) = 1 + 2\alpha \cos\left(\frac{2\pi n f_s}{N f_0}\right) \qquad (13-16)$$

式中：f_s 为采样率；$0 < n < N-1$。当 $\alpha = 0$ 时，式（13-16）对应的是矩形窗；当 $\alpha = 0.5$ 时，式（13-16）对应的是 Hanning 窗。

若采样率 f_s 是 f_0 的整数倍，即 $f_s = H f_0$（H 为整数），则式（13-16）可以简化为

$$W(n) = 1 + 2\alpha \cos(2\pi n H / N) \qquad (13-17)$$

将频域窗函数 $W(n)$ 变换到时域，可得：

$$a[m] = \alpha \delta_{m,-H} + \delta_{m,0} + \alpha \delta_{m,H} \qquad (13-18)$$

式中：$\delta_{m,y}$ 为在位置 y 处的单位冲激函数。

单视复图像的实部 $I(m)$ 和虚部 $Q(m)$ 分别与窗函数进行三点卷积，结果为

$$g'(m) = \alpha(m) g(m-H) + g(m) + \alpha(m) g(m+H) \qquad (13-19)$$

其中,$g(m) = I(m)$或者$g(m) = Q(m)$。

为了抑制旁瓣,应当使$|g'(m)|^2$最小。在$\alpha(m)$没有约束条件的情况下,使得$|g'(m)|^2$达到最小值的权重为

$$\alpha_u(m) = \frac{-g(m)}{g(m-H) + g(m+H)} \quad (13-20)$$

考虑到$\alpha(m) \in [0, 0.5]$,当$|g'(m)|^2$达到最小时,$g'(m)$为

$$g'(m) = \begin{cases} g(m), & \alpha_u(m) < 0 \\ 0, & 0 \leq \alpha_u(m) \leq 1/2 \\ g(m) + (1/2)[g(m-H) + g(m+H)], & \alpha_u(m) > 1/2 \end{cases}$$
$$(13-21)$$

由式(13-20)可知,$\alpha_u(m) < 0$意味着$g(m)$和$g(m-H) + g(m+H)$的符号相同,表明位于m处的像素接近脉冲响应的峰值,该点的幅度值应当被保留。当$\alpha_u(m) > 0$,即$g(m)$和$g(m-H) + g(m+H)$符号相反,这种情况更多地出现在旁瓣区域,则应用式(13-21)可以实现对旁瓣区域的抑制。

13.3.2 GSVA算法

经典SVA算法仅适用于采样率为整数倍奈奎斯特采样率条件下的SAR旁瓣抑制。对于非整数倍的情况,可以通过插值将采样率调整到奈奎斯特采样率的整数倍,然后应用经典SVA算法进行处理。但是,在插值的过程中,升采样和降采样操作会引入误差。针对这一问题,GSVA算法将加权函数修改为

$$W(f) = a + 2\alpha \cos(2\pi f/f_0) \quad (13-22)$$

其中,$0 < \alpha < 0.5$,$a = 1 - 2\alpha \mathrm{sinc}(\lfloor f_s/f_0 \rfloor \omega_s)$;$\lfloor \cdot \rfloor$代表向下取整;$\omega_s = f_0/f_s$。

式(13-22)的离散形式为

$$W(n) = a + 2\alpha \cos\left(\frac{2\pi n f_s}{N f_0}\right) \quad (13-23)$$

其中,$0 < n < N-1$。

为了使得窗函数在中心处最大,并且向两边单调递减,引入约束,即

$$W[0] \geq W\left[\frac{f_0}{2}\right] \geq 0 \quad (13-24)$$

可得

$$0 \leq \alpha \leq \frac{\omega_s \pi}{2\cos(\omega_s \pi) \cdot [\tan(\omega_s \pi) - \omega_s \pi]} \quad (13-25)$$

信号 $g(m)$ 经过窗函数加权,得

$$g'(m) = ag(m) + \alpha(m)\left[g(m - \lfloor f_s/f_0 \rfloor) + g(m + \lfloor f_s/f_0 \rfloor)\right] \quad (13-26)$$

对于第 m 个像素,GSVA 算法根据式(13-22)和式(13-25)所确定的范围确定系数 $\alpha(m)$,选择最佳加权函数形式,使得 $g'(m)$ 达到最小。对于不同的采样率,GSVA 算法的表现也并不相同。

在采样率等于奈奎斯特采样率的情况下($\omega_s = 1$),图 13-8 给出了加权函数的时域脉冲响应示意图。当 α 从 0 变化到 0.5,窗函数从矩形窗变化到 Hanning 窗。在这种条件下,总可以选择到一个窗函数,使得旁瓣区域内任意一点的加权结果为零。如图 13-9 所示,在旁瓣区域的点都达到了完全变迹,即旁瓣被完全抑制。此时,GSVA 算法与经典 SVA 算法的效果相同。

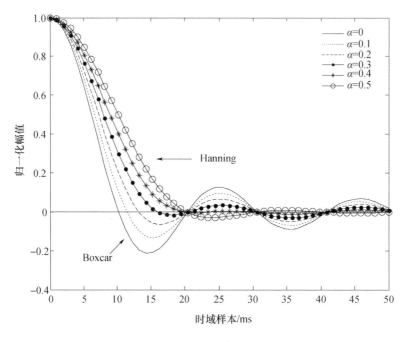

图 13-8　GSVA 频域加权函数的时域样本($\omega_s = 1$)

图 13-10 给出了非整数倍奈奎斯特采样率($\omega_s = 0.6$)条件下加权函数的时域脉冲响应示意图。由于信号被过采样,某些像素无法找到对应的窗函数,达到理想的旁瓣抑制效果,只能部分地衰减旁瓣。如图 13-11 所示,某些旁瓣区域内的点无法达到完全变迹,旁瓣能量依然有所残留。即便如此,GSVA 算法的性能也优于经典 SVA 算法。

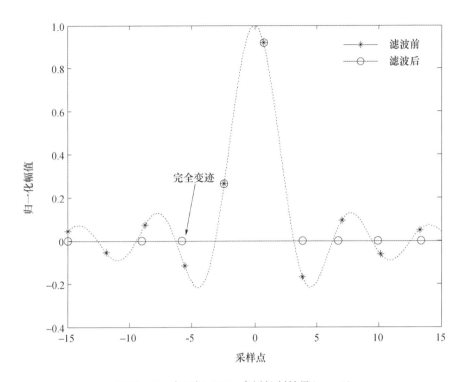

图 13-9　点目标 GSVA 旁瓣抑制结果($\omega_s = 1$)

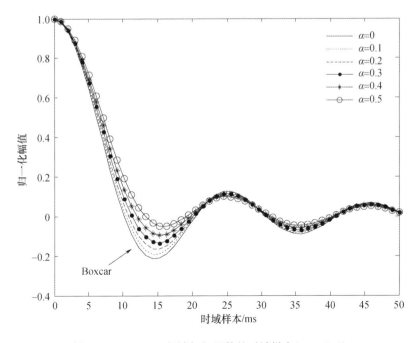

图 13-10　GSVA 频域加权函数的时域样本($\omega_s = 0.6$)

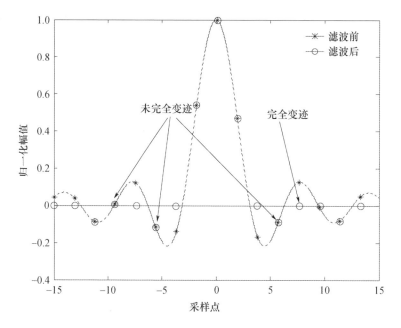

图 13 - 11　点目标 GSVA 旁瓣抑制结果($\omega_s = 0.6$)

13.3.3　RSVA 算法

RSVA 算法在 GSVA 算法的基础上引入 α_2 项,增加了滤波器的自由度,在旁瓣抑制方面可以有更好的表现。RSVA 算法的加权函数为

$$W(f) = a + 2\alpha_1 \cos(2\pi f/f_0) + 2\alpha_2 \cos(4\pi f/f_0) \quad (13-27)$$

$$a = 1 - 2\alpha_1 \mathrm{sinc}\left(\left\lfloor \frac{f_s}{f_0} \right\rfloor \omega_s\right) - 2\alpha_2 \mathrm{sinc}\left(2\left\lfloor \frac{f_s}{f_0} \right\rfloor \omega_s\right) \quad (13-28)$$

其中,$0 \leq \alpha_1 \leq 1/2, 0 \leq \alpha_2 \leq 1/2$。

同样为了保证单调性和非负性,即 $W(0) \geq W(f_0/2) \geq 0$。

式(13-27)的离散形式为

$$W(n) = a + 2\alpha_1 \cos\left(\frac{2\pi n f_s}{N f_0}\right) + 2\alpha_2 \cos\left(\frac{4\pi n f_s}{N f_0}\right) \quad (13-29)$$

其中,$0 < n < N-1$。

结合式(13-27)和式(13-28),可得

$$\left[\mathrm{sinc}\left(\left\lfloor \frac{f_s}{f_0} \right\rfloor \omega_s\right) - \cos(\pi \omega_s)\right]\alpha_1 + \left[\mathrm{sinc}\left(2\left\lfloor \frac{f_s}{f_0} \right\rfloor \omega_s\right) - \cos(2\pi \omega_s)\right]\alpha_2 \leq 0.5$$

$$(13-30)$$

$$[\cos(\pi\omega_s) - 1]\alpha_1 + [\cos(2\pi\omega_s) - 1]\alpha_2 \leqslant 0 \qquad (13-31)$$

信号 $g(m)$ 经过窗函数加权,输出信号为

$$g'(m) = g(m) + \alpha_1 \left[-2\operatorname{sinc}\left(\left\lfloor \frac{f_s}{f_0} \right\rfloor \omega_s\right) g(m) + g\left(m + \left\lfloor \frac{f_s}{f_0} \right\rfloor\right) + g\left(m - \left\lfloor \frac{f_s}{f_0} \right\rfloor\right) \right] +$$

$$\alpha_2 \left[-2\operatorname{sinc}\left(2\left\lfloor \frac{f_s}{f_0} \right\rfloor \omega_s\right) g(m) + g\left(m + 2\left\lfloor \frac{f_s}{f_0} \right\rfloor\right) + g\left(m - 2\left\lfloor \frac{f_s}{f_0} \right\rfloor\right) \right]$$

$$(13-32)$$

在式(13-27)、式(13-30)、式(13-31)的约束下,通过求解 $|g'(m)|^2$ 的最小值,可以确定最佳窗函数。图 13-12 展示了非整数倍奈奎斯特采样率情况下($\omega_s = 0.6$)RSVA 窗函数在时域脉冲相应的形状。与 GSVA 算法相比,α_2 项的加入,增加了可选择的窗函数数量。对于每个像素,总可以选择出一个恰当的加权函数,使得在该像素处的加权处理结果为零,如图 13-13 所示。因此,RSVA 算法能够取得良好的旁瓣抑制效果。

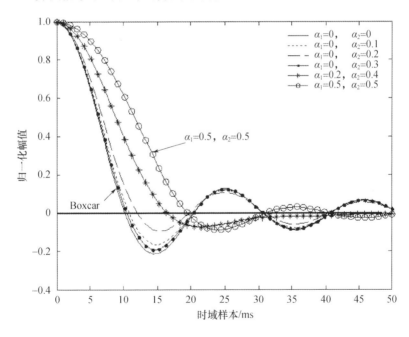

图 13-12 RSVA 频域加权函数的时域样本($\omega_s = 0.6$)

13.3.4 实验验证与分析

图 13-14 给出了经典 SVA、GSVA 和 RSVA 算法的旁瓣抑制结果(信号带宽

为100Hz,采样率为120Hz)。可以看出,三种算法均能够保持主瓣宽度,但对旁瓣的抑制能力有所不同:由于采样率不是奈奎斯特采样率的整数倍,SVA算法的结果中存在大量的旁瓣;相较于SVA算法,GSVA算法的性能有了较大的提升,但依然有旁瓣残留;RSVA算法的结果没有拖尾效应,旁瓣得到了显著的抑制。

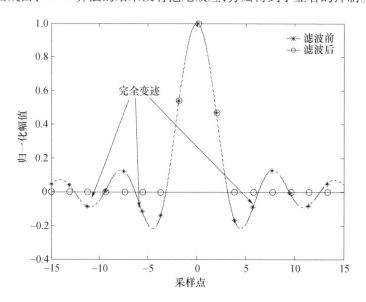

图13-13 点目标RSVA旁瓣抑制结果($\omega_s = 0.6$)

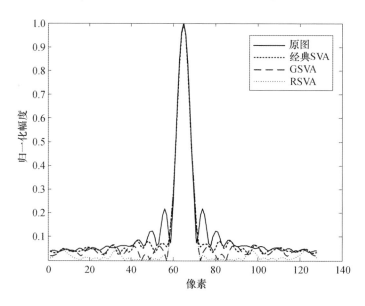

图13-14 基于SVA类算法的点目标旁瓣抑制结果

对真实 SAR 图像进行处理,也可以得到类似的结论。图 13-15(b)、(c)、(d)分别是经典 SVA、GSVA 和 RSVA 算法的处理结果,图 13-16 为图 13-15 中框选区域的放大图。沿距离向和方位向,采样率与奈奎斯特采样率的比值均为 1.2。在这种情况下,SVA 算法的旁瓣抑制效果较差;GSVA 算法存在旁瓣残留,部分目标的旁瓣电平依然较高;RSVA 算法则最为有效地抑制了旁瓣。

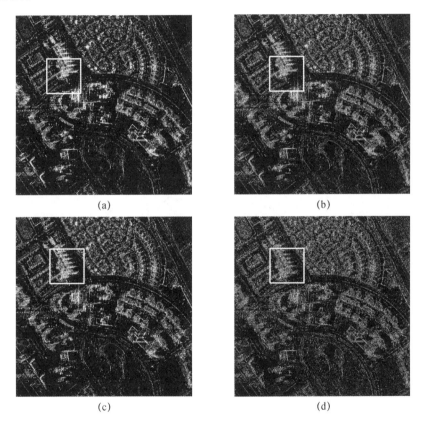

图 13-15 基于 SVA 类算法的 SAR 图像处理结果
(a)原图;(b)经典 SVA 算法;(c)GSVA 算法;(d)RSVA 算法。

综上所述,空间变迹法所使用的窗函数具有以下两种性质:①在频谱中的支撑域大于原图像的频谱范围,因此原图像的有效带宽并没有变窄,空间分辨率没有降低;②在频域中衰减较慢,没有剧烈变化,因此主瓣能量的泄露得到了控制,旁瓣受到了抑制。

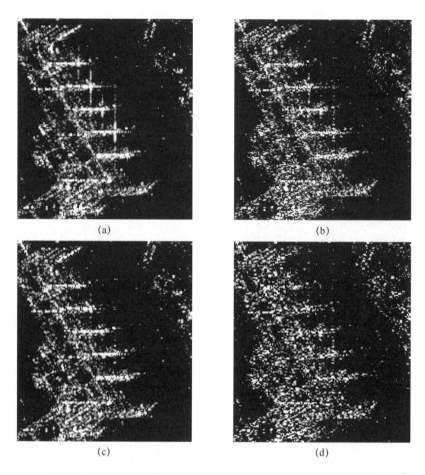

图 13-16 基于 SVA 类算法的 SAR 图像处理结果(局部放大图)
(a)原图;(b)经典 SVA 算法;(c)GSVA 算法;(d)RSVA 算法。

13.4 基于卷积神经网络的旁瓣抑制方法

13.4.1 旁瓣抑制优化模型

在 13.3.3 节中,RSVA 算法对于单点目标取得了极好的旁瓣抑制效果。然而,对于点群目标,各个点目标的相位会在旁瓣抑制的过程中相互耦合和影响,导致目标主瓣能量损失。因此,本节将对旁瓣抑制模型进行优化。

RSVA 算法的优化目标函数可以表示为

$$\text{sgn}[s'(n)]\min[|s'(n)|] \tag{13-33}$$

对于复数信号可以重新表示为

$$\text{sgn}\{|\text{Re}[s'(n)]|\}\min\{|\text{Re}[s'(n)]|\}+j\text{sgn}\{|\text{Im}[s'(n)]|\}\min\{|\text{Im}[s'(n)]|\}$$
$$\text{s.t.} \quad W[0] \geq W[B_0/2] \geq 0 \tag{13-34}$$

其中:sgn 为符号函数;Re 和 Im 分别为取实部和虚部的操作;$s'(n)$ 为经过 RSVA 处理后的信号;$W(\cdot)$ 为窗函数;B_0 为窗的宽度。

假设两个点目标分别位于 n_1 和 n_2,且 $|n_1-n_2|=1$(即它们位于相邻的像素),如图 13-17 所示。此外,还假设两者的相位分别为 θ_1 和 θ_2,$|\theta_1-\theta_2|\in[\pi/2,3\pi/2]$,它们的后向散射截面积 σ_1 和 σ_2 基本相当。为了方便论述,本节中假设 $\sigma_1=\sigma_2=1$。综合上述条件,两个点目标的一维成像结果可以表示为 $r_1(n)=e^{j\theta_1}\text{sinc}(n-n_1)$ 和 $r_2(n)=e^{j\theta_2}\text{sinc}(n-n_2)$,完整的成像结果 $r(n)$ 是两者的叠加。图 13-17 中,$g_1(n)$、$g_2(n)$ 和 $g(n)$ 是信号 $r_1(n)$、$r_2(n)$ 和 $r(n)$ 的实部。由于 $|\theta_1-\theta_2|\in[\pi/2,3\pi/2]$,$g_1(n)$ 和 $g_2(n)$ 主瓣峰值的符号是相反的。

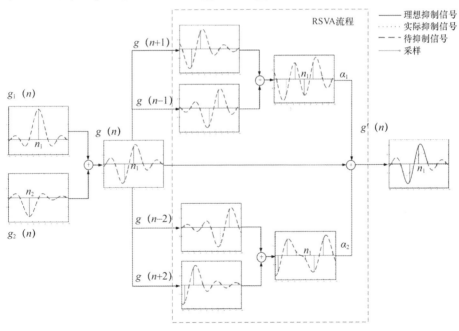

图 13-17 RSVA 算法处理流程示意图

$g(n)$ 经 RSVA 算法滤波后,结果为

$$g'(n) = \min\{|ag(n)+\alpha_1[g(n-1)+g(n+1)]+\alpha_2[g(n-2)+g(n+2)]|\} \tag{13-35}$$

如图 13-17 所示,由于 $|g(n_1+1)| \gg |g(n_1-1)|$,$g(n+1)+g(n-1)$ 在 $n=n_1$ 处主要呈现出 $g(n-1)$ 的特性,即 $g(n_1+1)+g(n_1-1) \approx g(n_1-1) \approx g_2(n_2)$。同时,$g(n_1) \approx g_1(n_1)$。因此,$g(n)$ 和 $g(n+1)+g(n-1)$ 在 $n=n_1$ 处的正负性相反。第三项中,$g(n_1+2)$ 和 $g(n_1-2)$ 均对应信号的旁瓣部分,两者之和对 $g'(n_1)$ 的影响可以忽略。综上所述,为了满足式(13-35),α_1 的取值会使 $g'(n_1)$ 的值逼近于 0。这意味着,滤波后 $g'(n_1)$ 将会小于原始信号值 $g_1(n_1)$,RSVA 算法有可能导致主瓣能量的损失。

为了避免这一问题,对旁瓣抑制模型进行优化:理想的主瓣区域滤波结果 $S_{ideal}(n)$ 等于 RSVA 算法的处理结果加上一个补偿项,即

$$S_{ideal}(n) = [R_{sva}(n) + R_{\delta}(n)] + j[I_{sva}(n) + I_{\delta}(n)] \quad (13-36)$$

式中:$R_{sva}(n)$ 和 $I_{sva}(n)$ 分别为 RSVA 算法滤波结果的主瓣实部与虚部;$R_{\delta}(n)$ 和 $I_{\delta}(n)$ 则是由于目标相位耦合造成的实部与虚部偏差。

鉴于 RSVA 算法旁瓣区域内的抑制结果近乎理想,$R_{\delta}(n)$ 和 $I_{\delta}(n)$ 在旁瓣区域几乎为 0。因此,旁瓣区域的理想滤波结果依然可以表示为

$$S_{ideal}(n) \approx R_{sva}(n) + jI_{sva}(n) \quad (13-37)$$

综合以上分析,本节将提出 RSVA-CNN 混合方法进行旁瓣抑制,分别采用卷积神经网络(Convolutional Neural Network,CNN)[201] 和 RSVA 算法对主瓣和旁瓣区域进行处理。为了区分主瓣和旁瓣区域,逐像素计算 $\eta = |[s-s_o]/s|$(s 为原始图像,s_o 为 RSVA 输出图像)。$\eta < 0.75$ 为主瓣区域,$\eta > 0.75$ 则为旁瓣区域。

13.4.2 网络结构与训练方法

求解 $R_{\delta}(n)$ 和 $I_{\delta}(n)$ 是一个非线性问题。卷积神经网络拥有局部感知、权值共享、多核卷积等特点,可以较好地解决非线性问题。本节建立如图 13-18 所示的卷积神经网络,求解式(13-36)所示的旁瓣抑制问题。网络的具体结构如下。

第一层:卷积层 Conv1,卷积核大小 30×1,滑动步长为 1,输出 10 张 50×1 的特征图到卷积层 Conv2。

第二层:卷积层 Conv2,卷积核大小 20×1,滑动步长为 1,输出 10 张 50×1 的特征图到卷积层 Conv3。

第三层:卷积层 Conv3,卷积核大小 15×1,滑动步长为 1,输出 10 张 50×1 的特征图到卷积层 Conv4。

第四层:卷积层 Conv4,卷积核大小 10×1,滑动步长为 1,输出 3 张 50×1 的特征图到全连接层 Fc。

第五层:全连接层 Fc,加入 Dropout[202] 操作,将 100 个神经元的输出汇聚到一个神经元,作为整个网络的输出。

四个卷积层的滤波器数量和卷积核大小逐渐减少,可以保证更好的收敛。每个卷积层后都连接一个非线性激活函数 ReLU[203],使特征提取层和整个网络拥有非线性学习能力。

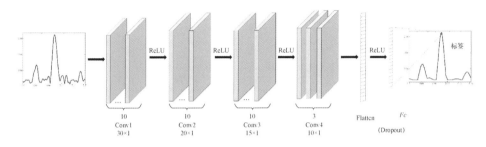

图 13-18 旁瓣抑制网络结构图

13.4.2.1 数据集构造

生成可以供 CNN 训练的数据集(包括训练和标签数据)是进行深度学习的必要前提。然而,对于旁瓣抑制而言,恰恰缺乏无旁瓣的 SAR 图像作为标签数据。本节通过仿真生成 767232 个长度为 50 的序列作为训练和标签数据,具体步骤如下:

(1) 设计具有随机幅度、相位和位置的一维点目标场景,如图 13-19 中绿色脉冲串所示;

(2) 基于表 13-2 所列的仿真参数生成 SAR 仿真回波,经过成像算法后,得到一维成像结果,满足

$$s(n) = \sum_{i=1}^{N_i} \sigma_i e^{j\theta_i} \mathrm{sinc}(n - n_i) \quad (13-38)$$

其幅度序列如图 13-19 红线所示;

(3) 将 $s(n)$ 的旁瓣设置为 0,形成无旁瓣数据 $s'(n)$,其幅度序列如图 13-19 蓝线所示;

(4) 取序列 $s(n)$ 插值后的信号的实部和虚部的绝对值作为训练数据;

(5) 取对应序列 $s'(n)$ 中第 25 个像素点的实部和虚部的绝对值作为标签数据。

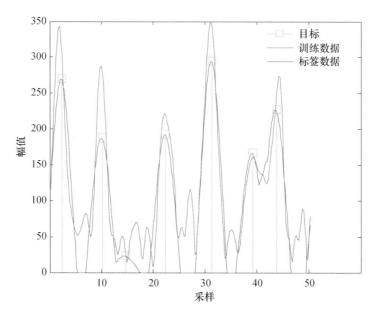

图 13-19　训练和标签数据示意图(见彩图)

表 13-2　回波仿真参数

参数	数值
雷达平台等效速度	179m/s
参考斜距	9867m
脉冲重复频率	1000Hz
距离向采样率	400MHz
发射信号波长	0.05m
斜视角	0°

对真实 SAR 图像进行插值和滑窗处理[204]，获得一维信号，作为测试数据。其中，窗口的长度为50，步长为1，如图 13-20 所示。

无论是训练数据、标签数据，还是测试数据，进入网络前都需要经过归一化。对于长度为50的向量 $[x_{1,j},x_{2,j},\cdots,x_{50,j}]$，具体过程为

$$\hat{x}_{i,j} = \frac{A_{\max} x_{i,j}}{x_{\max}^{j}}, \forall i,j \qquad (13-39)$$

式中：$x_{\max}^{j}$ 为 $[x_{1,j},x_{2,j},\cdots,x_{50,j}]$ 中的最大值；$A_{\max}$ 在本节中设置为1000。

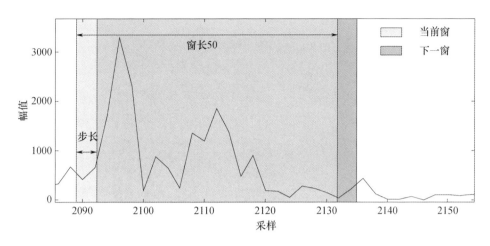

图 13 - 20　滑窗处理示意图（见彩图）

13.4.2.2　训练方法

网络训练的目的是确定网络中包含权值和偏差的参数,使基于 L2 正则化[205]的损失函数均方误差（MSE）最小化,其具体表达为

$$L(w) = \frac{1}{M}\sum_{i=1}^{M}(O_Y - I_X;w)_i^2 + \frac{\lambda}{2M}\|w\|^2 \qquad (13-40)$$

式中：O_Y 为网络输出数据；I_X 为标签数据；M 为每次输入网络的数据量；w 是参数集；λ 为正则化因子,在网络中设置为 0.0001。

训练采用基于梯度下降优化的反向传播算法。在本研究中,使用了小型批处理,这表明在每次迭代过程中都会获取训练数据的一个子集来更新参数。它能在更新精度、梯度下降的鲁棒性和计算效率之间达到平衡。训练和测试过程中的批处理大小都设置为 512。为了进一步加快训练速度,采用 Adam 算法[164]来减少参数的振荡。权值由 Xavier 进行初始化[206]。在接下来的实验中,学习率为 0.001。

13.4.3　实验验证与分析

图 13 - 21 中,橙色区域只包含旁瓣,红色区域包含一个孤立点目标,蓝色区域包含一对方位向间隔为 1m、相位差为 180°的点目标,而绿色区域则是在所提出的判定主旁瓣区域的准则下得到优化的旁瓣部分。

图 13 - 22 中,第一列为图 13 - 21 中橙、红、蓝、绿四块区域的放大图；第二列为 RSVA 算法的处理结果；第三列为 RSVA-CNN 混合方法的处理结果。

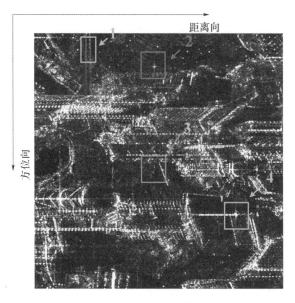

图 13-21 原始 SAR 图像（见彩图）

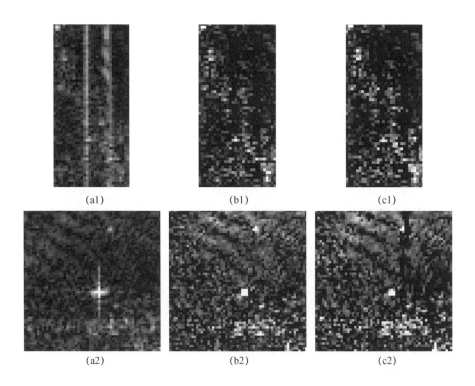

第13章 高分辨率 SAR 图像旁瓣抑制技术

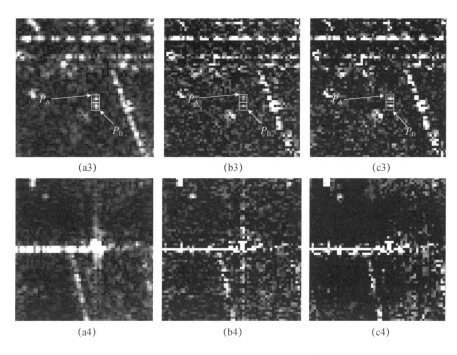

图 13-22 原始 SAR 图像与旁瓣抑制结果

(a1)原图像 1 区域;(b1)RSVA 处理 1 区域;(c1)CNN-RSVA 处理 1 区域;(a2)原图像 2 区域;
(b2)RSVA 处理 2 区域;(c2)CNN-RSVA 处理 2 区域;(a3)原图像 3 区域;(b3)RSVA 处理 3 区域;
(c3)CNN-RSVA 处理 3 区域;(a4)原图像 4 区域;(b4)RSVA 处理 4 区域;
(c4)CNN-RSVA 处理 4 区域。

图 13-23 为图 13-22 中第二行中孤立点目标的距离向和方位向剖面,定量化评估结果见表 13-3。

表 13-3 点目标的定量化评估结果

参数	原图	RSVA	CNN-RSVA
峰值旁瓣比(方位向)/dB	-40.25	-76.33	-84.72
积分旁瓣比(方位向)/dB	-7.01	-41.85	-42.11
分辨率(方位向)/ms	0.44	0.43	0.40
峰值旁瓣比(距离向)/dB	-25.91	-53.76	-53.90
积分旁瓣比(距离向)/dB	-4.16	-21.97	-24.60
分辨率(距离向)/ns	7.88	7.58	7.58

从实验结果中可以得到以下结论:

(1) 对比图 13-22(b1) 和 13-22(c1)，对于仅包含旁瓣的区域，CNN-RSVA 混合方法和 RSVA 算法的旁瓣抑制效果相当。

(2) 图 13-23 和表 13-3 表明，对于孤立点目标所在的区域，两种方法均未展宽主瓣宽度，但 CNN-RSVA 混合方法的旁瓣抑制效果优于 RSVA 算法。其原因在于，CNN-RSVA 混合方法有可能将靠近主瓣的旁瓣区域判定为主瓣区域，采用图 13-18 所示的网络进行处理，进一步提升旁瓣抑制性能。同时，点目标的峰值在原图、RSVA 处理结果、CNN-RSVA 混合处理结果中几乎相等，说明图 13-22 中三列图像的量化方式基本一致。

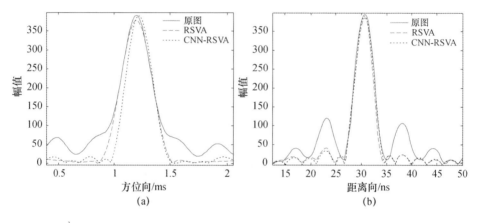

图 13-23　孤立点目标旁瓣抑制结果剖面
(a)方位向插值后信号；(b)距离向插值后信号。

(3) 图 13-22(a3) 中，由于两个点目标 P_A 和 P_B 沿方位向排列，因此距离向上旁瓣抑制性能不会受到目标相位耦合的影响，在此不做讨论。图 13-24 对比了图 13-22(a3)、(b3)、(c3) 中 P_A 和 P_B 的方位向剖面。从图 13-23 中可以看出，图中孤立点目标的峰值在滤波前后增益为 1，而在原始图像、RSVA 处理结果、CNN-RSVA 混合处理结果中，P_A 和 P_B 的方位向主瓣能量之和分别为 435.82、157.3598、357，表明 RSVA 算法造成了主瓣能量的明显损失，而 CNN-RSVA 混合方法则有效地恢复了主瓣能量；同时，P_A 和 P_B 的整体方位积分旁瓣比分别为 -12.11dB、-57.70dB 和 -70.68dB，表明 CNN-RSVA 混合方法获得了最好的旁瓣抑制性能。

第 13 章 高分辨率 SAR 图像旁瓣抑制技术

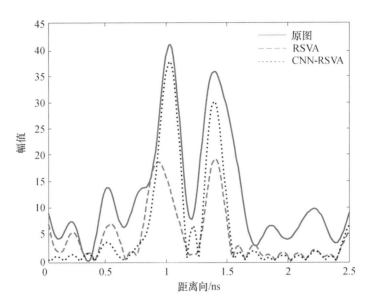

图 13-24 孤立点目标旁瓣抑制结果剖面

13.5 小结

本章阐述了 SAR 图像旁瓣的产生机理,分别介绍了谱加权法和空变切趾滤波法,对 SVA 算法、GSVA 算法和 RSVA 算法进行了比对,指出了它们的优缺点。针对 RSVA 算法可能会造成主瓣能量损失的缺点,给出了一种基于卷积神经网络的旁瓣抑制方法。基于真实 SAR 图像的实验验证表明,相对于 RSVA 算法,所提出的方法能够更好地抑制旁瓣和保持主瓣能量。

参考文献

[1] Li D, Liao G, Wang W, et al. Extended Azimuth Nonlinear Chirp Scaling Algorithm for Bistatic SAR Processing in High-resolution Highly Squinted Mode[J]. IEEE Geoscience and Remote Sensing Letters, 2014, 11(6): 1134-1138.

[2] 陈筠力, 李威. 国外 SAR 卫星最新进展与趋势展望[J]. 上海航天, 2016, 33(6): 1-19.

[3] 王振力, 钟海. 国外先进星载 SAR 卫星的发展现状及应用[J]. 国防科技, 2016, 37(1): 19-24.

[4] 张庆君, 韩晓磊, 刘杰. 星载合成孔径雷达遥感技术进展及发展趋势[J]. 航天器工程, 2017, 26(6): 1-8.

[5] 刘杰, 张庆君. 高分三号卫星及应用概况[J]. 卫星应用, 2018(6): 12-16.

[6] 东方网. 中科遥感 SAR 新型卫星星座首发星"深圳一号"正式启动[EB/OL]. (2017-09-19)[2020-10-22]. http://www.chinadaily.com.cn/interface/zaker/1142842/2017-09-19/cd_32193216.html.

[7] 李春升, 王伟杰, 王鹏波, 等. 星载 SAR 技术的现状与发展趋势[J]. 电子与信息学报, 2016, 38(1): 229-240.

[8] Pitz W, Miller D. The TerraSAR-X Satellite[J]. IEEE Transactions on Geoscience & Remote Sensing, 2010, 48(2): 615-622.

[9] De Z F, Guamieri A M. TOPSAR: Terrain Observation by Progressive Scans[J]. IEEE Transactions on Geoscience & Remote Sensing, 2006, 44(9): 2352-2360.

[10] Lin X, Wang K, Wang J. et al. Image Quality Assessment Based on Modulation Transfer Function for Synthetic Aperture Radar Systems[J] Journal of Applied Remote Sensing, 2016, 10(2): 026023.

[11] Yang W, Chen J, Zeng H C, et al. A Novel Three-step Image Formation Scheme for Unified Focusing on Spaceborne SAR Data[J]. Electromagnetics Research, 2013, 137: 621-642.

[12] Belcher D P, Baker C J. High Resolution Processing of Hybrid Strip-map Spotlight Mode SAR[J]. IEEE Proc Radar Sonar Navig, 1996, 143(6): 366-374.

[13] 张澄波. 综合孔径雷达: 原理、系统分析与应用[M]. 北京: 科学出版社, 1989.

[14] MeCorkle J, Rofheart M. An Order N2log(N) Back-projection Algorithm for Focusing Wide-

angle Widebandwidth Arbitary-motion Synthetis Aperture Radar[J]. SPIE：1996，2747：25－36.

［15］ Lanari R，Hensley S. Chirp Z-transform Based SPECAN Approach for Phase-preserving ScanSAR Image Generation[J]. IEEE Proceedings-Radar，Sonar and Navigation，1998，145（5）：254－261.

［16］Lanari R，Hensley S，Rosen P. Modified SPECAN Algorithm for ScanSAR Data Processing [C]. Seattle：IEEE International Geoscience and Remote Sensing Symposium，1998：636－638.

［17］ Jin M J，Wu C. A SAR Correction Algorithm Which Accommodates Large Range Migration [J]. IEEE Transactions on Geoscience and Remote Sensing，1984，22：592－597.

［18］ Wong F H，Cumming I G. Error Sensitivities of A Secondary Range Compression Algorithm for Processing Squinted Satellite SAR Data[C]. Vancouver：IEEE International Geoscience and Remote Sensing Symposium，1989：2584－2587.

［19］ 丁金闪，Otmar L，Holger N，等. 异构平台双基SAR成像的RD算法[J]. 电子学报，2009,37(6)：1170－1174.

［20］ Raney R K，Runge H，Bamler R，et al. Precision SAR Processing Using Chirp Scaling[J]. IEEE Transactions on Geoscience and Remote Sensing，1994，32(4)：786－799.

［21］ Davidson G W，Cumming I G，Tom R. A Chirp Scaling Approach for Processing Squint Mode SAR Data[J]. IEEE Transactions on Aerospace and Electronic Systems，1996，32（1）：121－133.

［22］ Mittermayer J，Moreira A. Spotlight SAR Data Processing Using the Frequency Scaling Algorithm[J]. IEEE Transactions on Geoscience and Remote Sensing，1999，37（5）：2198－2214.

［23］ Hellsten H，Anderson L E. An Inverse Method for the Processing of Synthetic Aperture Radar Data[J]. Inverse Problem，1987，3(1)：111－124.

［24］ Bamler R. A Comparison of Range-Doppler and Wavenumber Domain SAR Focusing Algorithms[J]. IEEE Transactions on Geoscience and Remote Sensing，1992，30（4）：706－713.

［25］ Reigber A，Alivizatos E，Potsis A，et al. Extended Wavenumber-domain Synthetic Apeture Radar Focusing with Integrated Motion Compensation[J]. IEEE Proceedings-Radar，Sonar and Navigation，2006，153(3)：301－310.

［26］ Franceschetti G，Lanari R. New Two-dimensional Squint Mode SAR Processor[J]. IEEE Transactions on Aerospace and Electronic Systems，1996，32(2)：854－863.

［27］ Moreira A，Mittermayer J，Scheiber R. Extended Chirp Scaling Algorithm for Air-and Spaceborne SAR Data Processing in Stripmap and ScanSAR Imaging Modes[J]. IEEE Transactions on Geoscience and Remote Sensing, 1996, 34(5): 1123 – 1136.

[28] Lanari R, Tesauro M, Sansosti E, et al. Spotlight SAR Data Focusing Based on A Two-step Processing Approach[J]. IEEE Transactions on Geoscience and Remote Sensing, 2001, 39(9): 1993 – 2004.

[29] Prats P, Scheiber R, Mittermayer J, et al. Processing of Sliding Spotlight and TOPS SAR Data Using Baseband Azimuth Scaling[J]. IEEE Transactions on Geoscience and Remote Sensing, 2010, 48(2): 770 – 780.

[30] Yang W, Li C S, Chen J, et al. A Novel Three-step Focusing Algorithm for TOPSAR Image Formation[C]. Hawaii: IEEE International Geoscience and Remote Sensing Symposium, 2010: 4087 – 4091.

[31] 章仁为. 卫星轨道姿态动力学与控制[M]. 北京: 北京航空航天大学出版社, 1998.

[32] 刘林. 人造地球卫星轨道力学[M]. 北京: 高等教育出版社, 1992.

[33] 关敏, 杨忠东. 星载 GPS 数据及高精度轨道模型在极轨卫星轨道计算中的应用[J]. 应用气象学报, 2007(6): 748 – 753.

[34] 项军华, 张育林. 地球非球形对卫星轨道的长期影响及补偿研究[J]. 飞行力学, 2007(2): 85 – 88.

[35] 刘基余. 对地观测卫星厘米级定轨的激光测距法[C]. 南京: 测绘科学前沿技术论坛. 2008: 330 – 336.

[36] 蒋兴伟, 王晓慧, 彭海龙, 等. HY-2 卫星 DORIS 精密定轨技术[J]. 中国工程科学, 2014, 16(6): 83 – 89.

[37] 张强, 廖新浩, 黄珹, 等. 两种观测技术综合精密定轨的探讨[J]. 天文学报, 2000, 41(4): 347 – 354.

[38] 周旭华, 王晓慧, 赵罡, 等. HY2A 卫星的 GPS/DORIS/SLR 数据精密定轨[J]. 武汉大学学报(信息科学版), 2015, 40(8): 1000 – 1005.

[39] 龚健雅. 对地观测数据处理与分析研究进展[M]. 武汉: 武汉大学出版社, 2007.

[40] Tapley B D. Fundamentals of Orbit Determination[J]. Theory of Satellite Geodesy and Gravity Field Determination, 1989, 25: 235 – 260.

[41] 刘基余. GPS 载波相位测量与伪距测量的组合解算 – GNSS 卫星导航定位方法之九[J]. 数字通信世界, 2017(8): 9 – 10, 19.

[42] Baarda W. Statistical Concepts in Geodesy[M]. Delft: Netherlands Geodetic Commission, 1967.

[43] 刘根友, 朱才连, 任超. GPS 相位与伪距联合实时定位算法[J]. 测绘通报, 2001(10): 10 – 11.

[44] Tapley B D, Schutz B E. A Comparison of Orbit Determination Methods for Geodetic Satellites[C] Athens: the Use of Artificial Satellites for Geodesy & Geodynamics. 1974: 523.

[45] 袁俊军, 孟瑞祖. 低轨卫星精密定轨的轨道精度评估方法研究[J]. 全球定位系统,

2017,42(5):10-15.

[46] 张睿. BDS 精密定轨关键技术研究[J]. 测绘学报,2018,47(9):1290.

[47] 史广青,卢欣,武延鹏,等. 基于星敏感器的两种姿态确定算法比较分析[J]. 空间控制技术与应用,2009,35(5):61-64.

[48] 柴毅. 基于多敏感器的卫星在轨高精度姿态确定技术研究[D]. 哈尔滨:哈尔滨工程大学,2018.

[49] 江丹. 基于星敏感器与陀螺组合的卫星姿态确定算法研究[D]. 长沙:国防科学技术大学,2016.

[50] Curlander J C, McDonough R N. Synthetic Aperture Radar: Systems and Signal Processing[M]. Beijing: Publishing House of Electronics Industry, 2014.

[51] Raney R K. Doppler Properties of Radar in Circular Orbits[J]. International Journal of Remote Sensing, 1986, 7(9): 1153-1162.

[52] 魏钟铨. 合成孔径雷达卫星[M]. 北京:科学出版社,2001.

[53] 黄岩,李春升,陈杰,等. 星载 SAR 天线指向稳定度对成像质量的影响[J]. 北京航空航天大学学报,2000(3):282-285.

[54] 王跃宇,于登云,曲广吉,等. 模态综合在遥感卫星颤动响应分析中的应用[J]. 中国空间科学技术,2000(5):50-113.

[55] 李畅,张志敏. SAR 系统收发通道幅相误差实时校正[J]. 计算机与现代化,2019(8):44-49.

[56] 何志华,陈镜,董臻,等. SAR 回波信号模拟器幅相误差实时校正方法[J]. 雷达科学与技术,2011,9(2):125-129.

[57] 矫伟,梁兴东,丁赤飚. 基于内定标信号的合成孔径雷达系统幅相误差的提取和校正[J]. 电子与信息学报,2005(12):1883-1886.

[58] 杨娟娟,贺亚鹏,张选民,等. 机载高分辨滑动聚束 SAR 成像处理方法[J]. 信号处理,2016,32(4):479-487.

[59] 梁淮宁,金廷满,赵毅. SAR 内定标技术和内定标精度分析[J]. 电子学报,2007(12):2294-2297.

[60] Smith A M. A New Approach to Range Doppler SAR Processing[J]. International Journal of Remote Sensing. 1991, 12(2):235-2151.

[61] Jin M Y, Cheng F, Chen M. Chirp Scaling Algorithms for SAR Processing[C] Tokyo:IEEE International Geoscience & Remote Sensing Symposium, 1993:1169-1172.

[62] 张明友,汪学刚. 雷达系统[M].3 版. 北京:电子工业出版社,2011.

[63] 钱卫华. 高线性大动态范围通用接收机研究与实现[D]. 成都:电子科技大学,2003.

[64] Oppenheim A V, Schafer R W. Discrete-time Signal Processing[M]. Beijing: Publishing House of Electronics Industry, 2011.

[65] Goodman J W. Statistical Properties of Laser Speckle Patterns[J]. Laser Speckle and Related Phenomena, 1975(9):9-75.

[66] 赵宇鹏. 合成孔径雷达原始数据实用压缩算法研究[D]. 北京:中国科学院研究生院(电子学研究所), 2003.

[67] 张光义, 赵玉洁. 相控阵雷达技术[M]. 北京:电子工业出版社, 2006.

[68] Kraus J D, Marhefka R J. 天线[M]. 章文勋, 译. 北京:电子工业出版社, 2006.

[69] Skolnik M I. 雷达系统导论[M]. Beijing: Publishing House of Electronics Industry, 2006.

[70] Cumming I, Wong F. 合成孔径雷达成像:算法与实现[M]. 北京:电子工业出版社, 2012.

[71] Mailloux R J. Phased Array Antenna Handbook[J]. Systems Engineering & Electronics, 2011, 28(12):1816-1818.

[72] Cumming I G, Wong F H. Digital Processing of Synthetic Aperture Radar Data: Algorithms and Implementation[M]. USA: Artech House, 2005.

[73] Lim B G, Woo J C, Lee, H Y, et al. A Modified Subpulse SAR Processing Procedure Based on the Range-doppler algorithm for Synthetic Wideband Waveforms[J]. Sensors, 2008, 8(12):8224-8236.

[74] Bamler R, Breit H, Steinbrecher U, et al. Algorithms for X-SAR Processing[C]. Tokyo: IEEE International Geoscience and Remote sensing Symposium, 1993:1589-1592.

[75] Wang W Q, Shao H. Azimuth-variant Signal Processing in High-altitude Platform Passive SAR with Spaceborne/Airborne Transmitter[J]. Remote Sens, 2013, 5(3):1292-1310.

[76] Prats-Iraola P, Scheiber R, Rodriguez-Cassola M, et al. On the Processing of Very High Resolution Spaceborne SAR Data[J]. IEEE Transactions on Geoscience and Remote Sensing, 2014, 52(10):6003-6016.

[77] Liu Y, Xing M, Sun G, et al. Echo Model Analyses and Imaging Algorithm for High-resolution SAR on High-speed Platform[J]. IEEE Transactions on Geoscience and Remote Sensing, 2012, 50(3):933-950.

[78] Meta A, Hoogeboom P, Ligthart L P. Signal Processing for FMCW SAR[J]. IEEE Transactions on Geoscience and Remote Sensing, 2007, 45(11):3519-3532.

[79] Carrara W G, Goodman R S, Majewski R M. Spotlight Synthetic Aperture Radar-signal Processing Algorithms[M]. Norwood, MA: Artech House, 1995.

[80] Guodong W. A Deramp Chirp Scaling Algorithm for Processing Spaceborne Spotlight SAR Data[C]. Beijing: IEEE 4th International Conference on Microwave and Millimeter Wave Technology, 2004:659-663.

[81] Long T, Junjie W, Yulin H, et al. A Deramping Based Omega-k Algorithm for Wide Scene Spotlight SAR[C]. Yantai: International Conference on Systems and Informatics, 2012:

2089-2092.

[82] Coco D S, Coker C, Dahlke S R, et al. Variability of GPS Satellite Differential Group Delay Biases[J]. IEEE Transactions on Aerospace and Electronic Systems, 1991, 27(6): 931-938.

[83] The International GNSS Service (IGS). Products[EB/OL]. [2020-10-22]. https://www.igscb.org/products/#tropospheric_products.

[84] Hopfield H S. Tropospheric Range Error Parameters: Further Studies[M]. Silver Spring: Applied Physics Lab, Johns Hopkins Univ, 1972.

[85] Danklmayer A, Doring B J, Schwerdt M, et al. Assessment of Atmospheric Propagation Effects in SAR Images[J]. IEEE Transactions on Geoscience and Remote Sensing, 2009, 47(10): 3507-3518.

[86] Johnson J, Williams L JR, Bracalente E M, et al. Seasat-A Satellite Scatterometer Instrument Evaluation[J]. IEEE Journal of Oceanic Engineering, 1980, 5(2): 138-144.

[87] Werninghaus R, Buckreuss S. The TerraSAR-X Mission and System Design[J]. IEEE Transactions on Geoscience and Remote Sensing, 2010, 48(2): 606-614.

[88] Eineder M, Minet C, Steigenberger P, et al. Imaging Geodesy-Toward Centimeter-level Ranging Accuracy with TerraSAR-X[J]. IEEE Transactions on Geoscience and Remote Sensing, 2011, 49(2): 661-671.

[89] Cong X, Balss U, Eineder M, et al. Imaging Geodesy-Centimeter-level Ranging Accuracy with TerraSAR-X: An Update[J]. IEEE Geoscience and Remote Sensing Letters, 2012, 9(5): 948-952.

[90] Prats-Iraola P, Scheiber R, Rodriguez-Cassola M, et al. High Precision SAR Focusing of TerraSAR-X Experimental Staring Spotlight Data[C]. Munich: 2012 IEEE International Geoscience and Remote Sensing Symposium, 2012: 3576-3579.

[91] Marini J W. Correction of Satellite Tracking Data for An Arbitrary Troposphere Profile[J]. Radio Science, 1972, 7(2): 223-231.

[92] Saastamoinen J. Contributions to the Theory of Atmospheric Refraction[J]. Bulletin Geodesique, 1972, 105(1): 279-298.

[93] Collins J P, Langley R B. A Tropospheric Delay Model for the User of the Wide Area Augmentation System[M]. New Brunswick: Geode. Res. Lab., Dep. of Geode. and Geoma. Eng., Univ. of New Brunswick, 1997.

[94] Collins J P, Langley R B. The Residual Tropospheric Propagation Delay: How Bad Can It get[C]. Nashvill: ION GPS-98, 1998: 729-738.

[95] Byun S H, Bar-Sever Y E. A New Type of Troposphere Zenith Path Delay Product of the International GNSS Service[J]. Journal of Geodesy, 2009, 83(3/4): 367-373.

[96] Davis J L. Geodesy by Radio Interferometry: Effects of Atmospheric Modeling Errors on Estimates of Baseline Length[J]. Radio Science, 1985, 20(6): 1593-1607.

[97] Herring T A. Modeling Atmospheric Delays in the Analysis of Space Geodetic Data[J]. Symposium on Refraction of Transatmospheric Signals in Geodesy, 1992, 36: 157-164.

[98] Ifadis I I. The Atmospheric Delay of Radio Waves: Modeling the Elevation Dependence on A Global Scale[M]. Goteborg Sweden: Chalmers Univ. of Technology, 1986.

[99] Neill A E. Global Mapping Functions for the Atmosphere Delay at Radio Wavelengths[J]. Journal of geophysical research, 1996, 101(B2): 3227-3246.

[100] Mateus P, Nico G, Tome R, et al. Experimental Study on the Atmospheric Delay Based on GPS, SAR Interferometry, and Numerical Weather Model Data[J]. IEEE Transactions on Geoscience and Remote Sensing, 2013, 51(1): 6-11.

[101] Bean B R, Thayer G D. Models of the Atmospheric Radio Refractive Index[J]. Proceedings of the IRE, 1959, 47(5): 740-755.

[102] Thayer G D. A Modified Equation for Radio Refractivity of Air[J]. Radio Science, 1974, 9(10): 803-807.

[103] Gebert N, Krieger G, Moreira A. Digital Beamforming on Receive: Techniques and Optimization Strategies for High-resolution Wide-swath SAR Imaging[J]. IEEE Transactions on Aerospace and Electronic Systems, 2009, 45(2): 564-592.

[104] Gebert N, Krieger G, Moreira A. High Resolution Wide Swath SAR Imaging with Digital Beamforming-Performance Analysis, Optimization and System Design[C]. Dresden: EUSAR 2006: 6th European Conference on Synthetic Aperture Radar. 2006: 341-344.

[105] Krieger G, Gebert N, Moreira A. Unambiguous SAR Signal Reconstruction from Nonuniform Displaced Phase Center Sampling[J]. IEEE Geoscience and Remote Sensing Letters, 2004, 1(4): 260-264.

[106] Li Z, Wang H, Su T. Generation of Wide-swath and High-resolution SAR Images from Multichannel Small Spaceborne SAR Systems[J]. IEEE Geoscience and Remote Sensing Letters, 2005, 2(1): 82-86.

[107] Yang T, Li Z, Liu Y. Channel Error Estimation Methods for Multichannel SAR Systems in Azimuth[J]. IEEE Geoscience and Remote Sensing Letters, 2013, 10(3): 548-552.

[108] Li Z, Bao Z, Suo Z. A Joint Image Coregistration, Phase Noise Suppression, and Phase Unwrapping Method Based on Subspace Projection for Multibaseline InSAR Systems[J]. IEEE Transactions on Geoscience and Remote Sensing, 2007, 45(3): 584-591.

[109] Fang C, Liu Y, Suo Z. Improved Channel Mismatch Estimation for Multi-channel HRWS SAR Based on Azimuth Cross-correlation [J]. Electronics Letters, 2018, 54(4): 235-237.

[110] Kuang H, Chen J, Yang W. An Improved Imaging Algorithm for Spaceborne MAPs Sliding Spotlight SAR with High-resolution Wide-swath Capability[J]. Chinese Journal of Aeronautics, 2015, 28(4): 1178-1188.

[111] Zhang S X, Xing M D, Xia X G. A Robust Channel-calibration Algorithm for Multi-Channel in Azimuth HRWS SAR Imaging Based on Local Maximum-likelihood Weighted Minimum Entropy[J]. IEEE Transactions on Image Processing, 2013, 22(12): 5294-5305.

[112] Li Z, Bao Z, Wang H. Performance Improvement for Constellation SAR Using Signal Processing Techniques[J]. IEEE Transactions on Aerospace and Electronic Systems, 2006, 42(2): 436-452.

[113] Liu A, Liao G, Ma L. An Array Error Estimation Method for Constellation SAR Systems [J]. IEEE Geoscience and Remote Sensing Letters, 2010, 7(4): 731-735.

[114] Liu Y Y, Li Z F, Yang T L. An Adaptively Weighted Least Square Estimation Method of Channel Mismatches in Phase for Multichannel SAR Systems in Azimuth[J]. IEEE Geoscience and Remote Sensing Letters, 2014, 11(2): 439-443.

[115] Liu B, He Y. Improved DBF Algorithm for Multichannel High-resolution Wide-swath SAR [J]. IEEE Transactions on Geoscience and Remote Sensing, 2016, 54(2): 1209-1225.

[116] Zuo S S, Xing M, Xia X G. Improved Signal Reconstruction Algorithm for Multichannel SAR Based on the Doppler Spectrum Estimation[J]. IEEE Journal of Selected Topics in Applied Earth Observations and Remote Sensing, 2017, 10(4): 1425-1442.

[117] Liu N, Wang R, Deng Y. Modified Multichannel Reconstruction Method of SAR with Highly Nonuniform Spatial Sampling[J]. IEEE Journal of Selected Topics in Applied Earth Observations and Remote Sensing, 2017, 10(2): 617-627.

[118] Wang Z, Liu Y, Li Z. Phase Bias Estimation for Multi-channel HRWS SAR Based on Doppler Spectrum Optimization[J]. Electronics Letters, 2016, 52(21): 1805-1807.

[119] Fan H, Zhang Z, Wang R. Robust Phase Mismatch Calibration for Multichannel Sliding Spotlight SAR Imaging[J]. Remote Sensing Letters, 2017, 8(9): 869-878.

[120] Stoica P, Moses R L, et al. Spectral Analysis of Signals[M]. Upper Saddle River: Prentice Hall, 2005.

[121] 杨桃丽. 星载多通道高分辨宽测绘带合成孔径雷达成像处理技术研究[D]. 西安: 西安电子科技大学, 2014.

[122] Zhang S X, Xing M D, Xia X G. Multichannel HRWS SAR Imaging Based on Range-variant Channel Calibration and Multi-Doppler-Direction Restriction Ambiguity Suppression [J]. IEEE Transactions on Geoscience and Remote Sensing, 2014, 52(7): 4306-4327.

[123] Gebert N. Multi-channel Azimuth Processing for High-resolution Wide-swath SAR Imaging [D]. Karlsruhe: Karlsruhe Institute of Technology, 2009.

[124] H A Zebker, R M Goldstein. Topographic Mapping from Interferometric Synthetic Aperture Radar Observations [J]. Journal of Geophysical Research, 1986, 91:4993 – 4999.

[125] Jan O H, Lars M H. Ulander. On the Optimization of Interferometric SAR for Topographic Mapping [J]. IEEE Transactions on Geoscience and Remote Sensing, 1993, 31 (1): 303 – 306.

[126] Xu H, Kang C. Equivalence Analysis of Accuracy of Geolocation Models for SpaceborneInSAR [J]. IEEE Transactions on Geoscience and Remote Sensing, 2010, 48 (1): 480 – 490.

[127] 李立钢, 尤红建, 彭海良, 等. 一种新的星载 SAR 图像定位方法的研究[J]. 电子与信息学报, 2007, 29 (6): 1441 – 1444.

[128] 程春泉, 张继贤, 邓喀中, 等. 雷达影像几何构像距离 – 共面模型[J]. 遥感学报, 2012, 16 (1):38 – 49.

[129] 张会彦. 卫星光学测量方法与精密定轨研究[D]. 北京: 中国科学院研究生院, 2014.

[130] 龙辉. 高分辨率光学卫星影像城市道路识别方法研究[D]. 北京: 中国科学院研究生院, 2006.

[131] 张红敏. SAR 图像高精度定位技术研究[D]. 郑州: 解放军信息工程大学, 2013.

[132] Chris O, Shaun Q. 合成孔径雷达图像理解[M]. 丁赤飚, 等译. 北京:电子工业出版社, 2009.

[133] Lee J S. Digital Image Enhancement and Noise Filtering by Use of Local Statistics [J]. IEEE Transactions on Pattern Analysis & Machine intelligence, 1980, 2(2): 165 – 168.

[134] Kuan D T, Sawchuk A A, Strand T C, et al. Adaptive Noise Smoothing Filter for Images with Signal-dependent Noise[J]. IEEE Transactions on Pattern Analysis & Machine intelligence, 1985, 7(2): 165 – 177.

[135] Lopes A, Nezry E, Touzi R, et al. Maximum A Posteriori Speckle Filtering and First Order Texture Models in SAR Images [C]. Washington, D. C: 1990 IEEE Geoscience and Remote Sensing Symposium, 1990: 2409 – 2412.

[136] Argenti F, Alparone L. Speckle Removal from SAR Images in the Undecimated Wavelet Domain[J]. IEEE Transactions on Geoscience & Remote Sensing, 2002, 40(11): 2363 – 2374.

[137] 童丹平. SAR 图像相干斑抑制和图像增强方法研究[D]. 成都: 电子科技大学, 2019.

[138] Yu Y, Acton S T. Speckle Reducing Anisotropic Diffusion[J]. IEEE Transactions on Image Processing, 2002, 11(11): 1260 – 1270.

[139] Buades A, Coll B, Morel J M. A Non-local Algorithm for Image Denoising[C]. San Diego:

IEEE Computer Society Conference on Computer Vision and Pattern Recognition, 2005: 60 – 65.

[140] Deledalle C A, Denis, Lopes, et al. Iterative Weighted Maximum Likelihood Denoising with Probabilistic Patch-based Weights[J]. IEEE Transactions on Image Processing, 2009, 18(12): 2661 – 2672.

[141] Parrilli S, Poderico M, Angelino C V, et al. A Nonlocal SAR Image Denoising Algorithm Based on Llmmse Wavelet Shrinkage[J]. IEEE Transactions on Geoscience & Remote Sensing, 2012, 50(2): 606 - 616.

[142] Deledalle C A, Denis L, Tupin F, et al. Nl-SAR: A Unified Nonlocal Framework for Resolution-Preserving (Pol)(in)SAR Denoising[J]. IEEE Transactions on Geoscience & Remote Sensing, 2015, 53(4): 2021 – 2038.

[143] Yang F, Yu Z, Li C, et al. An Adaptive SAR Image Speckle Reduction Algorithm Based on Undecimated Wavelet Transform and Non-local Means[C]. Beijing: IEEE international Geoscience and Remote Sensing Symposium, 2016: 1030 – 1033.

[144] Jacques F. Parameter-free Fast Pixelwise Non-local Means Denoising[J]. Image Process On Line, 2014, 4: 300 – 326.

[145] Di M G, Poderico M, Poggi G, et al. Benchmarking Framework for SAR Despeckling[J]. IEEE Transactions on Geoscience & Remote Sensing, 2014, 52(3): 1596 – 1615.

[146] Achim A, Tsakalides P, Bezerianos A. SAR Image Denoising via Bayesian Wavelet Shrinkage Based on Heavy-tailed Modeling[J]. IEEE Transactions on Geoscience & Remote Sensing, 2003, 41(8): 773 – 1784.

[147] Gomez L, Ospina R, Frery A C. Unassisted Quantitative Evaluation of Despeckling Filters [J]. Remote Sensing, 2017, 9(4): 389 – 411.

[148] Dabov K, Foi A, Katkovnik V, et al. Image Denoising by Sparse 3-D Transform-domain Collaborative Filtering[J]. IEEE Transactions on Image Processing, 2007, 16(8): 2080 – 2095.

[149] Hel Y, Shaked D. A Discriminative Approach for Wavelet Denoising[J]. IEEE Transactions on Image Processing, 2008, 17(4): 443 – 457.

[150] Stein, Charles M. Estimation of the Mean of A Multivariate Normal Distribution[J]. The Annals of Statistics, 1981, 9(6): 1135 – 1151.

[151] Eldar Y C. Generalized SURE for Exponential Families: Applications to Regularization[J]. IEEE Transactions on Signal Processing, 2009, 57(2): 471 – 481.

[152] Candes E J, Tao T. Decoding by Linear Programming[J]. IEEE Transactions on information Theory, 2005, 51(12): 4203 – 4215.

[153] Chen S S, Saunders D M A. Atomic Decomposition by Basis Pursuit[J]. SIAM Review,

2001, 43(1): 129 – 159.

[154] Ji S, Xue Y, Carin L. Bayesian Compressive Sensing[J]. IEEE Transactions on Signal Processing, 2008, 56(6): 2346 – 2356.

[155] Bruckstein A M, Donoho D L, Elad M. From Sparse Solutions of Systems of Equations to Sparse Modeling of Signals and Images[J]. SIAM Review, 2009, 51(1): 34 – 81.

[156] Aharon M. An Algorithm for Designing Overcomplete Dictionaries for Sparse Representation [J]. IEEE Transactions on Signal Processing, 2006, 54(11): 4311 - 4322.

[157] Viren J, Seung H S. Natural Image Denoising with Convolutional Networks[C]. Vancouver: international Conference on Neural information Processing Systems, 2008: 769 – 776.

[158] Harold C B, Christian J S, Stefan H. Image Denoising: Can Plain Neural Networks Compete with Bm3d? [C]. Providence: 2012 IEEE Conference on Computer Vision & Pattern Recognition, 2012: 2392 – 2399.

[159] Zhang K, Zuo W, Chen Y, et al. Beyond A Gaussian Denoiser: Residual Learning of Deep Cnn for Image Denoising[J]. IEEE Transactions on Image Processing, 2017, 26(7): 3142 – 3155.

[160] Chierchia G, Cozzolino D, Poggi G, et al. SAR Image Despeckling Through Convolutional Neural Networks[C]. Fort Worth: IEEE international Geoscience and Remote Sensing Symposium, 2017: 5438 – 5441.

[161] Ioffe S, Szegedy C. Batch Normalization: Accelerating Deep Network Training by Reducing internal Covariate Shift[C]. Lille: international Conference on international Conference on Machine Learning, 2015: 448 – 456.

[162] Duchi J, Hazan E, Singer Y. Adaptive Subgradient Methods for Online Learning and Stochastic Optimization [J]. Journal of Machine Learning Research, 2011, 12 (7): 257 – 269.

[163] Zeiler M D. ADADELTA: An Adaptive Learning Rate Method[EB/OL]. https://arxiv.org/abs/1212.5701, 2012 - 12 – 22.

[164] Kingma D, Adam Ba J: A Method for Stochastic Optimization[C]. San Diego: Proc. Int. Conf. Learn. Represent. (ICLR), 2015: 1 – 15.

[165] Yu F, Koltun V. Multi-scale Context Aggregation by Dilated Convolutions[C]. Xi'an: Proceedings of the 2016 international Conference on Learning Representations, 2016.

[166] Zhang Q, Yuan Q, Li J, et al. Learning A Dilated Residual Network for SAR Image Despeckling[J]. Remote Sensing, 2018, 10(2): 196 – 213.

[167] Goodfellow I, P A J, Mirza M, et al. Generative Adversarial Nets[C]. Montreal: international Conference on Neural information Processing Systems, 2014: 2672 – 2680.

[168] Wang P, Zhang H, Patel V M. Generative Adversarial Network-based Restoration of Speck-

led SAR Images[C]. Curacao, Dutch Antilles:2017 IEEE international Workshop on Computational Advances in Multi-Sensor Adaptive Processing, 2017.

[169] Kim M, Lee J, Jeong J. A Despeckling Method Using Stationary Wavelet Transform and Convolutional Neural Network[C]. Chiang Mai:2018 IEEE international Workshop on Advanced Image Technology, 2018.

[170] Muhammad H, Greg S, Norimichi U. Deep Back-projection Networks for Super-Resolution [C]. Salt Lake City:Proceedings IEEE Conference on Computer Vision and Pattern Recognition, 2018.

[171] Masanori S, Mete O, Takayuki O. Exploiting the Potential of Standard Convolutional Autoencoders for Image Restoration by Evolutionary Search[C]. Ha Noi:Proceedings international Conference on Machine Learning, 2018.

[172] Liu X, Suganuma M, Sun Z, et al. Dual Residual Networks Leveraging the Potential of Paired Operations for Image Restoration[C]. Long Beach:Proceedings IEEE Conference on Computer Vision and Pattern Recognition, 2019.

[173] 刘永坦. 雷达成像技术[M]. 哈尔滨:哈尔滨工业大学出版社, 2014.

[174] Li F K, Johnson W T K. Ambiguities in Spaceborne Synthetic Aperture Radar Systems[J]. IEEE Transactions on Aerospace and Electronic Systems, 1983, AES-19(3):389-397.

[175] Velotto D, Soccorsi M, Lehner S. Azimuth Ambiguities Removal for Ship Detection Using Full Polarimetric X-band SAR Data[J]. IEEE Transactions on Geoscience and Remote Sensing, 2014, 52(1):76-88.

[176] Martino G D, Iodice A, Riccio D, et al. Filtering of Azimuth Ambiguity in Stripmap Synthetic Aperture Radar Images[J]. IEEE Journal of Selected Topics in Applied Earth Observations and Remote Sensing, 2014, 7(9):3967-3978.

[177] Brusch S, Lehner S, Fritz T, et al. Ship Surveillance with TerraSAR-X[J]. IEEE Transactions on Geoscience and Remote Sensing, 2011, 49(3):1092-1103.

[178] 谷秀昌, 付琨, 仇晓兰. SAR 图像判读解译基础[M]. 北京:科学出版社, 2017.

[179] Moreira A. Suppressing the Azimuth Ambiguities in Synthetic Aperture Radar Images[J]. IEEE Transactions on Geoscience and Remote Sensing, 1993, 31(4):885-894.

[180] Chen J, Iqbal M, Yang W, et al. Mitigation of Azimuth Ambiguities in Spaceborne Stripmap SAR Images using Selective Restoration[J]. IEEE Transactions on Geoscience and Remote Sensing, 2014, 52(7):4038-4045.

[181] Criminisi A, Perez P, Toyama K. Region Filling and Object Removal by Exemplar-based Image Inpainting[J]. IEEE Transaction on Image Processing, 2004, 13(9):1200-1212.

[182] Guarnieri A M. Adaptive Removal of Azimuth Ambiguities in SAR Images[J]. IEEE Transactions on Geoscience and Remote Sensing, 2005, 43(3):625-633.

[183] Tomiyasu K. Tutorial Review of Synthetic Aperture Radar(SAR) with Applications to Imaging of the Ocean Surface[J]. Proceedings of the IEEE, 1978, 66(5):563-583.

[184] Mehlis J G. Synthetic Aperture Radar Range-azimuth Ambiguity Design and Constrains[C]. Arlington:IEEE International Radar Conference, 1980:143-152.

[185] Zhang Z, Wang Z S. On Suppressing Azimuth Ambiguities of Synthetic Aperture Radar by Three Filters[C]. Beijing:2001 IEEE International Conference on Radar, 2001:624-626.

[186] Raney R K, Prinz J. Reconsideration of Azimuth Ambiguities in SAR[C]. Zurich:IEEE International Geoscience and Remote Sensing Symposium, Zurich:1175-1179.

[187] Villano M, Krieger G. Spectral-based Estimation of the Local Azimuth Ambiguity-to-signal Ratio in SAR Images[J]. IEEE Transactions on Geoscience and Remote Sensing, 2014, 52(5):2304-2313.

[188] Mittermayer J, Wollstadt S, Prats-Iraola P, et al. The TerraSAR-X Staring Spotlight Mode Concept[J]. IEEE Transactions on Geoscience and Remote Sensing, 2014, 52(6):3695-3706.

[189] Wu Y, Yu Z, Xiao P, et al. Suppression of Azimuth Ambiguities in Spaceborne SAR Images Using Spectral Selection and Extrapolation[J]. IEEE Transactions on Geoscience and Remote Sensing, 2018, 56(10):6134-6147.

[190] Potter L C, Arun K S. Energy Concentration in Band-limited Extrapolation[J]. IEEE Transaction on Acoustics, Speech, and Signal Processing, 1989, 37(7):1027-1041.

[191] Luenberger D G. Optimization by Vector Space Methods[M]. New York:Wiley, 1969.

[192] Villano M, Krieger G, Moreira A. Staggered SAR:High-resolution Wide-swath Imaging by Continuous PRI Variation[J]. IEEE Transactions on Geoscience and Remote Sensing, 2014, 52(7):4462-4479.

[193] Chen J, Wang K, Yang W, et al. Accurate Reconstruction and Suppression for Azimuth Ambiguities in Spaceborne Stripmap SAR Images[J]. IEEE Geoscience and Remote Sensing Letters, 2017, 14(1):102-106.

[194] Nuttall A H. Some Windows With Very Good Side-lobe Behavior[J]. IEEE Transactions on Acoustics Speech & Signal Processing, 1981, 29(1):84-91.

[195] Stankwitz H C, Dallaire R J, Fienup J R. Nonlinear Apodization for Sidelobe Control in SAR Imagery[J]. IEEE Transactions on Aerospace & Electronic Systems, 1995, 31(1):267-279.

[196] Smith B H. Generalization of Spatially Variant Apodization Tononinteger Nyquist Sampling Rates[J]. IEEE Transactions on Image Processing, 2000, 9(6):1088-1093.

[197] Castillo-Rubio C, Llorente-Romano S, Burgos-Garcia M. Robust SVA Method for Every Sampling Rate Condition[J]. IEEE Transactions on Aerospace & Electronic Systems,

2007,43(2):571-580.

[198] 杨斌,向敬成,刘晟. 一种数字脉压旁瓣抑制滤波器设计方法[J]. 电子与信息学报, 2000,22(1):124-129.

[199] Ackroyd M H, Ghani F. Optimum Mismatched Filters for Sidelobe Suppression[J]. IEEE Transactions on Aerospace &Electronic Systems,1973,AES-9(2):214-218.

[200] 奥本海姆,谢弗,巴克. 离散时间信号处理[M]. 西安:西安交通大学出版社,2001.

[201] Lécun Y, Bottou L, Bengio Y, et al. Gradient-based Learning Applied to Document Recognition[J]. Proceedings of the IEEE,1998,86(11):2278-2324.

[202] Sun W, Shao S, Rui Z, et al. A Sparse Auto-encoder-based Deep Neural Network Approach for Induction Motor Faults Classification[J]. Measurement,2016,89(ISFA): 171-178.

[203] Nair V, Hinton G E. Rectified Linear Units Improve Restricted Boltzmann Machines[C]. Washington, DC:International Conference on International Conference on Machine Learning,2010:807-814.

[204] Li X, Ding Q, Sun J Q. Remaining Useful Life Estimation in Prognostics Using Deep Convolution Neural Networks[J]. Reliability Engineering & System Safety,2018,172(4): 1-11.

[205] Xiaoshuang S, Zhihui L, Zhenhua G, et al. Sparse Principal Component Analysis via Joint L2,1-Norm Penalty[C]. Dunedin:Australasian Joint Conference on Artificial Intelligence,2013:148-159.

[206] Glorot X, Bengio Y. Understanding the Difficulty of Training Deep Feedforward Neural Networks[C]. Sardinia:the Thirteenth International Conference on Artificial Intelligence and Statistics,2010:249-256.

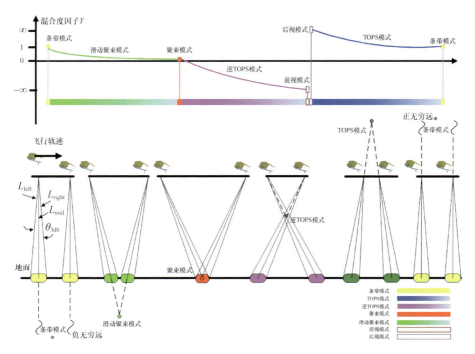

图 2-3　星载 SAR 不同成像模式空间成像几何关系简化示意图

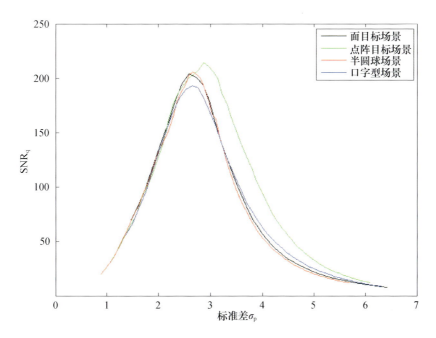

图 5-11　SNR_q 与输出信号标准差 σ_p 的关系

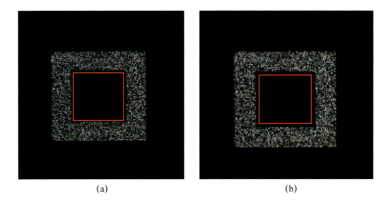

图 5-15 接收机增益反演前后的成像结果

(a) 接收机增益设置不当条件下的成像结果;(b) 接收机增益反演后的成像结果。

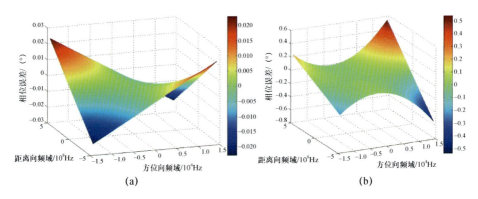

图 7-6 由时间尺度因子 k_m 引起的残余相位

(a) 距离向边缘残余相位;(b) 方位向边缘残余相位。

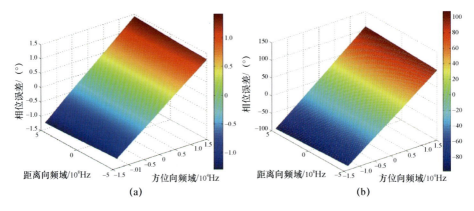

图 7-7 由收发斜率因子 ΔV_m 引起的残余相位

(a) 距离向边缘残余相位;(b) 方位向边缘残余相位。

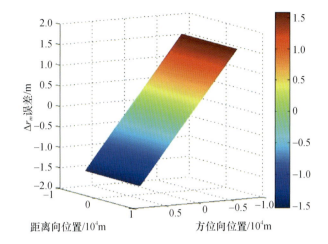

图 7-8 Δr_m 在全场景中的变化情况

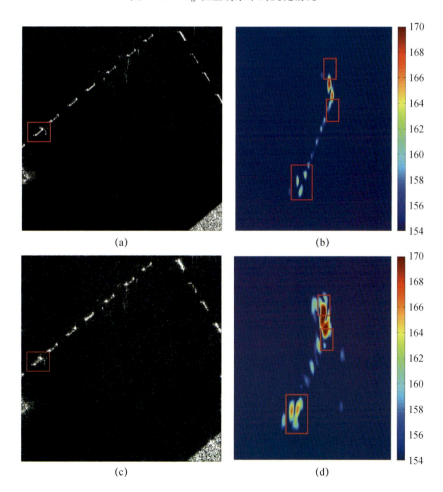

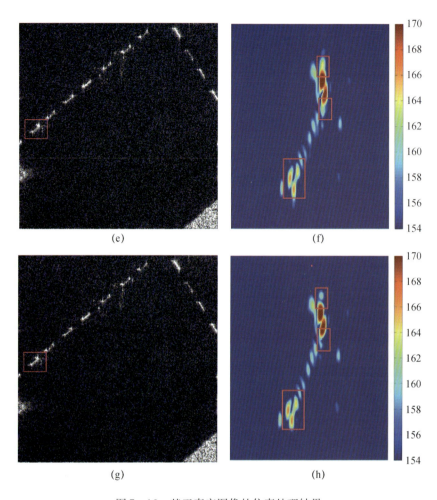

图 7-16 基于真实图像的仿真处理结果

(a)、(b) 场景示意图;(c)、(d) 停走模型;(e)、(f) 连续直线运动模型;(g)、(h) 连续切线运动模型。

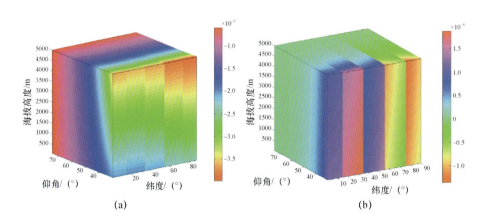

彩 4

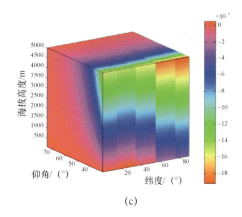

(c)

图 8-3 相对映射误差随高度角、纬度和高程的变化

(a) CFa2.2 和 NMF 的相对误差;(b) MTT 和 NMF 的相对误差;(c) Ifadis 和 NMF 的相对误差。

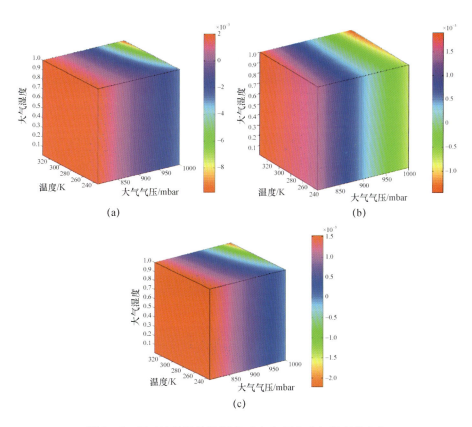

图 8-4 相对映射误差随温度、大气气压和大气湿度的变化

(a) CFa2.2 和 NMF 的相对误差;(b) MTT 和 NMF 的相对误差;(c) Ifadis 和 NMF 的相对误差。

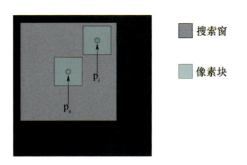

图 11-2　经典 PPB 算法中的基本要素

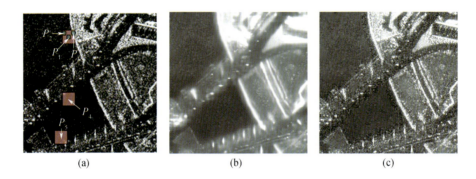

图 11-3　经典 PPB 算法处理结果
(a)原始单视 SAR 图像；(b)式(11-10)结果；
(c)式(11-10)和式(11-14)结果。

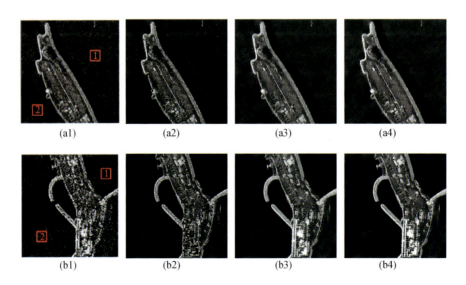

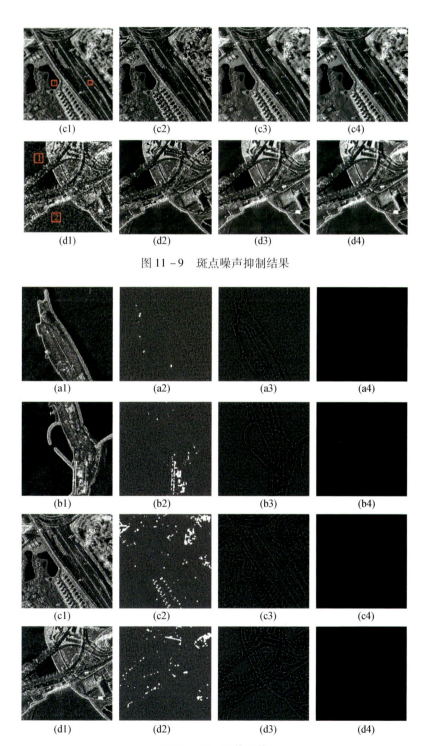

图 11 - 9 斑点噪声抑制结果

图 11 - 10 比值图像

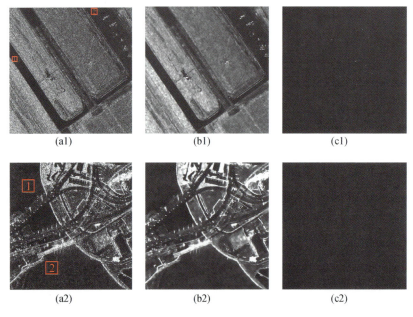

图 11-12 基于稀疏表示的 SAR-BM3D 去噪结果

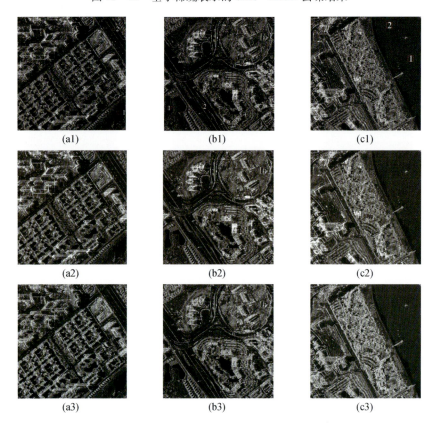

彩 8

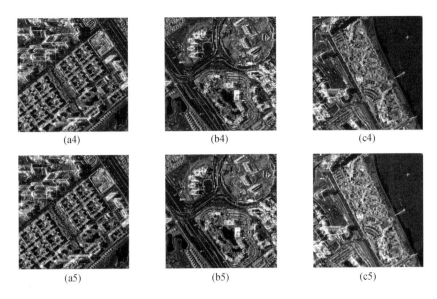

图 11-22 基于训练集 I 的处理结果

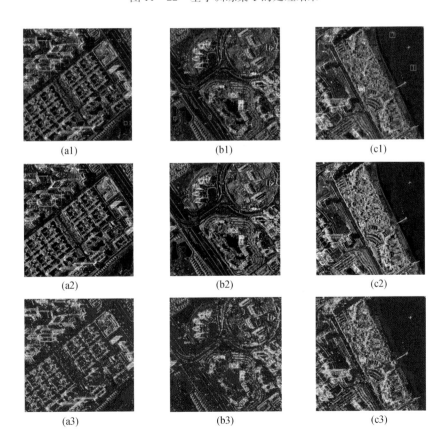

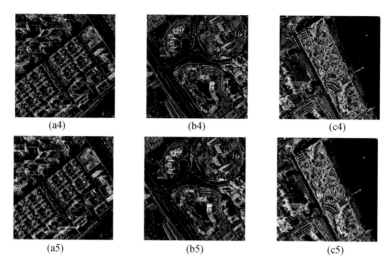

图 11-23 基于训练集 Ⅱ 的处理结果

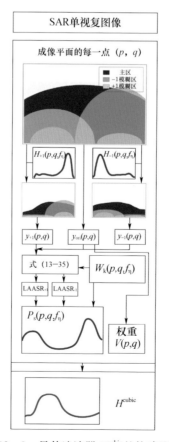

图 12-8 最佳滤波器 H^{cubic} 的构建流程

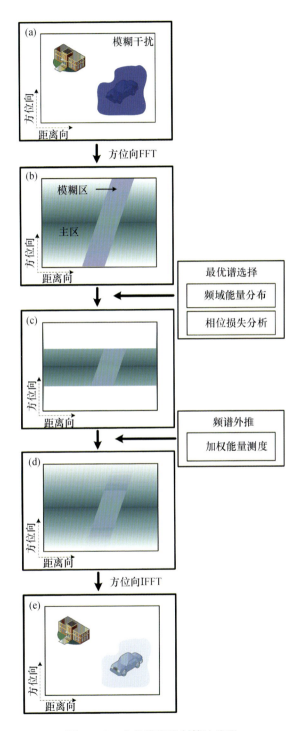

图 12-9 方位模糊抑制算法流程

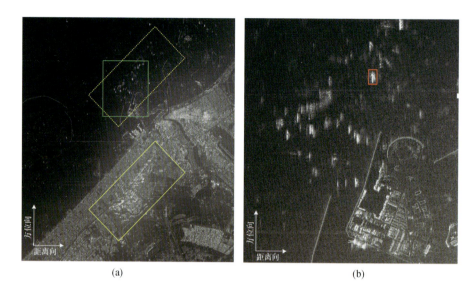

图 12-12 Radarsat-2 卫星条带图像(迪拜区域)
(a)典型图像;(b)局部放大图。

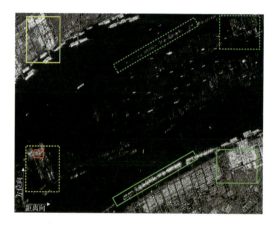

图 12-13 TerraSAR-X 卫星条带图像(上海区域)

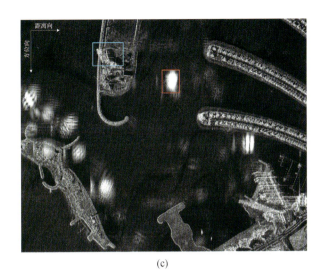

(c)

图 12 – 14　TerraSAR – X 卫星图像（迪拜区域）

(a)典型图像（滑聚模式）；(b)对比图像（条带模式）；(c)局部放大图（滑聚模式）。

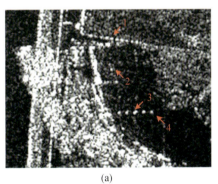

(a)

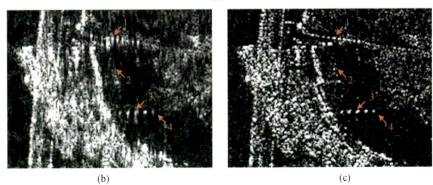

(b)　　　　　　　　　　　　　　　　(c)

图 12 – 17　分辨率保持情况分析

(a)局部原始图；(b)AM&SF 处理；(c)ASS&E 处理。

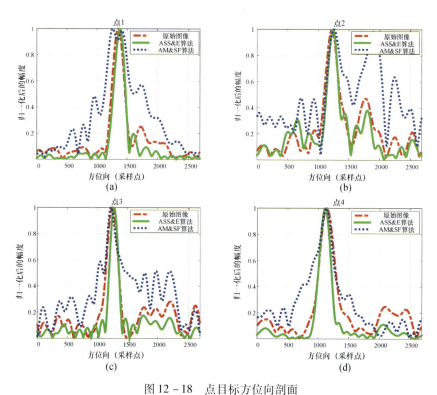

图 12-18 点目标方位向剖面

(a)点 1 的方位剖面；(b)点 2 的方位剖面；(c)点 3 的方位剖面；(d)点 4 的方位剖面。

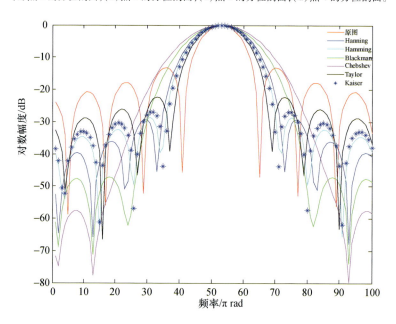

图 13-5 基于谱加权的点目标旁瓣抑制结果

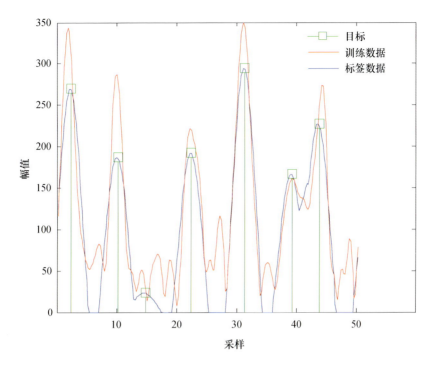

图 13-19 训练和标签数据示意图

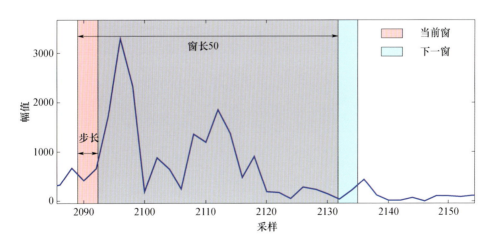

图 13-20 滑窗处理示意图(见彩图)

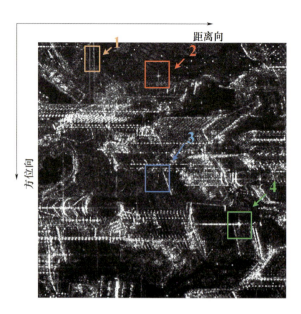

图 13-21 原始 SAR 图像

彩 16